[法] LM 出版社　[法] 米其林指南（LE GUIDE MICHELIN）
[法] 菲利普·图瓦纳德（Philippe Toinard）编著
霍一然 译

中国·武汉

图书在版编目（CIP）数据

米其林寻味指南：美食观察员的评星笔记/LM出版社，米其林指南，（法）菲利普·图瓦纳德编著；霍一然译.—武汉：华中科技大学出版社，2022.2

ISBN 978-7-5680-7747-7

Ⅰ.①米… Ⅱ.①L… ②米… ③菲… ④霍… Ⅲ.①饮食－文化－世界 Ⅳ.①TS971.201

中国版本图书馆CIP数据核字（2021）第264559号

✿ ✿ ✿

米其林寻味指南：美食观察员的评星笔记

Miqilin Xunwei Zhinan: Meishi Guanchayuan de Pingxing Biji

[法] LM出版社

[法] 米其林指南（LE GUIDE MICHELIN）编著

[法] 菲利普·图瓦纳德（Philippe Toinard）

霍一然　译

出版发行：华中科技大学出版社（中国·武汉）　　电话：（027）81321913

华中科技大学出版社有限责任公司艺术分公司　　（010）67326910-6023

出 版 人：阮海洪

责任编辑：莽　昱　谭晰月

责任监印：赵　月　郑红红　　　封面设计：邱　宏

制　　作：北京博逸文化传播有限公司

印　　刷：北京汇瑞嘉合文化发展有限公司

开　　本：635mm×965mm　1/12

印　　张：32

字　　数：211千字

版　　次：2022年2月第1版第1次印刷

定　　价：298.00元

華中出版

本书若有印装质量问题，请向出版社营销中心调换

全国免费服务热线：400-6679-118　竭诚为您服务

前言

让我们来打破人们对米其林观察员的刻板印象：有一定年纪，戴着四个别针，多年来对美食的热爱化作凸起的小肚腩。我们这些善良且充满热情的男男女女，在多样的风格背后，都隐藏着一个共同的身份——美食观察员。虽然我们的职业很一本正经，但我们的外表却会因性格的差异而有所不同。外表的不同展示出我们永不满足的好奇心，也造就了我们在旅途中严苛而又有些不羁的风格。

我们来自世界的各个角落，无论是旧金山、上海或是巴黎，我们都一同在世界各地为您探寻美食。

尽管每个人各不相同，我们却有着共同的使命：怀抱对美食的无限热情，不断寻找新奇的口味和新生代主厨。

我们每年以匿名方式独立品尝250餐佳肴，五种感官时刻保持高度警觉。这便是我们寻找星级餐厅的方式。我们一直在路上（每名观察员年均旅行3万千米），什么菜系都必须尝试，让自己适应各种口味，哪怕是一些初尝会感觉很怪异的口味。我们的旅行日记中写满了各种奇闻轶事、有趣的人和美好的回忆！

我们用这本书邀请您一同入席，向您讲述我们的故事。欢乐、感动、慷慨、分享都是本书的内容。让我们踏上发现世界美食的旅途。现在轮到我们说出这句话：祝您好胃口！

《米其林指南》观察员

注：本书中餐厅的米其林星级的参考标准为2019年的《米其林指南》。

世界就是一个食品柜

从巴西到日本，途经韩国、新加坡、中国、泰国、美国、丹麦、冰岛、挪威、德国、奥地利、卢森堡、比利时、荷兰、捷克、匈牙利、英国、西班牙、葡萄牙、意大利和法国，让我们跟随《米其林指南》观察员的脚步，一同去发现他们曾走过、看过、品尝过的世界，去更深入地欣赏和理解每道菜的创作过程。

以日本为例，前往寿司大师的餐厅前，我们需要了解切割造型的艺术和日本刀工技艺，体验大米种植文化，并前往鱼市进行探访。在巴西，想要理解特殊的烹饪传统，就必须熟悉亚马孙地区的各式特产，知晓欧洲、非洲和印第安文化对巴西历史的重要影响，它们渗入巴西菜的发展历程，造就了这个广袤大国的复杂特性。在爱尔兰，品尝龙虾大餐前，我们邀请您先去了解苏格兰沿海地区甲壳类海洋生物的捕捞技术。在西班牙，去餐厅品尝小吃之前，您需要熟知西班牙各式火腿的名称，才能听懂侍者的推荐。在韩国首尔，为了理解什么是融合料理，您有必要通过烤肉、石锅拌饭或简单的一碗米饭去了解韩国的烹饪历史。最后在法国，您需要先弄清为什么法国西部的黄油是咸的，而在其他地区却以淡味黄油为主，在地中海盆地的一部分地区甚至完全看不到黄油的身影。如果连这都不知晓，又怎能懂得欣赏白黄油酱汁的美妙？

您也可以同观察员们一样，前往本书提及的国家，亲自发掘当地的资源、历史、奇闻轶事、食谱、特产和特色。下次去布拉格旅行时，您便可以告诉旅伴什么是塔塔蜜（trdelnik），或许您更愿意向他们介绍维也纳萨赫蛋糕（Sachertorte）的历史和城中葡萄园的特点。您也将学会韩国的餐桌礼仪、中国的筷子用法和泰国的汤料艺术。

读完这本书，您将知道在纽约哪家餐厅用晚餐能看到美丽的夜景，在洛杉矶的哪家餐厅能了解到VIP客人的用餐习惯，您也有可能被神秘的66号公路的特色料理所吸引。若您打算参加下届里约热内卢狂欢节，您也将了解几乎全部的当地街头美食，知晓巴西烧烤（churrascaria）与巴西烤肉（rodizio）、街边酒吧（boteco）和餐厅酒吧（botequim）的区别。有时不同名词之间的差异很微小，例如意大利的小酒馆（osteria）、家庭厨房（trattoria）、比萨店（pizzeria）和葡萄酒体验店（enoteca）。您还将了解到，马德拉酱汁（la sauce madère）并不完全是马德拉这个大西洋中部美丽群岛的特产，布鲁塞尔抱子甘蓝也并不起源于比利时首都布鲁塞尔。为了帮助您更好地理解这些食材在菜品创作中的作用，本书将用大量篇幅介绍主厨的职业生涯、个人特色、一些代表菜品的创作过程，以及部分主厨对地球可持续发展的贡献。

打包好您的行李，追随《米其林指南》观察员的脚步，尽情享受盛宴吧，世界就是一个有着无穷多样性的神奇食品柜。读完本书，您一定会将它推荐给别人，因为美食的魅力在于分享。

主编　菲利普·图瓦纳德（Philippe Toinard）

舌尖上的环球旅行者

《米其林指南》始于1900年，之后很快便从法国推广至其他国家。1904年，《米其林指南》推出比利时版，此后逐步遍及整个欧洲大陆。

国际化的《米其林指南》被誉为旅行者的美食圣经，它能够满足人们的切实需求，致力于在旅途中更好地陪伴全世界的自驾者和游客。很快它便在世界各国大获成功。在美食观察员的不懈努力下，《米其林指南》已成为全球酒店业和餐饮业的标杆。

尽管美食观察员早已遍布欧洲20个国家，但直到2005年，《米其林指南》才走出欧洲大陆，抵达大西洋彼岸的纽约。2006年，《米其林指南：旧金山》面世。2007年，观察员们开始踏足亚洲，并将首站选在日本，当年11月，第一版《米其林指南：东京》出版发行，引得众多旅行者抢购，上市不到24小时就卖出超过12万册！2009年，中国成为第23个拥有《米其林指南》的国家。

2015年，《米其林指南》向第四个大洲进军，并推出第一版《米其林指南：里约热内卢&圣保罗》。2016年，《米其林指南》的国际化程度进一步加深，又有四个城市加入米其林大家族，它们分别是新加坡市、华盛顿、上海和首尔。2017年至2018年，曼谷、台北和广州分册相继面世。将所有版本统计在内，目前已有20000多家餐厅的名字被写入《米其林指南》。

1900年
《米其林指南：法国》
诞生

1904年
第一版
《米其林指南：比利时》
出版发行

1910年
第一版《米其林指南：西班牙》
和《米其林指南：德国》
出版发行

1911年
第一版
《米其林指南：英国&爱尔兰》
出版发行

1913年
第一版
《米其林指南：葡萄牙》
出版发行

在近几年国际化迅猛发展的背景下,《米其林指南》仍坚守一直以来的信念和工作方法。虽然《米其林指南》已经连续出版一个多世纪了，但每一版《米其林指南》的面世都需要专业团队提前做好大量的工作，以充分挖掘一个国家的美食潜能。菜品质量、餐厅服务的一致性和合理性、有发展前景的厨师培养机制只是专业团队在编写新版指南时需要考量的众多标准中的一小部分。

观察员的专业水准无疑是《米其林指南》的重中之重：除了要遵循授予星级、评比“必比登推介”(Bib Gourmand)及“米其林餐盘”(Assiettes MICHELIN)的标准，他们还必须是熟知当地美食的敏锐鉴赏家——很多观察员都曾经在他们所到访的国度生活过。国际化的发展促进了观察员之间的交流，他们定期参与国际培训课程。他们中的许多人会到法国接受职业基础训练，法国本土观察员也十分乐意前往其他国家发现更多美食，去学习新技能，品尝从未尝试过的味道。

《米其林指南》每一年在国际上掀起的热潮表明，观察员的工作方法使其赢得了全世界旅行者的认同。他们在以通用标准为基础的同时，也尊重并推广了当地美食传统和习俗。这一工作方式还展示出观察员与不同美食文化相融合的独特能力，他们都有一双充满善意和温度的慧眼，去寻觅世界上最棒的餐厅。

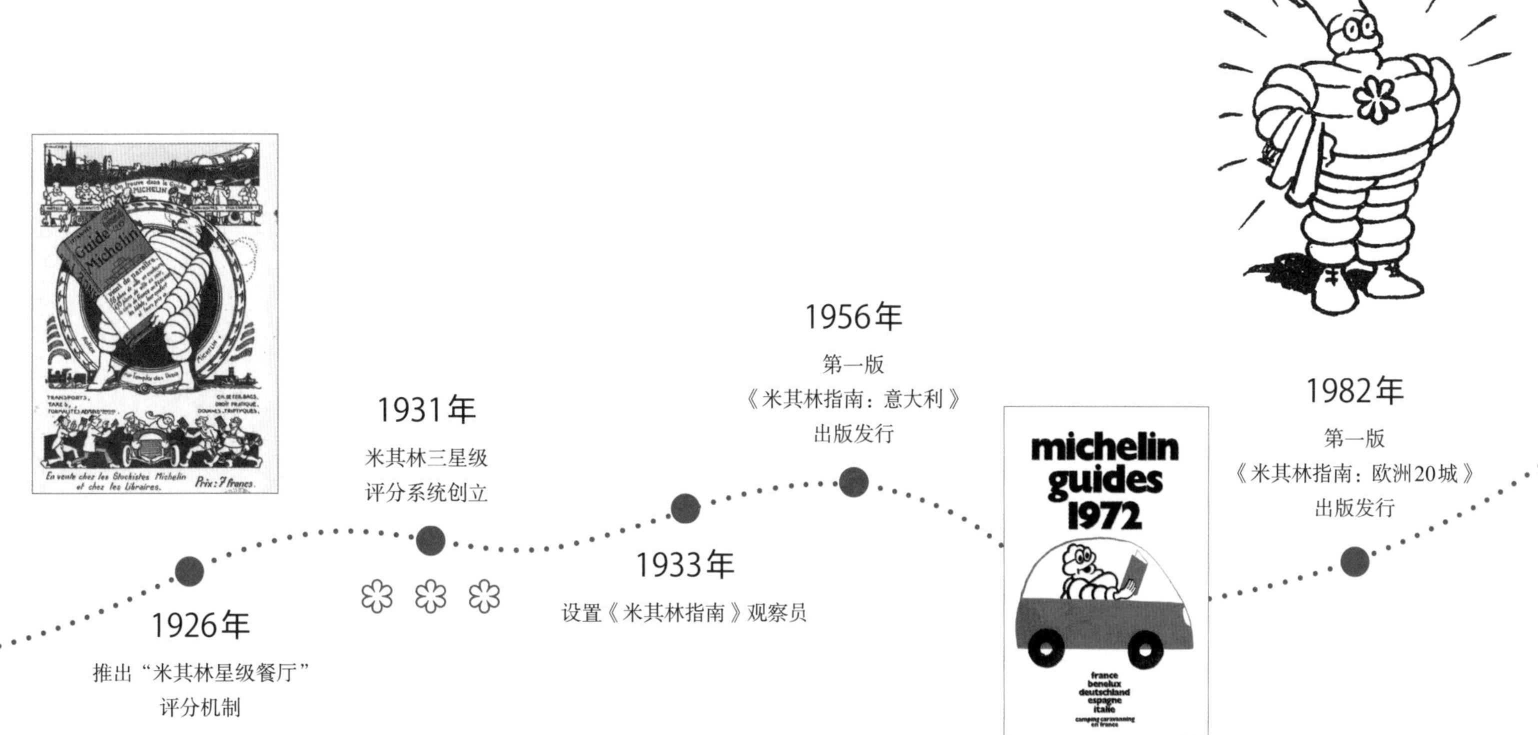

观察员——圣殿守卫者

首批观察员于1933年加入《米其林指南》，他们已成为《米其林指南》基因的组成部分。他们对餐厅的筛选以真实和全面著称。他们以专业水平为担保，是《米其林指南》的金字招牌，也是《米其林指南》享有盛誉的秘诀所在。

很多人向往成为一名观察员，但观察员也会受到人们的批评，所以担任《米其林指南》的观察员并不是一件容易的事。加入观察员团队的男男女女都曾是酒店餐饮业的专业人士，他们是真正的开拓者，对美食的热爱早已深入骨髓。仅以欧洲观察员为例，他们每年需要旅行超过3万千米，只为寻找能够征服读者的好餐厅。

穿梭于豪华宾馆、酒店、小旅馆、民宿、大餐厅或小酒馆之间，每名《米其林指南》观察员一年需要以匿名方式品尝约250餐，也就是所谓的试菜，平均需要在酒店住宿160晚，外出寻访600次，撰写超过1000份报告，为每年度的评选提供素材。

与人们脑海中的形象不同，观察员并不会在笔记本上严肃地写写画画，他们作为米其林集团的雇用员工，需要表现得和普通客人并无二致，以确保他们的读者在餐厅也能获得与其相同的体验。匿名与独立性是他们的终极武器！因此，观察员会像普通顾客一样订座、点菜、用餐、买单。哪怕确有必要，观察员也只会在考察结束之后亮明身份，以了解更多信息。

但这并不是观察员想要的。从事这一职业需要真才实学和扎实的工作能力。除了必须拥有丰富的酒店餐饮业工作经验，观察员还需具备极其敏锐的味觉，并做到在评判中不掺

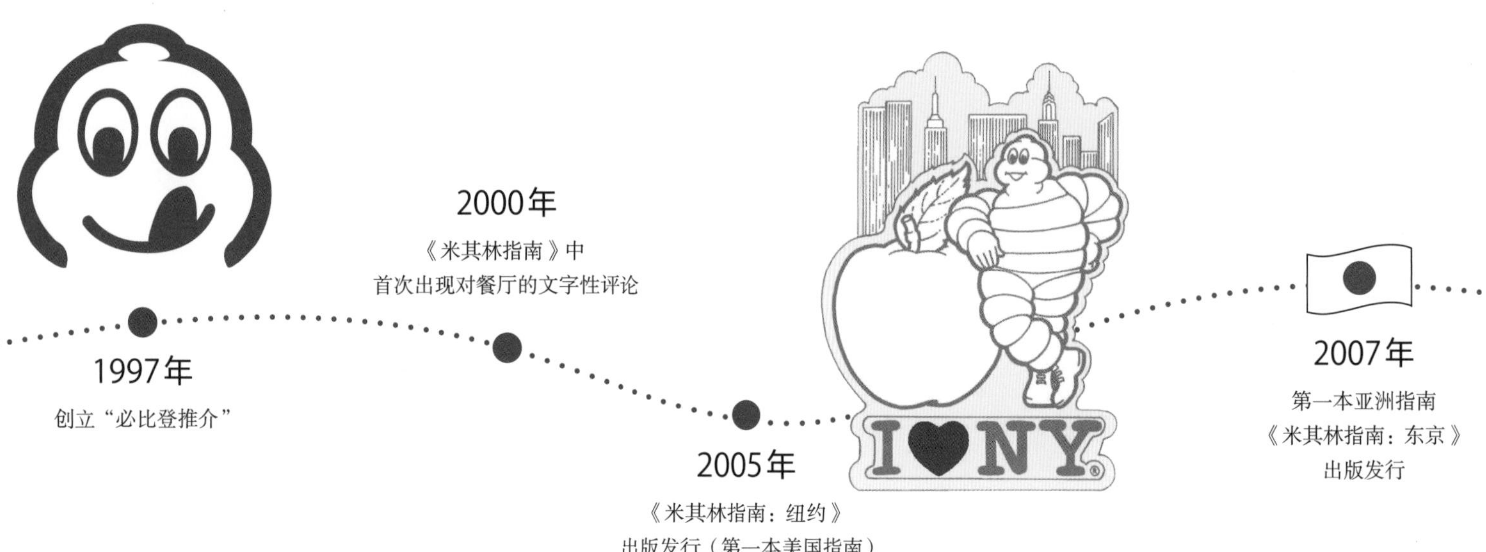

杂个人口味。他们必须以大众品位为基准，做出最客观的评价。对食材、产地和饮食文化的了解同样重要，因为食材品质也是观察员在试菜过程中需考量的五大标准之一。此外，观察员要能够随时随地同步激发五种感官！评判料理时，菜品的口感、装盘的细节、风味的平衡、厨师希望表达的情感都将被综合考量，并将所有这些作为核心标准由观察员在报告中进行评估和记录。

观察员的日程十分繁忙：他们每月有三周时间都在所负责的地区进行实地考察，以发掘更多好餐厅，在推荐清单中对某家餐厅进行确认或撤销……第四周，以法国观察员为例，他们需要前往位于巴黎的米其林总部，与主编一同回顾三周以来的工作，并向编辑提交报告。随后，编辑们负责整理观察员对各家餐厅的评论，这些内容将与餐厅名称一同出现在《米其林指南》上。各个版本的指南加起来，已经刊登了数万条餐厅评论！观察员还将利用在巴黎的一周制订接下来的考察计划。

星级的授予是在星级评定会议中进行的，《米其林指南》主编、相关观察员及国际部主任都会出席。他们将围绕是否对一家餐厅授予星级、授予一星或多星进行讨论，并形成一致意见。如果观察员们对某家餐厅的星级评定存在异议，他们将再组织一次实地考察。

观察员不仅是真正的专业人才，还有着强烈的好奇心，他们都是资深吃货，对美食充满热情，并乐于为读者寻找最好的餐厅和最棒的主厨。他们是充满欢乐、为人慷慨、乐于分享的大师。

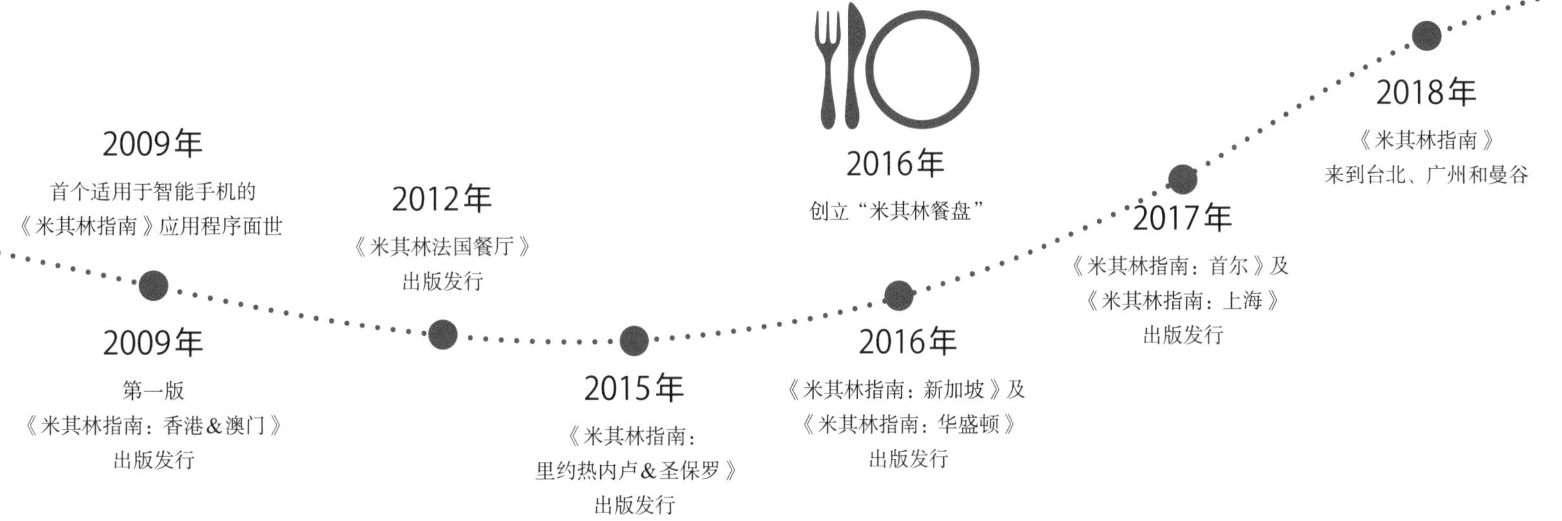

观察员的历程手记：一名美食家的自白

您是怎样成为米其林观察员的？

和我的所有同事一样，我从酒店餐饮业开启职业生涯，具体来说是从事大堂和服务工作。在多家星级餐厅任职和学习期间，我有机会接触一些米其林观察员。于是我很快就有了转行的想法！我主动发出了求职申请，历经一系列招聘程序之后，30岁那年，我正式成为一名米其林观察员。

担任《米其林指南》观察员是否算是实现了理想，或者说圆了您儿时的梦？

正是如此！当我刚开始在一家米其林二星餐厅工作时，我就希望有一天能成为观察员。对我而言，《米其林指南》充满了神秘色彩！当我还是个学生时，《米其林指南》就已变得越来越国际化，我认为这一职业能将我对发现世界的渴望、对旅行的热爱和对美食的激情结合起来。从事观察员的职业，不仅能在法国的某一地区开展工作，还有机会去往世界其他国家，这太让我感到兴奋了！

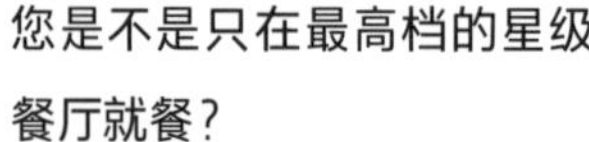

您是不是只在最高档的星级餐厅就餐？

可能会让你们失望了，并不总是这样的。要知道，法国只有不到30家米其林三星餐厅，我们不会把时间都耗费在这些餐厅里。从事这一职业需要尝试所有类型的餐厅，从乡村旅馆到豪华大饭店，我们在自己负责的地区不断寻找性价比和品质兼具的最佳餐厅。惊喜无处不在，虽然有时为了找到一家优质餐厅，需要经历多次不那么好的尝试。但我还是要承认，我乐于每天尝试新的餐厅，也喜欢重新评估被我纳入筛选范围的餐厅。

观察员的一天通常是怎么安排的？

一般每天要进行两次试菜——分别在中午和晚上，然后还要撰写报告。夜里我们会住在酒店或民宿，我们也会对住宿地点进行评估。下午，我们可以深度探访餐厅或酒店，与主厨和老板进行交流。我们会做大量的实地考察，因为我们的工作内容还包含行业监督和市场调研。此外，当我们回到巴黎的办公室时，我们也会和其他观察员及编辑团队交流，总结过去几周的考察工作，为接下来的探访做准备。我个人很喜欢使用社交网络，特别是Instagram，以便标注新开的餐厅，制订接下来的考察计划。

这是一份孤独的工作吗？

在外出考察的几周，我们的确总是孤身一人。我独自开车，大多数时候我也独自下榻酒店或去往餐厅。但有时，观察员们会聚在某些餐厅，共享美食，分享感受。尽管观察员总是独自行动，但却并不孤独！《米其林指南》中的所有餐厅都是集体决议的结果，因此讨论沟通占据了我们工作中的很大一部分。此外，

我们还经常与厨师及酒店经理进行交流。总而言之，这种独来独往的工作方式能让我们在工作中保持匿名，但我们最终仍服务于集体产出。

这份职业的哪些方面最吸引您？

首先，我在工作中能接触到很多不同的东西，我的日常也因为各种新发现而变得多样。此外，观察员需要每天和酒店餐饮业的从业人员在一起，这也是我们在加入《米其林指南》之前所热爱的行业。这份职业还让我喜欢的一点在于，它让我得以成为一名永不疲倦的旅行者，能够每天充满热情，感受不到工作的繁重。

同时，我也很欣赏观察员这一职业的人性化一面：我们一直在寻找才华横溢、对工作充满激情的男男女女。要知道，对于观察员而言，没有什么会比在正确的时间找到正确的餐厅更能让我们开心的了，这也是这一职业如此让人振奋的原因所在。

最后，我很喜欢前往餐厅品尝我将要评估的美食。我意识到，能够作为一名观察员，去各家餐厅品尝各种美食，是多么幸运。虽然这份工作需要部分牺牲我的家庭生活和个人时间，但它能将我的酒店餐饮业从业经验、我对于发现新事物的渴望和对美食的热爱结合起来。

您会带回旅途中的纪念品吗？

会的！我常说，我的汽车后备厢是我家第二个冰箱！我喜欢把能够代表当地风土人情的特产带回家。与小手工艺者、酿酒师、糖果商或奶酪商的会面让我有机会用车装满关于美食的记忆！此外，我也能借纪念品向家人生动地讲述我的考察经历。

目录

M

法国

France

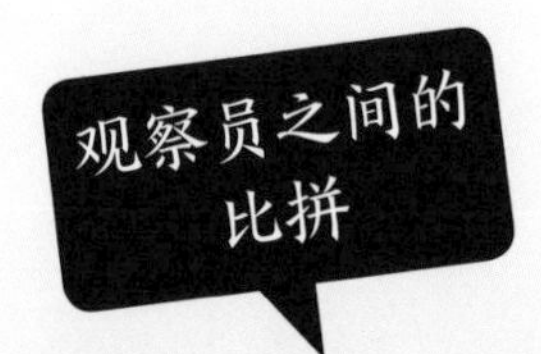

大西洋及地中海沿岸地区

用黄油还是橄榄油？欧洲鲈还是狼鲈？仔鸡还是赤鲉？琵琶鱼还是鮟鱇鱼？可露丽还是杏仁蛋糕？法布里斯与安东尼奥都是米其林观察员，他们分别负责两个不同地区的考察工作，并用两地的物产进行比拼。前者负责大西洋沿岸的圣让德吕兹和南特地区，后者负责地中海沿岸的科利乌尔和芒通地区。

法布里斯："在约岛及奥诺纳滨海区，我曾有幸品尝过一道名叫帕塔戈（patagos）的贝类菜肴，这种贝类为约岛特有，地中海地区没有。它也被称为'维纳斯贝'。它形似蛤蜊，但有着白色的贝壳，人们会将它放入铁锅炖煮，加入切碎的洋葱、大蒜、白葡萄酒和奶油，和制作青口贝的方法差不多。"

安东尼奥："地中海沿岸确实没有帕塔戈，但那里也有一种不常见的贝类，名叫'地中海紫海鞘'（le violet de Méditerranée），也被称为'海洋无花果'。它们栖息在岩石底部，附着在石头上。撬开贝壳，能看到像熟鸡蛋一般的黄色贝肉，其富含碘质。它可以用葡萄酒奶油汁烹饪，但当地居民更喜欢像吃牡蛎那样，配柠檬汁生食。"

法布里斯："从巴斯克地区到卢瓦尔河谷，黄油几乎无处不在。从早餐到晚餐，餐桌上都会供应淡味黄油、半盐黄油或咸味黄油，厨师也会每日使用黄油烹饪。我们在普瓦图尝到了法国的三种AOC（原产地控制）黄油之一。"

安东尼奥："地中海地区没有AOC黄油。虽然人们并不是完全不吃黄油，但在这里橄榄油才是王道。除了德隆省的尼永斯出产橄榄油，普罗旺斯大区还有7种引以为傲的AOC橄榄油：普罗旺斯莱博谷橄榄油、普罗旺斯艾克斯橄榄油、尼斯橄榄油、尼姆橄榄油、科西嘉岛橄榄油、普罗旺斯橄榄油和上普罗旺斯橄榄油。"

“从大西洋中捕捞的叫‘欧洲鲈’，而在地中海地区它们被称作‘狼鲈’。没有人清楚叫法差异的原因。”

法布里斯：“在大西洋沿岸，欧洲鲈（bar）是一种广受餐厅厨师和顾客欢迎的鱼类，但必须是从海里钓起来的，养殖的可不行。为什么在你们那里它就被称为‘狼鲈’（loup）呢？”

安东尼奥：“从大西洋中捕捞的叫‘欧洲鲈’，而在地中海地区它们被称作‘狼鲈’。没有人清楚叫法差异的原因。但是我们可不能将狼鲈和海鲈鱼（loup de mer）混为一谈。后者的味道没有那么鲜美，也不生活在地中海地区，而是生活在大西洋东北部的冰岛海域。”

法布里斯：“琵琶鱼和鮟鱇鱼也是差不多的情况。”

安东尼奥：“它俩并不算完全一样。很多人认为它们是一回事，只不过在地中海沿岸地区被称为‘琵琶鱼’（baudroie），在其他地方就叫作‘鮟鱇鱼’（lotte）。但事实上，在法国，只有整条售卖的才能被称作‘琵琶鱼’，鮟鱇鱼则被去掉鱼头。而琵琶鱼也有两种：一种大的，长度可达2米，重45千克；还有一种小的，长度一般不超过90厘米。”

法布里斯：“在大西洋沿岸，当我们说到‘chapon’，一般指家禽类，主要指的是热尔省或朗德省露天饲养的仔鸡。”

安东尼奥：“通常而言，‘chapon’的确是一种在年底节庆活动中奉上的鸡肉料理。但在地中海沿岸地区，‘chapon’指的是一种红底白斑的海鱼。它又名赤鲉，可以做成法式海鲜汤或鱼汤。有些厨师会将它放入烤箱整条烤制。”

法布里斯：“尽管我负责的地区盛产山羊奶酪，尤其是普瓦图地区，但似乎您那里的一种奶酪最近获得了AOC头衔……”

安东尼奥：“您说的是鲁夫·布鲁夫（Brousse du Rove）奶酪。经过近十年的努力，这款山羊奶酪终于得到认可，并于2018年获得AOC头衔。只有不到十家牧羊农户生产这种奶酪，主要集中在罗纳河口地区。它以山羊品种‘la Rove’命名，这也是诞生这种山羊的村庄名称。这是一种季节性的奶酪，可以单独作为一道菜，也有许多人喜欢将它当作甜点，搭配蜂蜜和干果食用。”

法布里斯：“我们两个地区用于酿酒的葡萄品种也有所不同。最后让我列举一下地中海地区没有的特产：幼鳗、波雅克羔羊肉、沙洛斯牛肉、金托亚黑毛猪、奇异果、埃斯佩莱特胡椒、牡蛎、可露丽、盐等。”

安东尼奥：“您要再好好想想，我们这里的塞特盐水湖，以及科西嘉岛的黛安娜湖、乌尔比诺湖都出产牡蛎。艾格莫尔特的盐产量也很大。其他物产在地中海沿岸确实没有，但我们也不必眼红。因为我们有腌鱼子、科利乌尔凤尾鱼、锡斯特龙羔羊肉、柑橘类水果、卡马尔格大米、艾克斯的杏仁蛋糕和牛肉以及丰富的油料作物。”

小酒馆

我对小酒馆最早的记忆可以追溯到20世纪90年代初，那是位于巴黎让-穆兰大街的畅饮餐厅（La Régalade）。这家小酒馆距奥尔良门不远，在精致的美食街区里显得有些格格不入，它由伊夫·康德博德（Yves Camdeborde）于1992年在一时冲动之下创立。这位主厨出生于波城，曾在巴黎著名的丽兹酒店（Le Ritz）、涨潮餐厅（La Marée）、银塔餐厅（La Tour d'Argent）和克里翁酒店（Hôtel de Crillon）任职，任何事物都无法撼动他对美食的热爱。他喜欢精美的东西，热衷分享，喜欢追寻纯粹的美丽和友善的氛围。时间已过去近三十年，我仍对这家餐厅的魅力记忆犹新，它创造了一种新的概念，几年后一些记者将这种类型的餐厅命名为“小酒馆”（bistronomie）。这是一个全新的法语词汇，由“酒吧”（bistro）和“美食”（gastronomie）两个词组合而成。尽管身处大都市，但每当我推开小酒馆的门，就能感受到类似乡村小饭馆的欢乐气氛，在这里不用那么多的客套，我们可以品尝各种小火慢炖的精美小菜，用面包将盘底的美味酱汁蘸得干干净净，不必担心邻座投来异样的眼光。顾客一入座，春风满面的服务生便会奉上大厨特制的罐子小吃作为开胃菜（不附带餐巾）。那可不是装在精美的利摩日牌瓷器中的一小份开胃菜，小吃外壳酥脆、内里柔软，光是质地就让人胃口大开。欧皮耐尔牌的刀具也被放在罐子里。您只需拿起一块外脆里嫩的乡村面包，便能开始感受味觉与幸福感的交融。这是真正的好味道！之后，我们便可以尽情享用新鲜的食材，菜单的价格比星级餐厅实惠得多。再见了海鲂鱼，再见了羔羊排，沙丁鱼万岁，牛脸颊万岁！经验丰富的大厨用高超的技艺精心烹制这些食材。这里的厨师将那些会被其他大厨丢在一旁不要的食材重新组合在一起。最重要的一点在于，菜品分量足，调料味道好，呈现出一种令人沉醉的清淡口感。

料理创新

历史学家雷蒙德·杜迈（Raymond Dumay）认为，在人类进化过程中，料理总能变得“越来越健康，并具备在每一次更换厨师时都能进行自我完善的难得优势”[《老鼠和蜜蜂》（*Le Rat et l'Abeille*），Libretto出版社，1997年出版]。进入21世纪，亚历山大·马齐亚（Alexandre Mazzia）、亚历山大·高蒂埃（Alexandre Gauthier）和戴维·图丹（David Toutain）等厨师仍始终坚守这一发展方向。

在《特色菜——料理革新理念》（*Plats du jour– Sur l'idée de nouveauté en cuisine*，Métailié出版社，2013年出版）一书中，作者贝蒂尼科特·博杰（Bénédict Beaugé）从“从业者角度”和“消费者角度”两个层面入手，阐述料理创新的话题。一些情况下这种创新属于技术性，另一些情况下则是社会文化性的。他借鉴了一系列观点来完善自己的理论，从拉瓦雷纳（La Varenne）撰写的《法国厨师》（*Cuisinier françois*），到21世纪时尚的颁奖典礼，美食在保持一致性的同时也在发生变化，更加贴合时尚品位。自1970年“新派法餐”（Nouvelle cuisine）创立以来，出现了越来越多适应市场需求、口感更加柔和的料理。在新派法餐中，新工具的使用让大厨能以工匠和艺术家的双重身份重新诠释他们的职业。亚历山大·马齐亚出生在非洲，成长于地中海地区，在马赛的餐厅，他将非洲和地中海元素以及对绘画和音乐的热爱融入菜品和餐盘装饰，并加入各种香料，使用烟熏和烤制技艺让菜品更加出彩。在马德莱娜-下蒙特勒伊市，亚历山大·高蒂埃将他的蛙塘餐厅（La Grenouillère）变成了一个彰显非凡个性的实验室，用来创作“心目中符合他人口味和心意的奇异料理”，正如他在《亚历山大·高蒂埃的料理》（*Alexandre Gauthier, cuisinier*，La Martinière出版社，2014年出版）一书中所描述的那样。他做的鸡米花并不与这一理论相抵触。在巴黎，

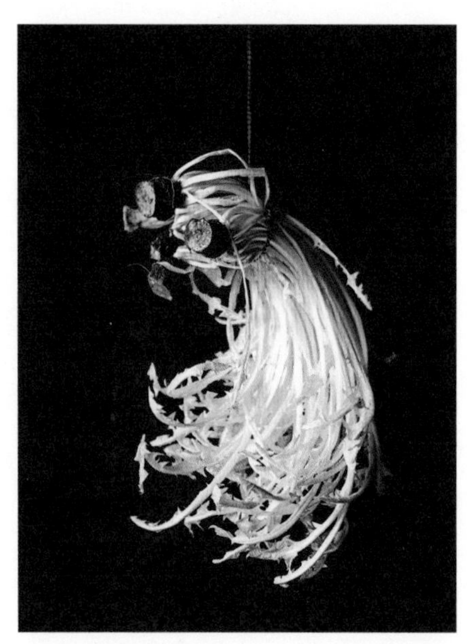

戴维·图丹先在奇异存在餐厅（Agapé Substance）折服一众食客，之后他受导师阿兰·帕萨德（Alain Passard）和马克·维拉（Marc Veyrat）的启发，开始在素食领域进行探索，在充满层次感的味觉体验背后，隐藏着水煮、焖炖和风干等烹饪技艺。为了获得更好的口味，鸡蛋、玉米、小茴香、甜品、花椰菜、椰子或白巧克力可用于制作前菜。

> “在新派法餐中，新工具的使用让大厨能以工匠和艺术家的双重身份重新诠释他们的职业。”

亚历山大·马齐亚餐厅（AM，米其林二星）/蛙塘餐厅（La Grenouillère，米其林二星）/戴维·图丹餐厅（David Toutain，米其林二星）

远离尘世的厨师

在人迹罕至的地方开餐厅是很大的挑战。餐厅需要备货，也需要揽客。
但有一些厨师用行动证明了其可行性，开一家这样的餐厅甚至成为一件令人兴奋的事。

和很多同行一样，“远离尘世”的大厨们也会感到焦虑。他们不仅会为订座本上的登记人数焦虑，还会因为空荡荡的餐厅而担心。埃里克·格林（Éric Guérin）在湿地中央的费德伦半岛上开了家名叫“小鸟池塘”（Mare aux Oiseaux）的餐厅，好几次这家餐厅差点关门。但将近四分之一个世纪过去了，他按照自己的想法创立了一个小宇宙，从身处的大自然中汲取灵感，并将其融入菜品制作。比如这盘牛肉料理，便是他在布里叶自然公园看见在牛蹄间游走的鳗鱼之后，获得的灵感。在努瓦尔穆杰岛的最远端，亚历山大·顾永（Alexandre Couillon）也一直很有耐心地守着他的海洋餐厅（La Marine），它已成为很多美食家的打卡地。每天清晨，他都会前往海边钓鱼，钓多钓少全凭运气。为了应对物资短缺的问题，这名厨师从自己的菜园中采摘蔬果，进行即兴创作。埃尔维·伯登（Hervé Bourdon）在他“大世界的小餐厅”（Le Petit Hôtel du Grand Large）里做着差不多的事情，他和自己的团队耕种了一大块土地，在基伯龙海岸的岩石边采摘野菜。几乎100%的食材都产自当地。诺尔文·克莱（Nolwenn Corre）是圣马修高级饭店（Hostellerie de la Pointe Saint-Mathieu）的第三代厨师，他在美国也开了一家类似的餐厅。在另一家名叫菲妮斯泰尔（Finistère）的餐厅里，一名年轻的女士也过着这种自给自足的生活，并通过这种方式为客人提供来自土地和海洋中的独特美食。想要幸福地烹饪，就得藏起来。

小鸟池塘餐厅（Mare aux Oiseaux，米其林一星）/海洋餐厅（La Marine，米其林二星）/大世界的小餐厅（Le Petit Hôtel du Grand Large，米其林一星）/圣马修高级饭店（Hostellerie de la Pointe Saint-Mathieu，米其林一星）

山地美食

高海拔地区的大厨

山区的居民并不是只吃土豆饼。2015年，一些高级餐厅参加了《米其林指南》的最佳星级餐厅颁奖典礼，名列第三的正是位于圣马丁德贝尔维尔的布伊特餐厅（La Bouitte）。这家身处滑雪胜地的餐厅累计已摘得超过二十颗米其林星星。

这家山地餐厅在美食界登峰造极并不是出于偶然。厨师们在这里制作有特色的料理，所用食材皆是当地特产：湖里的鲜鱼、小龙虾、野味、山里的野菜、用高山牧场出产的牛奶制成的奶酪……早在城里掀起“本地生产”风潮之前，他们便开始注重选用符合时令的当地物产，制作精致的美食，而不是出于跟风。

一个优秀的家族经营着这家名为布伊特的米其林三星餐厅，家族成员包括父亲勒内（René）和儿子马克西姆（Maxime）。萨瓦料理的手艺在这个家族代代相传。餐厅于1976年由家里的祖父在一块土豆田里创立，一开始的小木屋已变成品尝传统萨瓦料理的大饭店，食客可以在这吃到包括烤干酪、奶酪火锅、奶酪蘑菇意式烩饭、柠檬佛手柑炖勒芒湖鲑鱼等各式菜肴。餐厅摒弃了花哨的装饰，用简单朴实的方式诠释菜品，新鲜的口味富含乡土气息。位于蒂涅的让-米歇尔·布维耶餐厅（Jean-Michel Bouvier）也采用了同样的装饰风格。餐厅老板的儿子克雷芒（Clément）在同一个滑雪点开设了自己的乌尔苏斯餐厅（Ursus），他选用灌木、树枝和蘑菇等山地元素进行装饰，餐厅的菜式也非常引发食欲，该餐厅于2019年摘得米其林一星。

马克·维拉（Marc Veyrat）在位于马尼戈的树林之屋（La Maison des Bois）担任主厨，这家山区餐厅的厨师们对当地的风土人情有很深的依恋，多样的自然环境为他们提供了比其他地区更丰富、更符合时令的物产。热爱阿尔卑斯山的艾玛努埃尔·雷诺（Emmanuel Renaut）是盐罐餐厅（Flocons de sel）的主厨，他在这家位于梅杰夫小镇的餐厅用产自勃朗峰的意式培根和山区野味研制料理，他用浸泡过松木的水烹饪，用杉树、桦树和椴树的树皮熏烤。被干草熏过的牛奶炸糕一入口，便能够感受到谷仓的味道。这些山区里的厨师也因此位列法国颇有才华的厨师行列，除上述几位，还有在葱仁谷开餐厅的让·苏尔皮斯（Jean Sulpice）、在夏木尼开餐厅的达米安·勒沃（Damien Leveau）、在伊泽尔谷开埃德蒙餐厅的贝诺·维达尔（Benoît Vidal）以及其他多位大厨。在餐厅就餐的同时，也是在品味高山。

布伊特餐厅（La Bouitte，米其林三星）/树林之屋（La Maison des Bois，米其林二星）/盐罐餐厅（Flocons de sel，米其林三星）/乌尔苏斯餐厅（Ursus，米其林一星）

主厨履历

安娜-索菲·皮克——标志性主厨

一位具有标志意义的主厨——安娜-索菲·皮克（Anne-Sophie Pic），法国唯一获得米其林三星的女性厨师。

2007年，安娜-索菲·皮克在自己位于瓦朗斯的皮克餐厅（Maison Pic）被授予米其林三星，这家餐厅一直被视为法国美食圣殿。在此之前，她的祖父安德烈（André）、父亲雅克（Jacques）分别于1934年和1973年得到过同样的荣誉。这一次轮到了她自己。即便她其间也做过其他职业，却始终被厨房吸引着。1992年，她的父亲突然离世，1995年餐厅被取消米其林三星资格，一系列的变故让这位天才明确了职业发展方向，并于2014年获得美食影响奖。她为人低调，最讨厌没话找话。作为一名女厨师，她代表着希望通过工作和才华获得公正与认可的新一代女性。才华横溢的她创作了很多广受赞誉的招牌菜品：烟熏巴依山羊奶酪风味菱形水果糖配姜汁水芹菜和佛手柑、黄瓜配帝王鱼子酱和欧石楠蜂蜜、龙虾刺身配当归和熟柚子皮、海鲈鱼配雅克·皮克鱼子酱白千层、大溪地香草淡奶油、茉莉啫喱配胡椒泡沫。

“很多时候我都希望能有位年长的大厨向我伸出援手。”

2018年，她成为首位《米其林指南》新星级餐厅的导师。“这么做是为了向大家传授我的想法，让他们能在这个充满怀疑的时代继续前行”，她解释道，“在我还是个年轻厨师时，很多时候我都希望能有位年长的大厨向我伸出援手。”她在巴黎、伦敦和洛桑的餐厅共计摘得7颗米其林星，故有能力为同行提供有价值的建议。已年满50岁的安娜-索菲·皮克是一个前所未有的榜样和标杆。

——

皮克餐厅（Maison Pic，瓦朗斯，米其林三星）/皮克女士餐厅（La Dame de Pic，巴黎，米其林一星）/皮克女士餐厅（La Dame de Pic，伦敦，米其林一星）/安娜-索菲·皮克餐厅（Anne-Sophie Pic，洛桑，米其林二星）

亲近自然

丰富的蘑菇料理

法国有着多样的自然环境，也因此拥有许多品种的蘑菇。仅在诺曼底地区的安达因斯森林里，就有1640个蘑菇品种，这让在巴尼奥莱德洛尔恩的百合庄园餐厅（Le Manoir du Lys）担任主厨的弗兰克·昆顿（Franck Quinton）十分开心。广袤的法国西南地区以牛肝菌闻名，与之相关的最著名的美食要数牛肝菌煎蛋，也可以将牛肝菌搭配大蒜和欧芹直接香煎。春天的汝拉山区出产大量羊肚菌，传统做法是拿来炖鸡，配以黄葡萄酒。在上卢瓦省的圣博奈勒夫小镇，雷吉和雅克·马可餐厅（Régis et Jacques Marcon）的厨师们以蘑菇料理闻名于世。从最著名的鸡油菌、喇叭菌和食用伞菌，到最罕见的冰镇香杯蕈和每年只有一周采摘时间的多孔块菌，这家餐厅每天可烹饪约40千克蘑菇。带有椰香的浅灰香乳菇（*Lactarius glyciosmus*），与红扁豆和虾搭配食用。蘑菇可以晒干之后烹饪，也可以直接烹饪，晒干后的羊肚菌可用于制作焦糖，搭配梨食用。使用新鲜蘑菇也可以做出一个口味协调的菜品，做法是将一大块羊肚菌浸泡在烤荞麦风味的蘑菇汤中，再加入冷杉油。“口中似乎装入了整个森林”，吉斯·马可陶醉地说道。蘑菇之于他就像玛德琳蛋糕之于普鲁斯特。他接着说：“我妈妈也善于制作超凡的蘑菇料理。我们曾整夜不睡，给蘑菇去皮，然后用加工牡蛎的方式烹饪，味道很鲜美。”从高山到大海，从森林到草原，菌类是个无尽的风味宝库。

百合庄园餐厅（Le Manoir du Lys，米其林一星）/雷吉和雅克·马可餐厅（Régis et Jacques Marcon，米其林三星）

腌蘑菇配小葱

制作时间：20分钟

腌渍时间：冷藏1小时

4人份配料：

小伞菇（俄瑞阿德斯伞菌）20～30个

柠檬 1个

酱油 1满咖啡匙

榛子油 50毫升

小洋葱头 2个

葱花 适量

盐、手磨胡椒 适量

1. 准备伞菇：选取干燥环境中采集的完整伞菇，剪掉尾部，保留2厘米长的伞柄。放在盘中，伞柄朝上。
2. 制作酱汁：将盐、胡椒、柠檬汁、酱油、榛子油依次混合，最后加入洋葱碎。将混合好的酱汁浇在蘑菇上，并确保酱汁浸透每一个蘑菇。
3. 将葱花撒在蘑菇上，盖上保鲜膜，放入冰箱冷藏。在冰箱内腌制约1小时。
4. 请尽快食用，可搭配开胃酒。您可拿起伞柄慢慢咀嚼，当成小吃或配合前菜享用。

食谱摘自雷吉·马可（Régis Marcon）《美味素食》（*Herbes*，La Martinière出版社，2018年出版）。

Bocuse

Brazier

Chapel

Robuchon

Vergé

Point

Lenôtre

已逝大厨的姓名及履历

法国美食已有几个世纪的历史，在众多大厨的努力下，法餐在全球享有盛誉。让我们向四位已逝大厨表达敬意：保罗·博古斯（Paul Bocuse）、阿兰·夏贝尔（Alain Chapel）、乔尔·卢布松（Joël Robuchon）和罗杰·威尔盖（Roger Vergé）。

法餐历史源远流长，但直到20世纪60年代，才发生了著名的“厨师革命”。厨师们从后厨走到聚光灯下，赢得了人们对其工作的认可。“保罗·博古斯派厨师”深刻改变了法国美食的面貌。

保罗·博古斯于1926年出生在一个餐饮世家，家族创立的科隆格大桥旅馆（Auberge du Pont de Collonges）位于科隆格奥蒙特德奥尔。2018年1月20日，他也在这里与世长辞。作为法餐的坚定维护者，这位里昂大厨继承了导师欧也尼·布拉泽（Eugénie Brazier）和费尔南德·波因特（Fernand Point）的衣钵。1961年他被评选为“法国最佳工匠”（MOF），1965年他为餐厅摘得米其林三星，并将这一殊荣一直保留到去世。1975年，他从瓦勒里·吉斯卡尔·德斯坦（Valéry Giscard d'Estaing）总统为其颁发的骑士勋章中获得灵感，创作了德斯坦黑松露汤。他有句名言：“所谓新派法餐，就是盘子里啥都没有，都在账单上了。”他还创立了世界上最负盛名的美食竞赛——博古斯世界烹饪大赛。

与同龄人相比，罗杰·威尔盖并不是最有天分的。他于2015年去世，享年85岁。他在科芒特里度过了童年时光，被誉为“地中海料理复兴者”“番茄及西葫芦之王”。1969年，他接手莫金斯磨坊餐厅（Le Moulin de Mougins）后，餐厅实现飞跃式发展，1970年摘得米其林一星、1972年二星、1974年三星。他也是较早走出国门的法国厨师之一。1982年，他同保罗·博古斯及加斯顿·雷诺特（Gaston Lenôtre）一起，在佛罗里达迪斯尼乐园的未来世界园区开设餐厅。

> “阿兰·夏贝尔非常优雅，并不像许多同行那样粗野。”

除了保罗·博古斯和罗杰·威尔盖，我们还注意到一位个性低调谨慎、有着坚定目光和深沉音色的大厨。1990年，阿兰·夏贝尔在52岁的年纪英年早逝，他非常优雅，并不像许多同行那样粗野。他在米奥奈接手了父母的餐厅，开创贴近食材生产者，特别是葡萄种植者的先锋派美食。他在自己唯一一本书的前言中阐述了先锋派美食的理念，这本书共70页，书名为《烹饪不只是食谱》（*La cuisine c'est beaucoup plus que des recettes*，Robert Laffont出版社，1980年出版），至今这本书仍让很多美食从业者备受启发。

在这四位奠定法餐历史的大厨中，乔尔·卢布松比保罗·博古斯小将近20岁，比罗杰·威尔盖小15岁。他比阿兰·夏贝尔晚出生8年。1976年，他被评选为“法国最佳工匠”，2018年8月6日逝世。1990年，他同保罗·博古斯、弗雷迪·吉拉德（Frédy Girardet）和埃卡德·维兹格曼（Eckart Witzigmann）一起被授予“世纪神厨”的称号。从拉斯维加斯到澳门，从东京到伦敦，从曼谷到蒙特利尔，他累计摘得32颗米其林星星，创下了惊人的记录，是法餐的代表人物。他在电视节目中的著名口号“当然要有好胃口”（bon appétit, bien sûr）已成为人们的日常用语。他在蒙特莫里隆（Montmorillom）创立的烹饪学校项目存续至今。美食技艺的传承是他的核心使命，也是所有伟大厨师们的核心使命。

美食历史

法国国王们的餐食

厨师达伊风（Taillevent）创作了辣味酱汁（saupiquet），这是一种专门搭配肉类料理的酱汁，具体做法是用洋葱、红酒、醋、肉桂和姜汁制成肉汤，再将面包浸入汤里。法国国王腓力六世（1293—1350年）非常喜爱这种酱汁。中世纪的美食以富含香料、甜咸交织为特点，辣味酱汁就是代表。两百年后的弗朗索瓦一世（1494—1547年）偏爱科迪尼亚布丁（cotignac），这是一种质地紧实的木瓜啫喱，口味符合当时的时代潮流。中世纪晚期，文艺复兴刚刚兴起，糕点和糖果制作受到意大利的影响，杏仁挞、水果挞、冰激凌等甜品相继出现。查理九世（1550—1574年）在一次出宫游乐时吃到了小肉饼——一种带肉馅的千层饼。说到亨利四世（1553—1610年），就不得不提到他曾许下让全国所有劳动者吃上炖鸡的承诺，尽管他本人更爱吃生蚝和银塔餐厅的牡蛎饼。他的继任者路易十三（1601—1643年）甚至能在饥肠辘辘的时候亲自制作煎蛋卷。路易十三的儿子路易十四（1638—1715年）继位后，餐桌礼仪和美食艺术变得极为讲究。国王的“公开晚餐”（Le grand couvert）便是美食多样性和丰富性的集中体现，令人印象深刻。采摘自拉坎蒂尼（La Quintinie）菜园的蔬菜水果也深受国王喜爱，特别是新鲜的小甜豆。路易十四的继任者——曾孙路易十五（1710—1774年）也是个美食家，但不那么注重礼节。他用水、巧克力和蛋黄亲自制作热巧克力“穿衬衣的鸡蛋”（les œufs en chemise），还会将酵母保留至次日使用。最后，路易十六（1754—1793年）的时代到来，在这位喜欢邀请学者和知识分子进餐的国王的餐桌上，人们能品尝到集考究、精致于一体的“王后一口酥”，它们是19世纪布尔乔亚饮食的典型代表。

“路易十三甚至能在饥肠辘辘的时候亲自制作煎蛋卷。”

欢呼庆祝

被遗忘的葡萄品种重获新生

近年来，葡萄酒爱好者们尝试着去认识更多鲜为人知的葡萄品种，如菲格希（fié Gris）、卡曼纳（carménère）、堤布宏（tibouren）等。这值得我们欢呼庆祝！

法国再次开始对这些真正体现葡萄种植传统的葡萄品种产生兴趣。以香槟区为例，四重奏酒庄（cuvée Quatuor）的米歇尔·德拉皮耶（Michel Drappier）将传统的霞多丽和小美斯丽尔（petit meslier）、阿芭妮（arbane）、白皮诺（blanc vrai）组合在一起酿酒。法国西南部的布拉杰雷斯（Plageoles）产区用当地葡萄品种酿造加亚克（gaillac）葡萄酒，白葡萄酒由莫扎克（mauzac）或昂登（ondenc）酿造，红葡萄酒则由黑葡拉（prunelard）或布洛可（braucol）酿造。在波尔多，很少有人知道卡曼纳是当地的葡萄品种！卡曼纳在波尔多的种植面积不到当地葡萄种植面积的1%！法国所有地区都有自己特有的葡萄品种，但受葡萄种植国际化的影响，它们或多或少地被人们遗忘了。有些品种仅存在于一些单品种的酒庄中，如胡亚尔（Huards）产区的库谢韦尔尼罗摩酒庄（Cour-cheverny Romo）生产的100%由罗莫朗坦（romorantin）酿造的葡萄酒。更多时候，这些复古的葡萄品种会和其他品种混合起来酿酒。幸运的是，这些品种如今再次掀起潮流，引起了葡萄种植者的关注，他们开始种植这些种类的葡萄，防止消费者将其遗忘。这些葡萄品种都有着好听的名字和悠久的历史，例如瓦卡瑞斯（vaccarèse）、古诺瓦兹（counoise）、费尔莎伐多（fer servadou）、堤布宏、红尾瓜（melon à queue rouge）、兰德乐（loin de l' œil）等，如果错过就太可惜了！

美食融合

饮茶餐厅的点心拼盘和茶

茶已逐步渗入我们的美食体系，并被当作点心的固定搭配，就和法餐配红酒差不多。

茶与点心从前只在亚洲餐厅供应，后来由于茶叶品种繁多，点心口味多样，这种搭配进入了常规餐饮的行列。2009年，饮茶餐厅（Yam'tcha）在巴黎开业，餐厅名字源自中文音译，第二年餐厅便获得米其林一星餐厅的称号，主厨阿德琳娜·格拉塔德（Adeline Grattard）通过茶饮与亚洲风情美味料理的融合吸引了众多顾客。餐厅所用的茶叶由她的丈夫、酒水总监陈志华挑选，包括白茶、红茶、乌龙茶、普洱茶、烟熏茶、茉莉绿茶，茶叶的不同香气让主厨的菜品更加出彩，她用福建的金乌龙茶搭配海鲈鱼配炒菠菜、黄瓜、蘑菇和柑橘酱汁，大红袍搭配加利斯牛肉配胡椒、八爪鱼、罗勒和辛香料。

——

饮茶餐厅（Yam'tcha，米其林一星）

豪华饭店的准则

最早的豪华饭店出现于19世纪中叶，商业天才恺撒·丽兹（César Ritz）的推动功不可没。他邀请奥古斯特·埃斯科菲耶（Auguste Escoffier）担任主厨，后者对法国美食的影响仍然十分深远。

1898年，一家卧铺汽车公司在香榭丽舍大道创办了爱丽舍宫酒店，那是巴黎第一家豪华饭店。同一年，恺撒·丽兹在旺多姆广场的饭店开业。这些专门接待富人的场所将奢华、安静和愉悦作为三大准则。这些场所当然也要给富人们供应餐食。恺撒·丽兹雇用了国王的主厨、被誉为“烹饪之王”的奥古斯特·埃斯科菲耶，他先后在蒙特卡洛大饭店（Grand Hôtel à Monte-Carlo）、卢塞恩全国大饭店（Grand Hôtel National）、伦敦萨沃伊饭店（Hôtel Savoy）担任主厨。在巴黎丽兹酒店，埃斯科菲耶改变了厨师工作场地的布局，并将厨师团队架构变革为金字塔体系。长期以来，以考究装饰和周到服务著称的豪华饭店，致力于为顾客提供食材质量上乘的经典料理。2000年，阿兰·杜卡斯（Alain Ducasse）担任雅典娜宫酒店（Plaza Anthénée）的主厨，豪华饭店进入了新的发展纪元。一切都与以往不同，如今的豪华饭店在将优质服务和精致料理完美融合的同时，也在打破准则。例如，阿兰·杜卡斯便在雅典娜宫酒店为顾客提供带有“天然”标志的鱼类、蔬菜和谷物专门菜单。

——

雅典娜宫酒店（Plaza Anthénée，米其林三星）

豪华饭店和高级餐厅的糕点

近十多年来，豪华饭店和高级餐厅糕点师的光芒不再被主厨掩盖。他们创作的甜品为法餐的收尾注入现代元素。

糕点师们不再惧怕冒险，他们减少糕点的含糖量，将咸味和甜味的元素融合在一起。塞巴斯蒂安·瓦克雄（Sébastien Vauxion）便是一个很好的代表人物。他在一家仅提供甜味料理和甜品的餐厅担任糕点主厨，此类餐厅在法国非常少见。他的萨尔卡拉餐厅（Le Sarkara）位于高雪维尔的K2酒店，仅在下午营业。他敢于尝试一些不常见的搭配，如洋蓟雪芭配白巧克力、芹菜香草蛋白霜配芹菜萝卜波旁香草雪芭、焦糖碎配黑色接骨木糖浆。巴黎雅典娜宫酒店的杰西卡·普雷阿尔帕托（Jessica Préalpato）也是这样一位敢于尝试的糕点师，她制作的大黄甜品用米糠、啤酒和接骨木发酵酸化，凸显自然的纯净风味，她还创作了豆浆冰激凌球，配合花生酱食用。糕点师们也开始受到大众的欢迎。随着社交网络的发展，他们的甜品能够被全世界的网友大量快速转发。有些糕点师已成为货真价实的明星，粉丝们会排好几个小时的队，只为品尝他们的最新作品。巴黎莫里斯酒店（Le Meurice）的糕点主厨塞德里克·格罗莱（Cédric Grolet）便是这样一位明星糕点师，他制作的水果甜品能够以假乱真，是如今巴黎极受欢迎的高档甜品之一。

萨尔卡拉餐厅（Le Sarkara，米其林一星）/雅典娜宫酒店（Plaza Anthénée，米其林三星）/莫里斯酒店（Le Meurice，米其林二星）

厨师团队

根据菜系的不同，厨师团队发挥着不同的作用，组成形式也会有所差异。

主厨

主厨负责制定菜单，管理整个厨师团队，制订工作计划，监督菜品质量。主厨参与服务全程，向厨师团队发号施令，还负责厨房伙计和学徒的培训工作。

副厨

副厨协助主厨开展工作，并于主厨不在岗时代为履行职责。副厨需有能力代替其他不在岗的厨师，掌握各岗位的工作技能。

部门主管

·厨师领班·

负责为各部门烹饪蔬菜、面食、米饭、浓汤、清汤、果泥，进行菜品装饰。酒店厨房的厨师领班还要烹饪蛋类，此外还需负责制作奶油调味汁等白色酱汁。

·煎炸主管·

负责制作所有需要煎或炸的食材，如炸薯饼、炸薯条、炸薯球等，以及各类煎肉或煎鱼。煎炸主厨还是香料的负责人。

·鱼类主管·

负责烹饪各式鱼类和贝类。烹饪方式包括爆炒、水煮和清蒸等。

·烤肉主管·

负责煎炒或烤制肉类。

·酱汁主管·

负责制作棕色酱料、红色酱汁、调味汁、肉汁、葡萄酒奶油汁、腌料及所有肉类和鱼类酱汁。

·食材主管·

负责为各部门提供食材。负责切割整只购入的牲畜，处理鱼类、禽类等。

负责将所有食材放入冷库或食品柜储存，并根据需要分发至各部门。酒店餐厅的食材主管还需负责制作冷盘，包括点心拼盘、吐司、小肉饼、果冻、开胃菜、沙拉及俱乐部三明治。

糕点主厨

负责制作甜品、面包、咕咕霍夫、布里欧修。糕点主厨在巧克力师傅、冰激凌师傅和糕点主管的协助下开展工作。

厨房伙计

厨师团队架构的最底层。厨房伙计在部门主管身边工作，并定期轮换，以获取各部门的工作经验。

洗碗工

负责清洗所有餐具及厨具，清洗后分发给各部门。

工作人员

负责制作员工餐，可轮换至其他厨师岗位工作。

学徒及实习生

通过参与不同部门的工作接受培训，学习烹饪。

词汇由来

"厨师团队"一词的由来

厨师团队的成员们或绅士、或叛逆、或粗野，但他们都在主厨的领导下一起工作。

奥古斯特·埃斯科菲耶（1846—1935年）是19世纪的伟大美食家，他推动了美食的现代化。1870年他从法国军队退役，受到军队纪律性、严格性与条理性的启发，他将军事化管理引入后厨，以提高效率。他曾先后在蒙特卡洛、卢塞恩、伦敦、巴黎和纽约的大酒店担任主厨，在此期间他将"厨师团队"（brigade）的概念引入餐厅，这一词汇由1370年诞生的意大利语词汇"brigata"转变而来，在这样一个团队中，任务的分配变得更加合理。主厨在协助下开展工作，并领导一名或若干名副厨、专门负责某一部分工作的部门主管（如食材主管、鱼类主管、肉类主管、糕点主管）、厨房伙计及学徒。这位"烹饪之王"还要求这些经常被人看低的厨子们遵守严格的卫生条例，保持细致的工作态度，在工作中不得饮酒、抽烟或大喊大叫。如今"厨师团队"的概念已在全世界的餐饮业得到应用。值得注意的是，奥古斯特·埃斯科菲耶还按照美食现代化的要求，对安东尼·卡莱姆（Antonin Carême）的烹饪技艺进行了重新整理。他编写的*《烹饪指南》*（*Guide cuil*inaire）包含500多份食谱，阐述了现代料理的基本技艺。如今所有伟大的厨师都会学习这本指南，将书中的食谱练习再练习，用各自的方式掌握各式技法并进行自我完善。

“顶级厨师”一代的出现

他们包括斯特凡妮·勒奎勒克（Stéphanie Le Quellec）、蒂博·索姆巴迪（Thibault Sombardier）、罗曼·蒂申科（Romain Tischenko）、皮埃尔·奥格（Pierre Augé）、卢多维克·图拉克（Ludovic Turac）、维克多·梅西尔（Victor Mercier）、朱利安·杜布（Julien Duboué）、弗洛伦特·拉德恩（Florent Ladeyn）、皮埃尔·桑·博伊尔（Pierre Sang Boyer）和丹尼·伊布罗伊西（Denny Imbroisi）。他们都通过法国M6频道播出的《顶级厨师》（*Top Chef*）节目被大众所熟知，之后踏上摘取米其林星级的旅程。

电视是个大众化的传播平台。几乎每家都有电视，它能拉近观众与电视比赛选手间的距离。法国M6频道推出的《顶级厨师》便是这样一个电视节目，到2019年该节目已开播整整十年。每一名选手，无论是首轮淘汰、进入决赛或赢得优胜，都会满怀感动地讲述这个节目是如何改变了他们的生活。这些厨师由此进入法国人的日常生活，并迅速与他们的客人或者潜在客人建立联系，且这种联系不仅仅局限在小小的餐厅里。刚播出时，节目曾受到部分专业人士的嘲讽，他们无法理解大众对这场竞赛的热衷，并认为电视节目无法造就大厨。然而，《顶级厨师》栏目最终成就了一代厨师，他们很多还不到30岁，便创立了自己的餐厅，有些餐厅还得到了《米其林指南》的认可。2011年的决赛选手范妮·雷伊（Fanny Rey）便是一个例子。她曾是乌斯托德保玛尼耶餐厅（L’Oustau de Baumanière）的厨师，她与丈夫在普罗旺斯圣雷米创立了圣雷米餐厅（L’Auberge de Saint-Rémy），该餐厅于2017年被授予米其林一星。第二季选手卢多维克·图拉克在距离普罗旺斯圣雷米不远的马赛经营着自己的餐厅。他曾是莱昂内尔·列维（Lionel Lévy）的副厨，2013年莱昂内尔·列维跳槽至马赛洲际酒店担任主厨，同时接手了其位于港口的南部餐桌餐厅（Une Table au Sud）。对卢多维克来说，最大的挑战便是与担任大堂侍酒师的妻子卡莉娜（Karine）一同守住米其林星级。他经常在菜单中推出各式出色的招牌菜品：“我的蒜泥鳕鱼”“富含碘质的小菜”“我的马赛鱼汤”“千层柠檬”等。其他厨师也有各自的人生轨迹，比如巴黎安东尼餐厅（Antoine）的蒂博·索姆巴迪。2014年，当他参加《顶级厨师》比赛时，他的餐厅已经获得米其林一星，他制作的“龙虾蘑菇舒芙蕾”被公认为是一道非常优秀的料理。他并不觉得这个节目让他制作的料理发生了改变。他在上电视之前，就已经形成了一套固定的思维体系。然而，他也承认节目确实带给了他一定的知名度。上过节目之后，他的餐厅总是提前三周就被订满。

最后，怎能不提一下斯特凡妮·勒奎勒克呢？在2011年的节目中获得优胜之后，她迅速实现了一系列转变。曾在瓦尔白土地庄园法恩扎餐厅（Le Faventia）担任厨师的她，在参加节目两年之后，跳槽至巴黎加勒斯王子酒店（Hôtel Prince de Galles à Paris）的塞纳餐厅（La Scène）担任主厨。任职一年后，她便得到了米其林一星的嘉奖，2019年获得米其林二星。之后，她宣布将离开塞纳餐厅并开创个人事业。

乌斯托德保玛尼耶餐厅（L’Oustau de Baumanière，米其林二星）/圣雷米餐厅（L’Auberge de Saint-Rémy，米其林一星）/南部餐桌餐厅（Une Table au Sud，米其林一星）/安东尼餐厅（Antoine，米其林一星）/塞纳餐厅（La Scène，米其林二星）

伟大的经典

布尔乔亚饮食的回归

近些年，我们通过餐厅的菜单清楚地感受到传统布尔乔亚饮食的回归。
布尔乔亚饮食在法餐的形成中扮演了重要角色，大大改善了法餐的口味和精致程度。
布尔乔亚饮食的回归要部分归功于热衷发扬传统料理的年轻一代厨师。

法式火锅

美国厨师丹尼尔·罗斯（Daniel Rose）在其位于巴黎的零钱与生活餐厅（La Bourse et la Vie）为顾客提供最正统的法餐，他将酸醋小葱、皮埃蒙特榛子与黄芥末牛胸肉、水果与小土豆混合在一起。他的菜单上还有小牛肉火锅，新奇的口味令人耳目一新。

皇家野兔

巴黎雷比迪潘餐厅（L'Épi Dupin）的弗朗索瓦·巴斯多（François Pasteau）是理性料理的热情捍卫者。他尽可能地减少浪费，高度关注鱼类捕捞方式和牲畜饲养方式，偏爱使用本地物产。他还曾就职于已故名厨乔尔·卢布松（Joël Robuchon）的嘉明餐厅（Jamin）。他毫不犹豫地将皇家野兔配芹菜萝卜酱汁这道料理写入菜单，也许有一天，他会在索洛涅组织一场皇家野兔的世界锦标赛。

卷心菜包肉

布鲁塞尔厨师卡伦·托罗斯扬（Karen Torosyan）是个做馅饼的高手，他在自己的博扎尔餐厅（Bozar）中制作熟肉馅饼、杏仁奶油千层糕以及全熟惠灵顿牛排。此外，他还将卷心菜叶当作饼皮，做出极具技术含量的卷心菜包肉。他表示自己并没有改变经典菜式，只是将现代技艺融入其中，使其与众不同。

肉馅饼

2004年法国最佳工匠得主之一的约瑟夫·维奥拉（Joseph Viola）是一位真正的传统法餐领军人物，他是三家里昂特色餐厅的主厨，在他的餐厅我们能吃到包括鱼肉丸在内的布尔乔亚料理。他于2009年凭借鹅肝馅饼配奶饲牛胸肉夺得肉馅饼大赛的世界冠军。

鱼肉丸

罗斯唐餐厅（Maison Rostang）的主厨米歇尔·罗斯唐（Michel Rostang）将他名下的一家餐厅完全用于供应布尔乔亚料理。这家名叫“蓝色列车”（Blue Train）的餐厅位于里昂火车站内，充满年代感的装修让顾客从一进门便穿越到另一个时代，菜单上的里昂梭鱼丸配纽堡酱汁及烤香米、切片小羊腿配多菲内奶油焗薯片都被认为是布尔乔亚料理的代表菜品。

朗姆巴巴

厨师西里尔·利尼亚克（Cyril Lignac）和糕点厨师博努瓦·库朗（Benoît Couvrand）知晓如何博取宾客的欢心。他们定期在集团旗下的十五号餐厅（Le Quinzième）和查尔德努克斯餐厅（Le Chardenoux）供应巴黎最棒的朗姆巴巴。

叙泽特薄饼

1896年，叙泽特薄饼诞生于摩纳哥的巴黎咖啡厅（Café de Paris）。主厨亨利·查朋蒂埃（Henri Charpentier）是叙泽特薄饼的创作者。起初主厨只做了一个浸透白兰地的橙子薄饼，他在偶然间将其点燃，叙泽特薄饼由此诞生。从那时起，点燃端上桌的薄饼便成为传统，如今我们在拉塞尔餐厅（Lasserre）或银塔餐厅（La Tour d'Argent）还能品尝到这种料理。银塔餐厅主厨菲利普·拉贝（Philippe Labbé）将食谱稍做改进，并将菜品名字改为“小姐的薄饼”。

美人欧若拉之枕

传说布里亚-萨瓦林（Brillat-Savarin）的家庭厨师与让·安塞姆（Jean Anthelme）的母亲克劳汀-欧若拉（Claudine-Aurore）相恋，他希望通过这道馅饼料理，让欧若拉知道自己希望与她共枕。他在外出狩猎期间创作了这道料理，经过几个世纪的演变，每个餐厅的制作方式都有所不同。这种馅饼最多可重达30千克。饼皮内包裹着各种野禽的肉。2016年起，这道菜品出现在巴黎加洛潘啤酒屋（Gallopin）的菜单上。一个以这种馅饼的名字命名的团体每年都会在这里举行几次聚会，其间会供应传统法餐，包括各式菜品、甜品及一种不常见的葡萄酒。美人欧若拉之枕当然也会出现在宴席上。

布尔乔亚饮食是一种佐以酱汁和奶油、在高级餐厅中享用的舒适料理，最能代表小资料理的餐厅是位于巴黎的卡特兰餐厅（Le Pré Catelan）。

博扎尔餐厅（Bozar Restaurant，米其林一星）/罗斯唐餐厅（Maison Rostang，米其林二星）/拉塞尔餐厅（Lasserre，米其林一星）/银塔餐厅（La Tour d'Argent，米其林一星）/十五号餐厅（Le Quinzième，米其林一星）/卡特兰餐厅（Le Pré Catelan，米其林三星）

约瑟夫·维奥拉（Joseph Viola）创作

里昂，丹尼尔与丹尼斯的餐厅（Restaurant Daniel et Denise）

2009年世界冠军食谱

鹅肝馅饼配奶饲牛胸肉

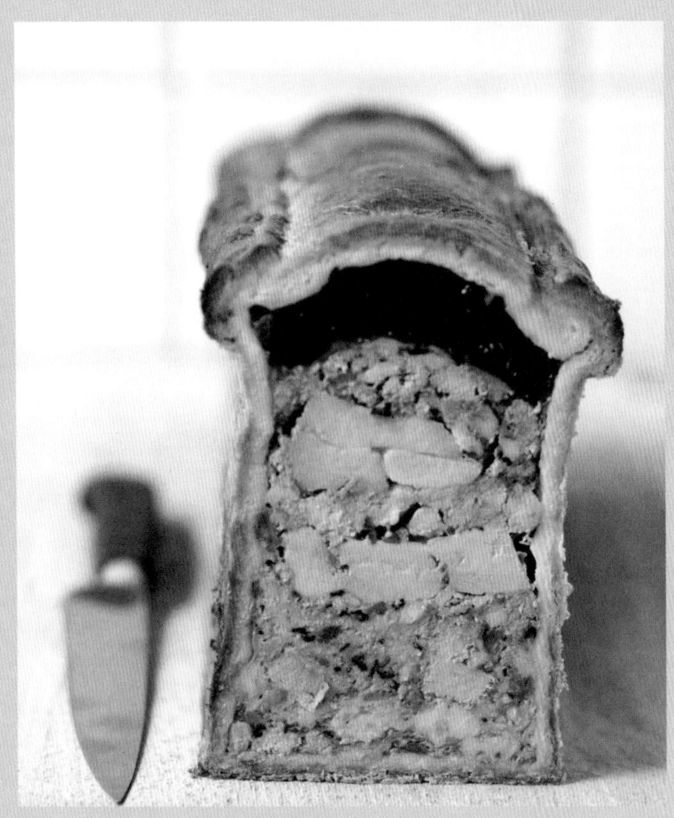

所需食材

用于制作酥皮

面粉 500克

切块黄油 270克

鸡蛋 2个

蛋黄 1个

水 80克

细盐 5克

手磨白胡椒 2撮

用于制作肉馅

Cantal农场猪颈肉（切成边长0.5厘米的丁）700克

奶饲小牛肉（切成边长0.5厘米的丁）450克

面包屑 1汤匙

鹅肝（切成边长1厘米的丁）200克

黄油煎葱花 1汤匙

欧芹碎 2汤匙

蒜末 少许

百里香碎 1撮

新鲜喇叭菇 100克

鸡蛋 2个

盐 10克

手磨白胡椒 5克

用于组合食材

60克片状鹅肝 6片

葡萄酒奶油酱汁炖奶饲牛胸肉 200克

黄油（用于涂抹模具）50克

蛋黄 1个

用于收尾工序

将50克家禽吉利丁粉溶于1升水中

制作酥皮

1. 将面粉、切块黄油、细盐和白胡椒倒入搅拌碗中混合。慢速搅拌2分钟。加入2个鸡蛋、1个蛋黄和80克水，继续搅拌1分钟。用保鲜膜包裹面团，放入冰箱冷藏3小时。

制作肉馅

2. 将猪颈肉、小牛肉、面包屑和鹅肝放入沙拉碗中混合，随后加入葱花、欧芹、蒜末、百里香、喇叭菇和鸡蛋。撒入盐和胡椒。

制作馅饼

3. 用小刷子在馅饼模具上涂抹黄油。将酥皮装入模具。将⅓的肉馅铺在模具底部，表面铺6片鹅肝。再加入⅓的肉馅，表面铺6片葡萄酒奶油酱汁炖奶饲牛胸肉，最后加入剩余肉馅。烤箱预热至240℃。用一张酥皮盖住模具，将水涂抹在酥皮四周，随后用手捏紧。表面涂抹蛋黄，戳四个通风孔。
4. 放入烤箱以240℃烤制25分钟，随后以200℃烤制25分钟。
5. 烤制结束后，室温静置1小时，随后放入冰箱冷藏一夜。
6. 次日，将液态的家禽吉利丁溶液从小孔注入馅饼中，放入冰箱冷藏2小时。

收尾装饰

7. 脱模后，用锯齿刀将馅饼切成厚度为1.5厘米的片状。

进入法国文化遗产行列的地方特色菜

同埃菲尔铁塔或凯旋门一样，一些能够完美代表法国的菜品也加强了法国在全世界的影响力。

每当人们谈起普罗旺斯鱼汤，脑海中便会浮现出法国南部的风景。耶尔市哥伦布餐厅（La Colombe）的主厨帕斯卡·博纳米（Pascal Bonamy）遵循艺术水准制作这道菜品，他用大量的鲜鱼（品种根据捕捞情况而定）和贝类熬制高汤，配以面包和蒜泥蛋黄酱。这道菜品是地中海料理的颂歌。如果说南法有普罗旺斯鱼汤，法国的西南部则有令当地人引以为傲的什锦砂锅，上加龙省圣费利克斯-劳拉盖伊斯市公共力量餐厅（Auberge du Poids Public）的主厨克

劳德·塔法雷奥（Claude Taffarello）便是制作这道菜品的高手。他致力于推广这道料理，并将自己制作的什锦砂锅命名为“圣费利克斯砂锅”，同时使用传统砂锅烹制。圣菲利克斯砂锅由奥克元宝豆、油封鸭、香肠、猪腿肉和猪里脊制成，无论在5℃的冬季还是35℃的夏季，这道菜品都深受食客欢迎。法国北部是水产之乡，马丁（Martine）和帕斯卡·佩尔辛（Pascal Persyn）位于索克省斯特格市的餐厅就以鱼类料理著称。这家餐厅的招牌菜是炖鱼（waterzoï）。炖鱼是法国北部的经典菜肴，可以加入鸡肉一同烹制，传统做法会用上清汤和奶油。最后，若您前往阿尔萨斯，酸菜炖肉是不可错过的美食。当地生长的大白菜被切成细丝，装入广口瓶中腌制，构成了这道菜品的基底。酸菜炖肉中也可加入猪五花、猪瘦肉和斯特拉斯堡香肠，用铸铁锅小火慢煮，伊尔餐厅（Auberge de l’Ill）的主厨马可·贺柏林（Marc Haeberlin）便采用了这种烹饪方法。

——

伊尔餐厅（Auberge de l’Ill，米其林二星）

精彩词汇

源于美食文化的法语表达

许多源于美食的法语表达丰富了我们的语言文化。但这些法语表达从何而来呢？

胡萝卜煮熟了（绝望）

南特、杜桑或卡伦坦的星级餐厅喜欢将餐桌装点得花花绿绿，无论是否过节皆是如此。17世纪时，穷人仅能靠吃胡萝卜生存，生活非常贫困。到19世纪，“胡萝卜煮熟了”被用来指代一个垂死的人。之后，人们用这一短语比喻失去了所有希望。

一根萝卜也没有（一个子儿也没有）

19世纪法国北部的小酒馆常向顾客提供这种价格低廉的小型十字花科植物当开胃菜。从前人们为表达自己身无分文的状况，喜欢说家里没有萝卜、麦子或饼干。总而言之，该短语的含义是“一个子儿也没有”。

将脾脏放入肉汤（深深的担忧）

人们并不清楚这个古怪比喻的来历，有可能它出自希波克拉底（Hippocrate）或弗雷德里克·达德（Frédérique Dard）。希波克拉底是古希腊的一位医者，根据他的气质理论，脾脏与忧郁症的发病相关。作家弗雷德里克·达德在1965年出版了一本书，书名叫《将脾脏放入肉汤》（*la rate au court-bouillon*）。有人说这位作家将医学之父的著作进行了有趣的加工。不谈短语的起源，其所指代的意思与法语中“疯狂分泌胆汁”“身体出现坏血”类似，都表示深深的担忧。

豆子都吃完了（完蛋了）

芸豆，也被称为菜豆，是一种富含蛋白质且易于长时间保存的蔬菜。18世纪的法国海员出海时会先把新鲜的蔬果和肉类吃完，最后才吃罐头和芸豆。“在芸豆边缘航行”比喻食品储备告急，豆子都吃完了……要完蛋了。

做一整块奶酪（小题大做）

法国人熟知，经过专业技术处理，一桶简单的牛奶可以转化成多种神奇的形态，如硬质奶酪、软质奶酪、大理石纹奶酪、熟奶酪、生奶酪、去汁或不去汁的奶酪等。这个短语起源于20世纪，讽刺当时将简单的事情复杂化的趋势。您也可以不用奶酪进行比喻，类似含义的短语还有“做一整道料理”或“还没到死人的地步”。

掉进苹果堆（昏厥）

这一短语的由来并不是因为苹果果农在摘苹果时容易晕倒，而是因为法语中“昏倒”（pâme）一词的发音与苹果（pomme）相似。有记载的最早使用这一短语的人是乔治·桑，她在一封信中写到自己“被煮熟的苹果包围”。19世纪时，当人们对某个作家不满，便会向其投掷煮熟的苹果。这位剧作家当时应该很难过。

此外还有：

得到一个栗子（挨了一拳）、像一根大葱（等待很久）、谈论沙拉（吹牛）、蛋糕上的樱桃（锦上添花）、在卷心菜里（受挫）、在菠菜上抹黄油（改善生活条件）、和三个苹果一样高（个子小）、制作白菜（失败）、和洋葱站一排（顺次排队）、把梨切成两半（妥协）、带自己的草莓（炫耀）、按在蘑菇上（加速）、准备好山羊和白菜（让出现分歧的双方都满意）、有权捕鱼（心情好）、制作自己的黄油（发财）、眼睛旁边有发黑的黄油（鼻青脸肿）、养奶牛（摇钱树）、被包裹面粉（被忽悠了）、一半无花果一半葡萄（满意又不满意）、喝一点牛奶（洋洋得意）……

绿色蔬菜

大厨的菜园子

近年来，越来越多的厨师开始自己种植蔬菜。
本地化生产的风潮推动厨师们开启发展优质新鲜农业的冒险。

克里斯托弗·哈伊（Christophe Hay）便是这样一位厨师，他在卢瓦尔谢尔省蒙利沃特市的邻家餐厅（La Maison d'à Côté）担任主厨。“自儿时起，我便对种植蔬菜很感兴趣。2015年我在这里定居后，当地人便开始向我推荐他们的菜园。”每年5月底到10月中旬，3000平方米的菜园能为餐厅源源不断地提供蔬菜。在园丁阿兰·盖拉德（Alain Gaillard）的协助下，厨师得以构思出更多样式的菜品。“我们有一个温室，因此春季也可以出产蔬菜。”每年这片土地都会出产优质的蔬菜，包括白萝卜、胡萝卜、香豌豆（一种口味很甜的方形豆子）、生菜等，各种作物自然生长。生菜口感爽脆，可搭配36个月的山羊出产的奶酪和腌卢瓦河竹签鱼，制成恺撒沙拉。菜园还种有枸杞、醋栗和蓝莓。这些果实风干后与秋季的野味是绝配。在更南边的罗纳河口，乌斯托德保玛尼耶餐厅的厨师歌林·维埃（Glenn Viel）和土地产权人让-安德烈·查理亚（Jean-André Charial）在5000平方米的土地上种植了樱桃树、扁桃树、杏树、李子树、无花果树……旁边是一片3公顷的菜园，里面生长着芦笋、洋蓟、番茄、青豆等，刚被割下的豆荚和火柴一般粗细。“我们收获的豌豆非常嫩，甚至都不需要烹饪。这些豌豆就像绿色的鱼子酱，因此我们选择用它搭配鱼子酱，给顾客品尝。”外形的相似造就了有创意的搭配。歌林·维埃也很喜欢将自己种的芦笋烹饪至熟软再品尝。这源于他儿时的记忆，母亲从不煮爽脆的芦笋给他吃。“我们会选用个头大的绿色芦笋，放入烤箱，以240℃烤制，使其质地又焦又软，再往中间填入一根细嫩的生芦笋，以改善口感。”菜园里还种了很多草本香料，比如墨角兰、百里香、柠檬草等，可做成漱口水在餐后奉上，让顾客保持口气清新。安纳西封闭感官餐厅（Le Clos des Sens）的顾客也非常喜欢各种香草，主厨洛朗·贝迪（Laurent Petit）种植了五十余种植物香料，包括凤梨鼠尾草、密里萨香草、藿香、巧克力薄荷等，他用这些香料制作沙拉。洛朗·贝迪的菜园已经经营了5年，充满人情味：“这种做法能够引发人们的思考，食材应该100%产自本地。”蔬菜不是简单的配菜，它们在每道料理中发挥重要作用，比如茴香便可以改变菜品的质地。厨师表示：“我像烹饪肉类一样用心烹饪蔬菜。”他甚至在不知不觉中将肉类菜品从菜单上删除，因为水果和蔬菜能带给人无穷的创意。

> “我们有一个温室，因此春季也可以出产蔬菜。”

—

邻家餐厅（La Maison d'à Côté，米其林二星）/乌斯托德保玛尼耶餐厅（L'Oustau de Baumanière，米其林二星）/封闭感官餐厅（Le Clos des Sens，米其林三星）

伟大的经典

土豆，从猪饲料到高端美食

土豆又名马铃薯，原产于南美洲，已有八千多年的种植史。16世纪时，这种作物漂洋过海来到欧洲大陆。

在拉丁美洲的安达鲁西亚，土豆被称为帕帕（papa）。土豆是一种有花心的作物。1590年，土豆传到爱尔兰，但直到18世纪，土豆种植才开始在英格兰普及。三十年战争期间，这种块茎作物随部队的行进传播到整个欧洲。但在当时，这个未来的美食明星并没有取得任何显著进步。土豆在法国的处境一度很艰难。1600年，奥利维尔·德·塞雷斯（Olivier de Serres）在阿尔萨斯的弗朗什-孔泰地区最早种植土豆，并用它来喂猪。当时的人们对土豆抱有偏见，认为土豆有毒，若是粘在身上会让皮肤变粗糙，让婴儿得大头症，还会传播麻风病。总而言之，人们不会食用这种邪恶的食物。一位名叫安东尼-奥古斯丁·帕尔蒙提耶（Antoine-Augustin Parmentier，1737—1813年）的药剂师被囚禁在普鲁士期间，不得不以土豆为食，从而证明这是一种营养丰富、能够抵御饥饿的食物，并且是少数几种富含维生素C的淀粉类植物之一，土豆由此得到大众认可。从19世纪初开始，更多品种的蔬菜得到大规模种植，土豆被端上了劳苦大众和资产阶级的餐桌，大仲马（Alexandre Dumas）在他编写的《美食大辞典》（*Grand dictionnaire de cuisine*）中，列出了15份与这种“优质蔬菜”相关的菜谱。土豆是不是可以就此松口气了？并非完全如此。20世纪80年代，人们对淀粉的贬低使土豆遭受诋毁，土豆的销售量和食用量直线下滑。这种块茎植物过度泛滥，没人喜欢它了。

专业人士呼吁医生、新闻工作者、市场营销人员及厨师行动起来，重塑这个不受欢迎植物的美好形象。人们称颂土豆的功效、高品质和多样性，它不仅肉质紧实，还有早熟土豆、晚熟土豆等不同品种。这一做法取得了不错的效果。人们不再只购买普通土豆，转而采购宾什土豆、夏洛特土豆、渴望土豆、巴旦杏土豆、苏尔特玛仕土豆、蒙娜丽莎土豆或瘦长小土豆……市面上有各种时髦的土豆品种！土豆有了不同的颜色（玫瑰粉、奥弗涅蓝、红色），价格也随之上涨，甚至有些在成熟前便收获的品种都会被卖出高价，比如雷岛或努瓦尔穆杰岛出产的带有榛子香味的土豆，其薄皮外覆有一层茸毛。土豆富有魅力又迷人，容易种植又适应性强，它让星级主厨们为之着迷，主厨们将土豆端上豪华的餐桌。塔卢瓦尔匹兹神父餐厅（L’Auberge du Père Bise）的主厨让·苏尔皮斯（Jean Sulpice）将其做成孜然土豆饼；坦屈厄香槟料理餐厅（L’Assiette Champenoise）的主厨艾诺·拉勒芒（Arnaud Lallement）将土豆搭配龙虾烹制；克拉辛克餐厅（L’Auberge des Glazicks）的主厨奥利维·贝林（Olivier Bellin）将土豆浸泡在蚝汁里，并将这道菜品命名为“海味土豆”；拉尔佩吉餐厅（L’Arpège）的主厨阿兰·帕萨德（Alain Passard）创作了香蒜土豆意面；巴黎蒙奈餐厅（La Monnaie de Paris）的古伊·萨沃伊（Guy Savoy）将土豆与鲶鳙鱼、蘑菇一同烤制。卡特兰餐厅（Le Pré Catelan）的弗雷德里克·安东（Frédéric Anton）专门写了一本名为《土豆》的书（*Pommes de terre*，Robert Laffont出版社，2012年出版），他的导师乔尔·卢布松（Joël Robuchon）早些年便出版了《最棒的简易土豆料理》（*Le Meilleur et le plus simple de la pomme de terre*，Robert Laffont出版社，1994年出版）。累计摘得32颗米其林星星的卢布松将土豆变成了传奇女王。

> “土豆富有魅力又迷人，容易种植又适应性强，它让星级主厨们为之着迷，主厨们将土豆端上豪华的餐桌。”

乔尔·卢布松的土豆泥

准备时间：15分钟

烹饪时间：35分钟

6人份所需食材

瘦长小土豆 1千克

低温黄油 250克

全脂牛奶 250毫升

粗盐 适量

1. 将土豆洗净，不要去皮。将土豆放入锅中，倒入2升冷水和1汤匙粗盐，盖上锅盖煮25分钟。刀尖插入土豆后可轻松拔出，说明土豆已煮熟。沥干水分，在土豆仍温热时去皮。用蔬菜挫板（细网一端）将土豆磨成泥，倒入锅中。中火加热，加热同时快速搅拌约5分钟，关火。
2. 取一只小锅洗净，控干水分。倒入牛奶煮沸。
3. 小火加热，逐步加入切成小块的低温黄油，快速搅拌，使其质地光滑均匀。
4. 将温度很高的牛奶逐步倒入土豆泥中，直至液体被土豆完全吸收。撒盐和胡椒，品尝咸淡。
5. 为了使土豆泥的质地更加细腻轻盈，可用细筛过滤。

本食谱摘自《卢布松食谱全集》（*Tout Robuchon*，Marabout出版社，2011年出版）

主厨履历

皮埃尔·艾尔梅——高端甜品创造者

已在13个国家开设甜品店的皮埃尔·艾尔梅（Pierre Hermé）是一位真正的艺术家，也是当代全球法式甜品的领军人物之一。

想要做好阿尔萨斯糕点店的第四代继承人并不是件容易的事。对于皮埃尔·艾尔梅而言，这正是他的动力所在。对技艺精进的渴望贯穿了他的整个职业生涯。14岁那年，他来到巴黎，在加斯顿·雷诺特（Gaston Lenôtre）的餐厅当学徒，其间他积极探索行业奥秘，并利用假期向前辈学习。他一步一个脚印，攀登上巴黎美食圣殿的每一级台阶。他曾就职于多家著名餐厅，在馥颂餐厅（Fauchon）担任糕点主厨一职长达十年。1997年，他决定与工作伙伴查尔斯·赞尼（Charles Znaty）一同创立巴黎皮埃尔·艾尔梅甜品店（Maison Pierre Hermé Paris）。皮埃尔·艾尔梅每天都在他的创作工坊里追寻着新的味觉体验，并不断改进已有的食谱。他不断完善"无尽"系列甜品，从香草口味发展出榛子、咖啡及巧克力等口味。他像服装设计师那样，通过绘制草图开启甜品创作。他编写食谱，确定食材配比，随后让身边的甜品师们进行一次次的试验，直到做出让他满意的成品。他的灵感无疑来自他对于芳香气味和现代艺术的热情，也来自他身边的人们。他以枸橼和百日红为食材，为妻子瓦莱丽创作了"瓦莱丽花园"马卡龙。他创作的伊斯法罕马卡龙、莫家多尔马卡龙及2000层的千层蛋糕都已成为不朽的经典。皮埃尔·艾尔梅是法国糕点史上极具代表性的大厨之一。

"他像服装设计师那样，通过绘制草图开启甜品创作。"

果酱的艺术

用糖水将水果煮熟曾是风靡一时的水果保存方式。如今，果酱中水果和糖分的含量都受到严格限定，果酱在糖果领域及甜品领域已占据重要地位。有些果酱的品质卓越，成为明星产品，其中包括阿尔萨斯涅代尔莫尔斯的克里斯汀·法珀（Christine Ferber）制作的果酱。通过果酱，她能够充分发挥自己的专业优势。她认为，制作果酱需要耐心细致地处理水果，比如她会亲手给樱桃去核。她最喜欢带有果肉的果酱，食客可以透过果酱罐看到块状的果肉。这是真正的美食享受。斯特凡·佩罗特（Stéphan Perrotte）也是一名优秀的果酱师，曾赢得2014年法国最佳果酱师奖和2015年世界冠军，如今他在曼恩-卢瓦尔地区的瓦德尼开设了店铺。他认为好的果酱不应该太甜，不然甜味就会盖过水果本身的味道，同时果酱的质地应当柔软，不能太稀。科西嘉岛“哦！我的美食”（O Mà Gourmandises）品牌创始人、主厨让-米歇尔·盖尔西（Jean-Michel Querci）和其他果酱专家让我们明白，好的果酱不能用奶奶辈的方式制作，因为她们总是使用腐坏的水果，不懂得制作果酱的方法。盖尔西认为，应选用当季水果，小份制作，这样做出的果酱色泽更漂亮，味道也更贴近自然果香。

高端的维也纳甜酥圆面包

有哪些糕点比维也纳甜酥圆面包（viennoiserie）的历史更悠久？
维也纳甜酥圆面包诞生前，我们已经有了可颂和巧克力面包，
因此当时很难想象甜酥面皮还能做成其他形状。
直到维也纳甜酥圆面包的出现……

一些糕点师为了挑战自己，在经典法式糕点中注入年轻气息。乔治五号酒店（George V）的糕点主厨马克西姆·弗雷德里克（Maxime Frédéric）便是这样一位具有代表性的糕点师。他的巧克力面包表面覆盖着一层酥皮，品尝前需要先将酥皮敲碎，让面包外观更加和谐美观。内层酥皮结合了松软和酥脆的口感，是真正的杰作。这种巧克力面包并没有用巧克力棒装饰，而是涂上了一层美味的甘纳许，整体口味平衡，接近完美。在他制作的维也纳甜酥圆面包酥脆的表皮下，隐藏着令人惊喜的焦糖牛奶米布丁。圣沃弗里德酒店（Auberge Saint Walfrid）副厨马修·奥托（Matthieu Otto）也让这些传统的早餐或小吃糕点焕然一新。此外，巴黎香格里拉酒店糕点主厨米迦勒·巴托列提（Michael Bartocetti）在他制作的巧克力蛋糕表面撒上颗粒状巧克力，还将焦糖填入千层面包中。

圣沃弗里德酒店（Auberge Saint Walfrid，米其林一星）

在路上

法国7号国道之旅

7

著名的法国7号国道连接着巴黎和芒通。查尔斯·德内（Charles Trenet）曾唱道：7号国道让“巴黎变为瓦朗斯的郊区”。它在美食家的心目中也是条传奇的道路。

这场品味之旅始于枫丹白露的同名奶酪，奶油和新鲜奶酪达成一种美味的和谐。第二站是内穆尔，那里有著名的虞美人香糖。在蒙塔西，则有始于17世纪的马泽特糖衣坚果，由烤杏仁和焦糖制成。靠近罗昂，美食家们开始心跳加速。从1930年直到2017年，罗昂火车站附近的三胖之家一直被誉为法餐圣地之一——如今这家餐厅已搬迁至距离罗昂几千米的乌谢市。现任老板米歇尔·三胖（Michel Troisgros）的祖父当年离开索恩河畔沙隆，选择定居巴黎-里昂-马赛铁路沿线的罗昂，为顾客提供地道的法餐。米歇尔·三胖认为，他的祖父为20世纪60年代的法餐复兴做出了一定贡献。如果我们将罗昂定义为美食三部曲的第一乐章，后两个乐章则是位于维埃纳的金字塔餐厅和位于瓦朗斯的皮克餐厅。在维埃纳，帕特里克·亨利鲁克斯（Patrick Henriroux）于20世纪80年代接手了传奇夫妇马多·伯恩特（Mado Point）和费尔南德·伯恩特（Fernand Point）的餐厅。伯恩特女士以热情周到的服务闻名，她的丈夫则以厨艺著称。很多著名厨师都曾在此学艺，包括阿兰·夏贝尔（Alain Chapel）和保罗·博古斯（Paul Bocuse）等。1933年，金字塔餐厅成为第一代夺取米其林三星的餐厅之一。法国7号国道不仅是美食之路，它也见证了法国的社会历史。1936年，它见证了第一个带薪假期，从此休闲娱乐成为公民权利，每个人都可以出门度假。在法国度假一定要吃好。同样是在1936年，富有远见的安娜-索菲·皮克的祖父选择离开他位于圣佩雷山区的品餐厅（Auberge du Pin），在国道沿线开创新事业。接下来的故事我们都很熟悉了：三代人都赢得了最高美食荣誉，餐厅分别于1934、1973和2007年夺得米其林三星。除了瓦朗斯，还有很多城市的名字都是美食代名词。特雷内（Trenet）有一首赞美7号国道的歌曲，应该无须过多赘述。卡瓦永以瓜果著称。蒙特利马尔的牛轧糖最为出名，路遇堵车时人们会在路边买上一袋，打发时间。普罗旺斯艾克斯则有杏仁蛋糕和果酱。似乎越接近阳光灿烂的法国南部，人们越是胃口大开。从哪个纬度开始算作法国南部？也许是从第一棵橄榄树出现开始？也许是以普罗旺斯为前缀的城市名出现开始？7号国道途径戛纳、昂蒂布和尼斯，最后抵达盛产柠檬的芒通。芒通还有另一个宝藏——奇迹海岸餐厅，由意大利和阿根廷的混血厨师毛洛·科拉格雷科（Mauro Colagreco）创立。7号国道的终点正是这家位于法国意大利边境、坐落于海岸线上的餐厅。旅途到这里结束，但才刚返回巴黎，我们便想再次跋山涉水上千千米，去奇迹海岸餐厅大快朵颐。

> “从哪个纬度开始算作法国南部？”

三胖之家（Troisgros，米其林三星）/金字塔餐厅（La Pyramide，米其林二星）/皮克餐厅（Pic，米其林三星）/奇迹海岸餐厅（Mirazur，米其林三星）

美食家族

厨师的王朝

哈尔柏林家族（Haeberlin）的故事开始于一个半世纪以前，那时马克的曾祖母在伊尔河畔的伊亚厄塞尔恩开设了一家乡村饭馆，如今马克是这家饭馆的主人。在伊尔餐厅，能吃到美味的阿尔萨斯料理，包括雷司令煮水手鱼、炸鱼块和水果挞。一开始餐厅都是女性掌勺，直到让-皮埃尔（Jean-Pierre）和保罗（Paul）让这家位于莱茵河上游的餐厅变成法国超棒的餐厅之一，餐厅于1967年摘得米其林三星。安省沃纳斯也有一个相似的故事，布朗家族（Blanc）在那里经营了上百年。乔治·布朗（Georges Blanc）的曾祖父母曾是饮料咖啡店老板，他们在乡村广场上开设了乔治·布朗餐厅。爱丽莎·布朗（Élisa Blanc）将这家餐厅发扬光大，美食王子库农斯基（Curnonsky）认为她是全世界最好的女性厨师，她制作的奶油布雷斯鸡、金色蛋糕和梭子鱼饼都令其赞不绝口。她的儿媳宝莱特（Paulette）接手了她的工作，之后又于20世纪60年代末传给儿子乔治。乔治·布朗既是一位出色的厨师，也是一名有天赋的商人，他开设了多家餐厅，并于1981年摘得米其林三星。他的儿子弗雷德里克（Frédéric）和亚历山大（Alexandre）也都是厨师。在朗德省马尔桑新城，达荷兹家族（Darroze）于1895年创立了马尔桑餐厅（Marsan），之后埃莱娜（Hélène）将餐厅搬至巴黎，并获得米其林二星。安娜-索菲（Anne-Sophie）的曾祖父安德烈·皮克也曾有过相似经历，他于1936年在瓦朗斯的7号国道旁创立餐厅，而他的家族早已经于1889年在阿尔代什圣佩雷开设了品餐厅。他是很早获得米其林星级的法国厨师之一。之后，皮克家族的雅克推行更为现代的料理，代表菜品有鱼子酱狼鲈鱼柳和香橙冰舒芙蕾，他的餐厅——皮克餐厅于1973年摘得米其林三星，2007年安娜-索菲也获得了这一殊荣。

> “2018年，三胖之家庆祝摘得米其林三星50周年。”

向北200千米，三胖是位于卢瓦省的著名餐饮家族。1930年，让·巴蒂斯特（Jean-Baptiste）和玛丽（Marie）在罗昂火车站对面创立了普拉塔内斯酒店（Hôtel des Platanes）。之后他们将其更名为“现代酒店”（Hôtel Moderne）。餐厅的餐桌布置美观，酒窖贮藏丰富，生意十分红火。夫妇俩的两个儿子继承了父母的家族产业。他们曾在巴黎马克西姆餐厅（Maxim's）及卢卡斯·卡尔顿餐厅（Lucas Carton）学艺，也曾任职于维埃纳的金字塔餐厅，之后于20世纪50年代初重返罗昂。他们以独特的美食理念制作料理，这一理念之后被定义为“新派法餐”。他们制作的酸味鲑鱼尤为出名。三胖餐厅于1968年摘得米其林三星。1983年，皮埃尔（Pierre）的儿子米歇尔（Michel）在完成长达十年的“美食大巡游”后回到罗昂。他同妻子玛丽-皮埃尔（Marie-Pierre）一起，将家族酒店更名，即之后享誉世界的三胖之家（la Maison Troigros）。2017年，餐厅搬迁至距离罗昂几千米的乌谢市。这家历史悠久的星级餐厅如今更加亲近自然，并交由夫妻俩的儿子恺撒（César）和莱昂（Léo）管理。2018年，三胖之家庆祝摘得米其林三星50周年。著名的厨师家族还有上卢瓦河圣邦尼勒弗洛伊德的马尔孔家族（Marcon）、拉吉欧勒的布拉家族（Bras）、拉罗谢尔的库当索家族（Coutanceau）和萨沃伊圣马丁德贝尔维尔的米勒家族（Meilleur）。

——

伊尔餐厅（Auberge de l'Ill，米其林二星）/乔治·布朗餐厅（Georges Blanc，米其林三星）/马尔桑餐厅（Marsan，米其林一星）/皮克餐厅（Pic，米其林三星）/三胖之家（Troisgros，米其林三星）

符合生物动力法和天然理念的有机葡萄酒

有机、符合生物动力法、坚持天然种植……
尽管符合这些要求的葡萄酒在法国尚属少数，
但相关理念和实践正在高速发展和推广中。

10年间，法国有机葡萄园——或正在往有机方向发展的葡萄园面积增加了两倍多，从2007年的约22500公顷增长到2017年的78500公顷，约占葡萄园总面积的10%。这可是个不小的进步，对法国乃至全球葡萄产区的发展趋势都有重要影响。在一些主要的葡萄种植家族中，已经树立起严格的“有机”意识，一些“生物动力派”的人士从全球环境角度出发思考葡萄种植问题，而“天然派”人士则主张仅用葡萄酿造葡萄酒，并去除酒中的亚硫酸盐。不同派别的人士之间没有明显的分界。他们的共同点在于，与允许使用化学产品和酿酒添加剂的常规方式相反，他们崇尚尊重自然和人文的葡萄种植方式，尽可能减少在酒窖酿造过程中的人为干预，以保持对葡萄和土壤的忠实度。过去这一理念仅被一小部分葡萄种植者推崇，而如今，它已得到包括小庄园和大酒庄在内的众多产区的认同。2000年，有机酒庄、生物动力法酒庄及天然酒庄的数量一只手就能数得清，而现在已经完全不可能将它们一一罗列出来了，也很难统计宣称符合相关理念的酒窖、餐厅及小酒馆数量。此外还有很多符合相关理念的葡萄酒被收入星级餐厅的酒窖清单，从前此类酒窖只会窖藏最经典、最著名的产品。这说明，同最初相比，有机葡萄酒、生物动力法葡萄酒和天然葡萄酒已经取得了巨大的飞跃。

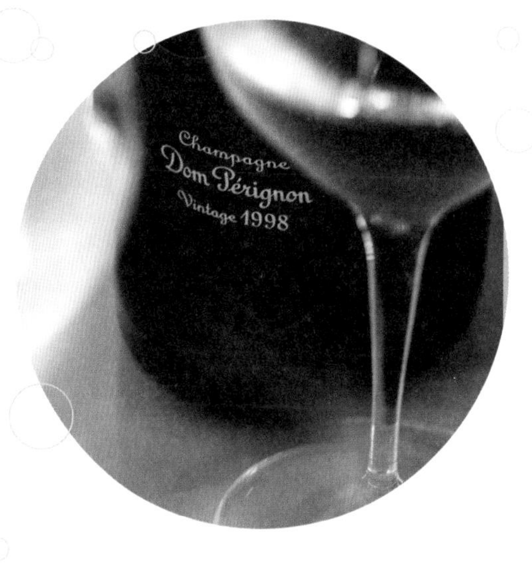

香槟特色炖肉

准备时间：30分钟
烹饪时间：2小时30分钟

4人份食材

用于制作炖肉

卷心菜 200克
半盐猪胸肉 200克
半盐猪肩肉 150克
烟熏腊肠 50克
猪脚 50克
大胡萝卜 250克
白萝卜 125克
土豆 125克
兰斯芥末酱 4克

用于制作真空罐肉汤

炖肉配菜 200克
炖肉汤 50克
全脂淡奶油 30克

胡萝卜和白萝卜小片 少许

炖肉

1. 卷心菜去芯备用，叶片剥开。取若干完整美观的叶片留作装饰。将剩余叶片放入水中烫煮8分钟。沥干水分，将叶片切成条状。

2. 将猪胸肉和猪肩肉洗净，同猪脚一起放入煮过卷心菜的水中。加冷水漫过猪肉。中火加热约2小时。将卷心菜切成4块。

3. 将胡萝卜、白萝卜和土豆去皮，与卷心菜一同加入煮肉的锅中。继续加热约30分钟，直至肉类和配菜变软。猪肉和配菜的形状需保持完整。关火前30分钟加入烟熏腊肠增香。将所有煮过的食材捞出，沥干水分，静置冷却，锅中的炖肉汤备用。

4. 将猪胸肉切成厚约0.5厘米的肉片。将胡萝卜切成厚约0.5厘米的片。其余猪肉切碎，卷心菜切碎。将猪肉碎和卷心菜碎混合，加入兰斯芥末酱。品尝并调整咸淡。加入少许炖肉汤。

5. 加热炖肉汤，使之质地浓稠，若有需要，可在加热后调节汤的咸淡。

6. 准备一个3厘米 × 12厘米的方形模具，将一片猪胸肉铺在底部，随后铺一层胡萝卜片。上方铺一层猪肉碎和卷心菜碎的混合物。最后在表面铺一层卷心菜叶。自然冷却。将组合好的方形食材切割为4个边长3厘米的方形。剩余配菜用于制作肉汤。

真空罐肉汤

7. 将炖肉配菜混合。加入炖肉汤。打成糊状，过筛。加入淡奶油。将做好的肉汤装入真空罐。

装饰菜品

8. 在每个盘子中倒入一汤匙炖肉汤。将一块方形炖肉放在盘子中央，用胡萝卜和白萝卜小片装饰。将装有肉汤的真空罐与菜品一同上桌。

食谱摘自阿尔诺·拉勒芒（Arnaud Lallememt）《香槟区的感动》（*Émotions en Champagne*，La Martinière出版社，2018年出版）。

香槟！

闻名于世的香槟不仅能在欢庆时节饮用，也能被当作餐酒。香槟酒是一种内涵丰富的酒类，有着产区、品种、年份、色泽和酒精度的区别。

需要提醒的是，香槟也是葡萄酒的一种。香槟属于白葡萄酒，主要由三种葡萄酿造而成，包括霞多丽、黑皮诺和莫尼耶（Meunier），有时也会加入阿芭妮（arbane）、小美斯丽尔（petit meslier）、白皮诺和灰皮诺这四个不常见的品种。香槟酒的主要产区包括法国兰斯山脉（马恩省）、马恩河谷（马恩省、埃纳省和塞纳-马恩省）、白丘（马恩省）和巴尔山坡（奥布省）。香槟酒在制作过程中没有加气，装瓶时人们会加入由糖和酵母组成的液体。糖转化为酒精和二氧化碳，形成气泡。在搭配小吃、冷盘或奶酪饮用之前，香槟酒还需要静静沉睡15个月到几年的时间。之后移动酒瓶，使瓶中酒被激活，将酒瓶冷藏，让瓶内沉积物聚集于瓶塞处，然后将沉积物倒掉。这一步骤的目的是清除杂质。重新密封酒瓶前，人们会再加入一定的液体，根据液体含糖量的不同，能够制成天然香槟酒、干型或半干型香槟酒。在埃佩尔奈坦屈厄的香槟餐盘酒店（L'Assiette Champenoise）担任主厨的阿尔诺·拉勒芒对这些步骤了然于心。他是传统香槟料理的捍卫者，他参考上千份菜谱后制定出搭配完美的菜单，主要菜品包括龙虾、柠檬鱼子酱、奶油汤配2009年的唐培里侬香槟（Dom Pérignon）等。

——
香槟餐盘酒店（L'Assiette Champenoise，米其林三星）

主厨履历

阿兰·帕萨德：“蔬菜是创意之源”

“大自然蕴含了一切奥秘。”阿兰·帕萨德用这句简单的话概括了其从业50年来对烹饪的看法。阿兰·帕萨德是何许人也？这可不是寥寥数语就能介绍清楚的。他出生于布列塔尼的盖尔什，他的祖母培养了他最初的美食品位。他将厨师视为自己一生的职业，14岁那年他便作为伙计进入厨房工作。在多家餐厅任职、师从多位大厨之后，他于1982年成为最年轻的米其林二星厨师。那一年他才26岁。1986年，他在巴黎7区的瓦雷纳大街开设餐厅。10年之后，他的拉尔佩吉餐厅（L'Arpège）被授予米其林三星。尽管世事变迁，他仍牢牢守住了米其林三星的荣誉。

阿兰·帕萨德仍在位于瓦雷纳大街、罗丹博物馆对面的餐厅里制作料理，并继续培养着杰出的厨师们：七度餐厅（Septime）的贝特朗·格里博（Bertrand Grébaut）、大卫·图丹（David Toutain）、芒通奇迹海岸餐厅的毛洛·科拉格雷科（Mauro Colagreco）、维西的雅克·德考尔特（Jacques Decoret），都是他的弟子。他像交响乐团指挥一样指导每一个服务环节，餐厅员工一致认为他是一位出色的餐饮人。他从未想过在别处开餐厅。因此，他不用耗费时间飞往新加坡、纽约或东京，而是将这些节省下来的时间用于绘画、阅读和弹奏乐器。这种生活观可能使他走上玩物丧志的道路。但事实并非如此！1999年的疯牛病危机让他重新对料理进行思索，并开始进行颠覆性的革命。2001年，他的菜单上已经不见红肉的踪影。蔬菜成为创意之源。即使菜品中添加了小羊肉、禽肉或鱼肉，也只是为了烘托蔬菜的味道。这在当时掀起了一场舆论风暴。法国主流烹饪界无法认可仅用芹菜、甜菜、胡萝卜或大葱制作的料理。然而，如今的拉尔佩吉餐厅仅提供以应季蔬菜水果制作的菜品，所有蔬果都采摘自主厨的三个菜园。在萨尔特省、厄尔省和圣米歇尔山区，还有十多位主厨经营着与拉尔佩吉相似的餐厅。得到大众认同后，这位主厨继续用各式菜品征服到访的顾客们。餐厅的特色菜品包括佛手柑薄荷油浸新鲜萝卜、帕尔玛干酪土豆意面配汝拉酱汁、装饰有木槿花瓣的蔬菜汉堡、榉木露天熏制的甜菜等，所有这些无一不让食客惊喜万分。

—

拉尔佩吉餐厅（L'Arpège，米其林三星）

大蒜的故事

大蒜与洋葱都是鳞茎作物，起源于中亚地区，有六千多年的种植史，如今已遍布各大洲。仅在法国各地区就有超过一百种大蒜，其中白蒜的产量最大。一些大蒜品种甚至取得了原产地认证或商标专利。

洛特雷克红皮蒜

洛特雷克红皮蒜在塔尔纳省取得了红标和地理标志保护（IGP）。这种大蒜的主要特征是有着红色花纹的表皮和奇异微甜的口感，可用于制作多种菜品，尤其适合烹饪蔬菜、制作酱汁和泡菜。

卡杜尔紫皮蒜

在上加龙省，紫皮蒜是唯一取得原产地保护（AOP）的作物，它也是7月最早上市的农产品。它口感辛辣，气温浓郁，不单独散称出售，一般会编成辫状或扎成束状售卖。

洛马涅白蒜

洛马涅位于热尔省和塔尔纳-加龙省之间的加斯科涅省。很久之前人们便开始在这里种植白蒜，如今这种白蒜已取得地理标志保护。生吃它时味道浓烈，但烤制或腌制后味道就会变得柔和，带有甜味。

乌尔蒜

乌尔蒜是一种野生的多年生植物，味道浓郁，可入药，在春季收获。它生长于野生灌木丛中，为采摘者和厨师带来欢乐体验。但注意不要将它与有毒的铃兰或秋水仙弄混。乌尔蒜非常适合烹饪，可用于制作沙拉或香蒜酱。

阿尔勒烟熏蒜

在法国山区，烟熏大蒜是一项古老的专有技术，它能让大蒜的香味更持久，更易于保存。山区的大蒜是一种春季播种的红皮蒜，在当地已种植200余年。7月收获后，蒜头在田间自然风干一周时间，随后编成辫状，挂在封闭的室内熏制7～10天。从前人们喜欢用泥炭熏制，如今大家更倾向于使用橡木、山毛榉或白蜡木的锯末熏制。

比隆红皮蒜

比隆红皮蒜产自多姆山区（Puy-de-Dôme），现已被列入法国非物质文化遗产。方圆50公顷的产区仅有约30个农户种植比隆红皮蒜，而在20世纪60年代比隆红皮蒜的种植户数量还有2000家。这种大蒜带有香葱和青草的香气，不含水分，保存时间长达8个月。

黑蒜

如今黑蒜是一种很容易见到的美食，它并不是一个大蒜品种，而是由红皮蒜或白蒜加工制成的，加工技艺由日本厨师传到法国。黑蒜可通过美拉德反应制作，即低温慢烤数周时间，用这种方式加工的大蒜水分不至于完全风干，蒜瓣会转化为类似蜜饯的质地。制成的黑亮大蒜混合着甘草、香芹和蜜饯的香气，美味程度令人难以置信。

美食趋势

倾心绿色的大厨

近年来，餐饮业正经历着一场变革。一些厨师降低了肉类菜品的比例，转而提供以蔬菜为主的创意料理，而过去蔬菜仅仅被当作配角。

这一变革的产生并不是因为肉类不再受欢迎，而是因为厨师们想要推动餐饮业的进步。每位选择变革的厨师都通过特别的方式诠释蔬菜料理。巴黎绿色四叶草餐厅的（Clover Green）的主厨让·弗朗索瓦·皮亚捷（Jean François Piège）为顾客提供速食、即兴、轻松的堂食料理，包括蔬菜香草炖谷物、圆形乳酪意大利面和蘑菇汤等。艾伦·陶顿（Alan Taudon）在巴黎乔治五世大街四季酒店的橘园餐厅（L' Orangerie）担任主厨，他从旅行经历中汲取灵感，为顾客提供用令人意想不到的调味料和烹饪方式制作的菜肴，比如用隔夜面包皮和酸牛奶制成的干面包块配大块甜味番茄，佐以凝乳酸汤泡软食用，这就和在邻居家吃饭的感觉一样。布鲁塞尔的胡姆斯&霍腾斯餐厅（Humus & Hortense）的主厨尼古拉·戴克洛德（Nicolas Decloedt）此前曾任职于穆家列兹（Mugaritz）、德沃夫（In de Wulf）和蹦蹦（Bon Bon）等多家餐厅，他以散步时发现的植物为食材，为顾客制作由园丁和科研人员共同开发的料理，以最大限度地展现各种植物的特性。尼古拉·戴克洛德还与调酒师马修·尚蒙（Matthieu Chaumont）一同研究菜品和鸡尾酒的搭配，并在鸡尾酒的制作中加入厨房中未用到的蔬菜。

橘园餐厅（L' Orangerie，米其林一星）

醋渍青菜

制作时间：15分钟

4人份食材

请根据自己的口味选择青菜

欧芹、香葱、细叶芹或其他青菜 适量

白芥末酱（选用）1咖啡匙

白酒醋或苹果醋 50毫升

大蒜 1瓣

菜籽油 50毫升

橄榄油 50毫升

水或蔬菜汤 50毫升

盐 适量

将青菜洗净切细。将青菜放入碗中。加入白芥末酱、醋、盐、大蒜末。用电动搅拌器打匀。逐步加入两种油和温水（或蔬菜汤）。

食谱摘自雷吉·马可（Régis Marcon）《蔬菜料理》（*Herbes*，La Martinière出版社，2013年出版）

天堂美食

被上帝护佑的美食

根据各地的风土人情和手艺，很多农产品都被赋予了宗教色彩。一些具有悠久历史的标志性农产品，抵抗住了法国大革命和战争的洗礼，甚至经受住了时代进步的考验。在如今这个食品丑闻层出不穷、各种添加剂屡禁不止的时代，这些追求可追溯性、货真价实和丰富内涵的农产品得到了所有人的青睐。

祈祷与劳作缺一不可。在修道院里虚度光阴有违内心的本愿，工作应当是日常生活不可或缺的一部分，这一想法与宗教人物圣贝努瓦"祈祷和工作"的信条相契合。从6世纪开始，修士们除了要担负维持群体生计的义务，还需要向朝圣者和旅行者提供食宿。若我们走进一间修道院的会客室，参观线路上便设有产品柜台，旅客可以购买蜂蜜、啤酒、利口酒和小点心。这些产品均能在巴黎的修道院专卖店买到，也能通过artisanat-monastique.com网站订购。一些修道院也有自己的线上购物网站。有的修道院产品爱好者还会订阅运气盒子，每月都能收到7种修道院出产的商品。这是真正来自天堂的礼物。

某些修士和修女们辛勤制作的产品的销量很高，比如自产蜂蜜、苹果醋、水果挞、果酱（铜锅熬制，不添加明胶）等，以及各式曲奇、蜜饯、甜酥饼、马卡龙、蛋白霜、玛德琳蛋糕、姜饼、修士形状的糖饼……修道院的传统活动还包括制作奶酪，这样可以更好地保存牛奶，也符合圣贝努瓦禁食肉类的理念（病人除外）。修道院是重要的生产和分配中心，著名的蒙斯德干酪（munster）、埃普瓦塞干酪（époisses）、阿邦当斯奶酪（abondance）均出自修道院。如今，西多奶酪（Cîteaux）、库德勒的特拉普奶酪（Trappe）、提马核桃奶酪（timanoix）、塔米埃奶酪（Tamié）和滚石奶酪（pierre-qui-vire）仍产自宗教场所。奶酪通常搭配修道院传统的慕斯蛋糕食用。中世纪时，由于水源不够清洁，人们经常饮用啤酒。修士们成了酿酒师，修道院的啤酒产业蓬勃发展。修道院的啤酒酿造要首先归功于1892年成立的特拉普教派，他们将这一传统延续至20世纪。如今仅留存了8种正宗的特拉普啤酒，主要产自比利时。法国的猫山圣玛丽修道院（Abbaye Sainte-Marie du Mont des Cats）于2011年开始重新生产特拉普啤酒，但酿造和装瓶地点位于比利时希迈。所谓"修道院啤酒"是一个大的品类，并不能证明啤酒在修道院内生产。如果"修道院制造"成为人人追捧的标签，假冒品将会遍地成灾。感谢上帝，"Monastic"标志能够证明啤酒的神圣出处。倒一小杯查尔特勒修道院（Monastère de la Grande Chartreuse，38省）出产的有几百年历史的著名利口酒——查尔特勒酒，一定不会出错。

"如果'修道院制造'成为人人追捧的标签，假冒品将会遍地成灾。"

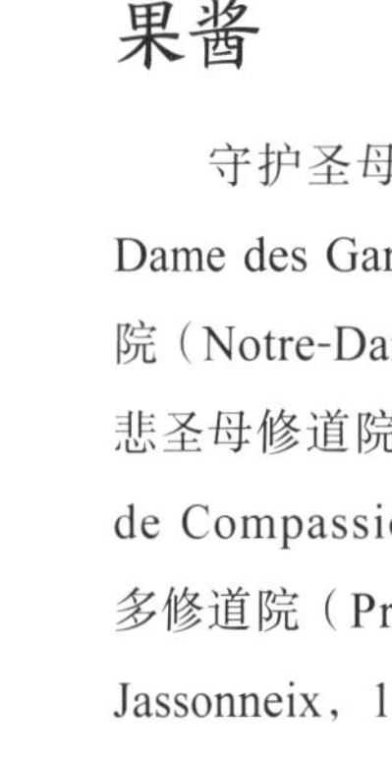

奶酪

贝洛克圣母院山羊奶酪（Belloc au lait de brebis de Notre-Dame de Belloc，64省）、布雷斯格圣母院比利牛斯干酪（Saint-Paterne et tomme des Pyrénées de Notre-Dame du Pesquié，09省）、布劳尔圣玛丽修道院圣戈米尔生牛乳奶酪（saint-germier au lait cru de vache de l’abbaye Sainte-Marie de Boulaur，32省）、美好希望圣母院埃舒纳特拉普奶酪（trappe d’Echourgnac de Notre-Dame de Bonne-Espérance，24省）、提马德克圣母修道院提马核桃奶酪（timanoix de l’abbaye Notre-Dame de Timadeuc，56省）、猫山奶酪（le fromage du Mont des Cats，59省）……

蜂蜜

塞纳克圣母修道院（Abbaye Notre-Dame de Fongombault，36省）、圣母往见修道院（Monastère de la Visitation，75省）、加纳戈比圣母修道院（Abbaye Notre-Dame de Ganagobie，04省）、塔拉松圣母往见修道院（Monastère de la Visitation de Tarascon，13省）……

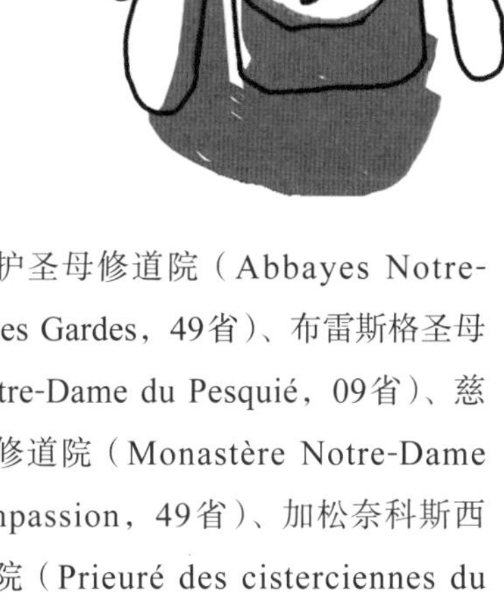

果酱

守护圣母修道院（Abbayes Notre-Dame des Gardes，49省）、布雷斯格圣母院（Notre-Dame du Pesquié，09省）、慈悲圣母修道院（Monastère Notre-Dame de Compassion，49省）、加松奈科斯西多修道院（Prieuré des cisterciennes du Jassonneix，19省）、勒阿弗尔变容加尔莫罗会修道院（Carmel de la Transfiguration du Havre，76省）……

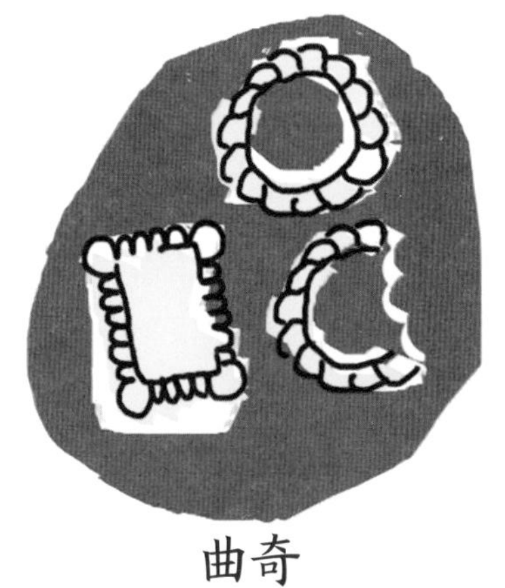

曲奇

比约讷加尔莫罗会修道院（Monastères du carmel de Bayonne，64省）、鲁昂本笃会修道院（Monastères des bénédictines de Rouen，76省）、里韦圣玛丽修道院（Abbaye Sainte-Marie du Rivet，33省）……

特拉普啤酒

荷兰特拉普啤酒，比利时希迈（Chimay）、奥弗（Orval）、罗斯福（Rochefort）、阿诗（Achel）、西弗莱特伦（Westvleteren）、西麦尔（Westmalle）啤酒，奥地利圣格里修道院啤酒（Abbaye d’Engelszell）。

纯橄榄油 热烈、柔和、丝滑或带有浓郁的可可口味？法国南部的一些修道院还像从前一样在自留地上耕种，从橄榄园采摘原料，生产优质的初榨橄榄油。莱巴尔鲁圣玛德琳修道院（84省）的修士们手工采摘橄榄，并用自己的磨坊压榨橄榄油。果绿色的雷阿罗橄榄（Reïalo）、墨黑色的西亚沃橄榄（Siavo）、“老式”熟果乔伊罗橄榄（Joïo），这些都令人难以取舍。好心的修士们因此为选择困难的顾客提供包含三种口味橄榄油的品尝套装。

橄榄油

莱巴尔鲁圣玛德琳修道院（Abbayes Sainte-Madeleine du Barroux，84省）、加诺比圣母院（Notre-Dame de Ganobie，04省）、忠贞圣母院（Notre-Dame de Fidélité，13省）、特罗斯圣母院（Notre-Dame de Triors，26省）、卡斯塔尼尔和平圣母院（Notre-Dame-de-la-Paix de Castagniers，06省）

自己烤面包的大厨

尽管烤制面包是一项精细复杂的技艺，但出于各种原因，仍有一些厨师愿意自己烤面包。

可能是完美主义作祟，这些大厨都希望为顾客提供完全与其个性相匹配的料理。在巴黎贝尔尊斯大街拥有三家餐厅的蒂埃里·布雷顿（Thierry Breton）便是这样一位大厨，他选择自己制作风味纯正的酵母面包，不仅供应自家餐厅，也向越来越多的同行供应面包。乔治五世大街四季酒店的主厨克里斯蒂安·勒·斯盖尔（Christian Le Squer）和糕点师马克西姆·弗雷德里克认为，自制面包大大增加了菜品的丰富程度。酒店旗下的每家餐厅都有自己的面包系列，包括很多不常见的面包品种，比如橘园餐厅（L' Orangerie）的海鲜奶油手指酥、麸皮布里欧修面包，以及乔治餐厅（Le George）的佛卡夏面包。另一位厨师在这条道路上走得更远，他就是布里斯托酒店114福布尔酒廊（114 Faubourg）美食家餐厅（Épicure）的主厨埃里克·弗雷雄（Eric Frechon）。在与屈屈尼昂的面包师罗兰·福伊拉（Roland Feuillas）进行多次讨论之后，埃里克·弗雷雄决定制作口味更天然的面包。他朝着这一目标不断前行，并在酒店地下室建立了自己的磨坊。他在那里磨制波尔多、霍拉桑或鲁西永的红小麦，以给面包带来更浓郁的风味。

——

橘园餐厅（L' Orangerie，米其林一星）/乔治餐厅（Le George，米其林一星）/美食家餐厅（Épicure，米其林三星）

主厨履历

阿诺德·法耶：

法国最佳工匠（MOF）得主，法国明星大厨

法国工匠大赛是一项世界独一无二的赛事，为包括烹饪在内的十余种职业给予最高技能认定。想得到这一殊荣，需要多年的努力。

“2018年11月22日是个令人难忘的日子。我有幸成为法国最佳工匠大家族的一员。”埃泽省金山羊餐厅（La Chèvre d'Or）的主厨阿诺德·法耶（Arnaud Faye）在勒图凯市举办的法国最佳工匠决赛中获胜后，发布了这样一条简单的推特。决赛当天，28名厨师要分别制作三道指定菜品，并接受43位评委的严格评判。三道菜分别是八人份黄鳕鱼排配小龙虾、整兔三吃配三种果蔬、新鲜水果冻配柠檬奶油。包括第一次参赛的奥弗涅人阿诺德·法耶在内，仅有八名厨师取得了终身佩戴红白蓝领章的权利。法国最佳工匠比赛（MOF）并不仅仅是冠军锦标赛，一旦进入这个大家族，就能够终身享有荣誉。该项赛事创立于1924年，每四年举办一次，涵盖超过200个专业门类，包括彩色玻璃艺术、木材车工、3D绘画、玻璃吹制等。如今，餐饮业、酒店业和食品加工业相关的奖项数量占奖项总数的15%。对于已获得米其林星级认定20年的阿尔诺·法耶而言，法国最佳工匠的荣誉标志着他的职业生涯又开启了新的阶段。他曾就职于帕特里克·亨利鲁克斯（Patrick Henriroux）的金字塔餐厅（La Pyramide）、安托万·韦斯特曼（Antoine Westermann）在斯特拉斯堡的布莱伊塞尔餐厅（Buerehiesel）、让-乔治·克莱因（Jean-Georges Klein）的阿恩斯堡餐厅（Arnsbourg）、帕特里克·伯创（Patrick Bertron）的伯纳德·洛伊索餐厅（Le Relais Bernard Loiseau），还曾与米歇尔·罗斯（Michel Roth）一同在丽兹酒店工作。之后他任职于文华东方酒店，与蒂埃里·马尔克斯（Thierry Marx）成为同事。2012年，他成为杜迪鲍米酒店（Auberge du Jeu de Paume）的主厨，很快他便为酒店摘得米其林二星。2016年他跳槽至金山羊餐厅。这位40岁的MOF大厨不断迎接新的挑战。

> “包括奥弗涅人阿诺德·法耶在内，仅有八名厨师取得了终身佩戴红白蓝领章的权利。”

金山羊餐厅（La Chèvre d'Or，米其林二星）/金字塔餐厅（La Pyramide，米其林二星）/伯纳德·洛伊索餐厅（Le Relais Bernard Loiseau，米其林二星）/文华东方酒店（Le Mandarin Oriental，米其林二星）

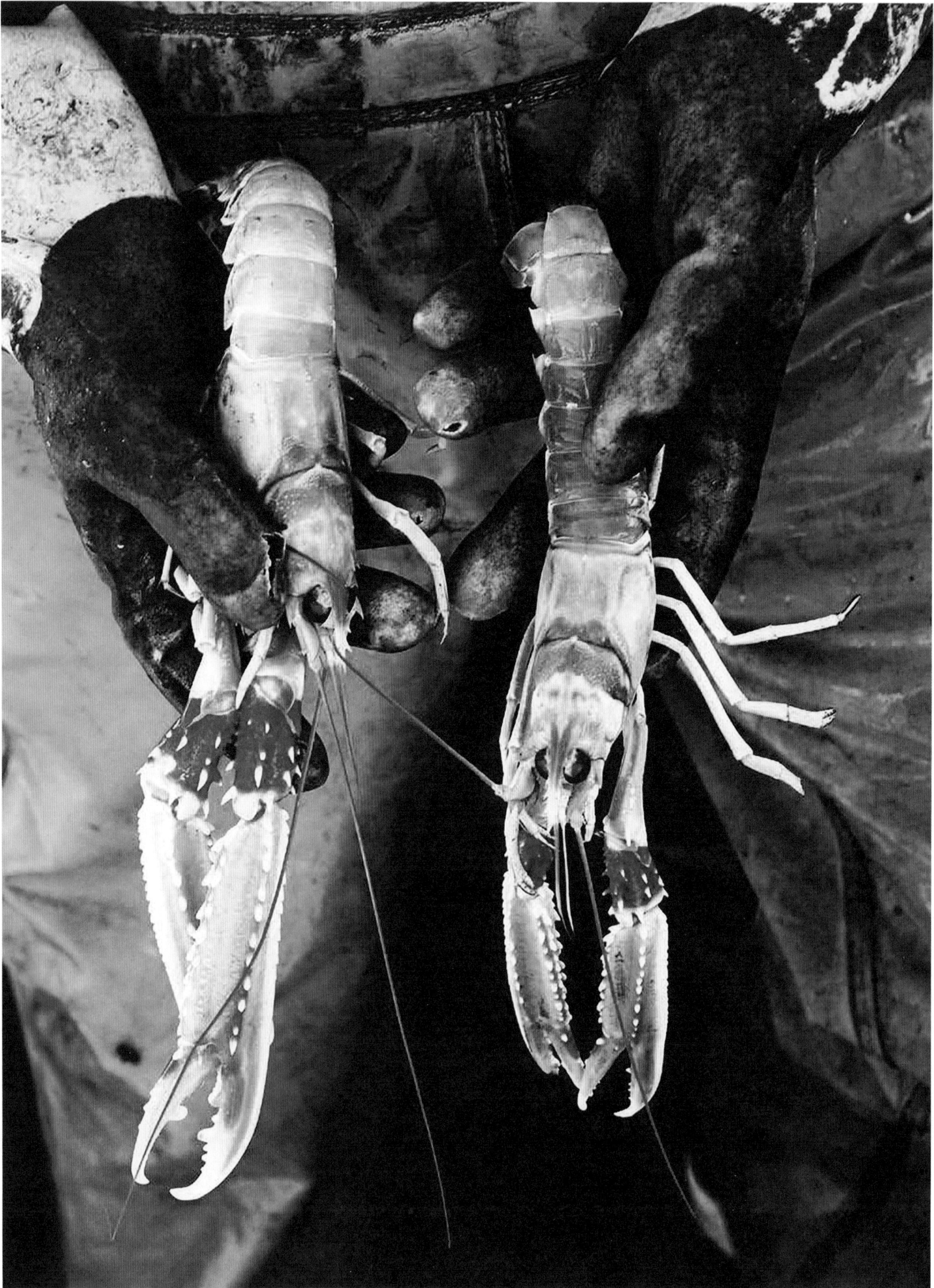

理性美食

适度捕捞的捍卫者

如果比利时和荷兰共同创立一个菜系——北海菜系，专门推广北海海域不受欢迎的鱼类，那么一定也会有些法国厨师被纳入其中。他们将不断提醒同行和管理部门进行适度捕捞的必要性。

从1992年起，每年的6月8日被定为世界海洋日。每年的这一天，很多厨师都将会参与到推动烹饪可持续发展的活动中。这项活动最早由贝壳餐厅（Le Coquillage）的主厨奥利维耶·罗林格（Olivier Roellinger）发起，旨在限制过度捕捞、损害环境、不尊重季节规律、竭泽而渔的行为。

海洋食品和海洋环境的状况都岌岌可危，公众必须以参与海洋物种保护运动的厨师们为榜样，改变消费方式。很多厨师都从菜单上删去了鹞鱼、欧洲鲈、金枪鱼、比目鱼、蜘蛛蟹等海洋生物，取而代之的是黑鲻鱼、灰鲷鱼、黄鳕鱼、细鳞绿鳍鱼或竹签鱼等不那么出名的品种。这些厨师中有一位十分特别，他就是克里斯托弗·库当索（Christopher Coutanceau），他在拉罗谢尔地区以自己的名字开设了餐厅。他会在业余时间出海捕鱼，并仅向顾客供应捕获的本地鱼类。

包括他在内的很多厨师都认为，鱼和葡萄酒、奶酪或肉类一样，也有专属产区之分。他与同行罗林格（Roellinger）一同提醒政府关注电击捕鱼造成的危害，这种捕捞方式通过电击将海底鱼群赶往海面。1998年欧洲便已禁止电击捕鱼，而在2007年，这一捕捞方式又在荷兰死灰复燃，并取得了有关部门的批准。2018年，致力于保护海洋和海洋生物的布鲁姆协会（Bloom）发出警示，克里斯托弗·库当索动员了十多名厨师共同向政府施压，希望政府禁止电击捕鱼，他们的提议在欧洲议会得以通过。

他们的努力没有白费，欧盟于2021年起彻底禁止电击捕鱼。但厨师们并未就此止步。他们指责远洋拖网对一些物种造成了灭绝性损害。克里斯托弗·库当索自诩“渔民厨师”，他只制作由本地出产的应季鱼类、贝类、甲壳类海鲜制成的料理，例如奥莱龙岛的特产——鲜活拉科蒂尼埃龙虾，加入蘑菇和瘦肉一同烤制，做成龙虾糍粑，配以茄子卷和海苔碎，此外还有鲭鱼配香草番茄和青柠，以及整条烹制的沙丁鱼。

贝壳餐厅（Le Coquillage，米其林二星）/克里斯托弗·库当索餐厅（Christopher Coutanceau，米其林二星）

亚历桑德拉·巴克齐耶

卡斯特雷特酒店（Hôtel du Castellet）位于瓦尔省，老板是一名女性。她叫亚历桑德拉·巴克齐耶（Alexandra Bacquié），酒店主厨克里斯托弗·巴克齐耶（Christophe Bacquié）是她的丈夫，从级别上看，她是她丈夫的领导。2018年，酒店被授予米其林三星。

她不追逐荣誉，但有自己的立场："我得到大众认可并不因为我是一名女性，也不因为我是主厨的妻子，而是因为我把酒店管理得井井有条。"亚历桑德拉出生于叙雷讷，在都兰长大，家庭人口很多。她最初从事公共关系，后来转行至酒店餐饮业，这一决定既是出于理想，也是为了爱情。她从卢浮银行离职后，入职位于科西嘉岛卡尔维著名的拉维拉酒店（Hôtel La Villa），她未来的丈夫也在这家酒店任职，她从此确定了自己的人生方向。心中的职业追求和一见钟情的爱情，让他们结为夫妻，并于2009年开启卡斯特雷特酒店的冒险。亚历桑德拉回忆："我们撸起袖子拼命干活，要做的事太多了。"因为卡斯特雷特酒店不仅是一家带餐厅的酒店。刚开始它只是保罗·李卡德（Paul Ricard）赛车场领航员的定点酒店，之后它慢慢发展成了一家占地12公顷的海滨度假村，包括高尔夫球场、一个6公顷的公园、自行车绿道、散步小径、网球场、室外游泳池和水疗中心。很快，亚历桑德拉就明确了自己的工作宗旨：让所有宾客感到舒适，无论他们是住在主楼的42间客房之一，还是住别墅，或莅临酒店的两家餐厅。"如果客人要求在晚上7点更改桌次布局，我们也会照做的。"她解释道。她喜欢让所有事情都处在自己的掌控之下，尽管这样的工作方式经常打乱她的计划，但一切还是能够正常推进。无论是门口迎客还是酒店服务，她都做出了很好的榜样，让丈夫安心。"经营的秘诀在于始终让客户和团队成员感受到我们的存在。"她强调说。她的得力工作帮助丈夫克里斯托弗于2004年赢得法国最佳工匠奖。此外，尽管餐厅并不是酒店的核心业务，酒店还是于2010年获得米其林二星，2018年摘得三星。这对夫妇的日常工作并没有以牺牲家庭生活为代价。每天早上，他们都会一起用早餐，这对于亚历桑德拉来说已成为一个戒不掉的习惯。

"我们撸起袖子拼命干活，要做的事太多了。"

克里斯托弗·巴克齐耶餐厅（Restaurant Christophe Bacquié，米其林三星）

很久以前

里昂和其他各地妈妈大厨的故事

里昂有个著名的母亲群体，她们先在一些小资餐厅里当厨师，之后分别创立了自己的小餐馆，其中几家已经出名。例如，布拉泽（Brazier）妈妈在波利奈的卢埃山口和里昂的皇家大街开设了两家餐厅，1933年两家餐厅均摘得米其林三星，她也成为首位拥有米其林三星的女性。

布拉泽妈妈培养了多位伟大的厨师，包括保罗·博古斯（Paul Bocuse）和巴黎昂布洛斯餐厅（L' Ambroisie）的主厨贝尔纳·帕卡（Bernard Pacaud）。古伊（Guy）妈妈是一家小咖啡馆的老板，咖啡馆于1936年获得米其林三星。她制作的煮鳗鱼、焗龙虾尾和酿鳟鱼声名远扬。菲丽乌（Fillioux）妈妈被认为是母亲中的母亲，她是很多妈妈厨师的导师，餐厅的菜单在30年间未曾改变，却牢牢抓住了顾客的胃：松露浓汤、黑蘑菇嵌馅鸡、焗肉丸、洋蓟鹅肝、糖衣坚果冰激凌。雷雅（Léa）妈妈来自勒克佐，在里昂图尔平大街开设了一家餐厅，制作美味的“工兵围裙”（tablier à sapeur）、焗通心粉和烤鸭。理查德（Richard）妈妈是保罗·博古斯餐厅的乳品商，因其制作的干酪而闻名。眼中含笑的雨根（Hugon）妈妈仍在每天制作着醋腌鸡和鹅肝小吃。她的父母是船夫，在她很小的时候便将她寄养在一个出色的女厨师家里。时间的累积和对美食的热情成就了她精湛的厨艺。去往法国其他城市，我们爬上圣米歇尔山品尝布拉尔（Poulard）妈妈制作的煎蛋卷，在安省沃纳斯品尝布朗（Blanc）妈妈的奶油炖鸡，在巴黎享用来自勃艮第农村的阿拉尔（Allard）妈妈制作的红酒炖鸡、尚塔尔橄榄烧鸭等家常料理。

“我们爬上圣米歇尔山
品尝布拉尔妈妈制作的煎蛋卷。”

侍酒师登场！

午餐或晚餐时，侍酒师便会出场……但若只把他们当作会倒酒的服务生，就有些太大材小用了。

侍酒师要遵守行业的行为规范。但这并不妨碍他们依据自身的经验和口味，进行葡萄酒的筛选，经营与酿酒商和顾客的关系，从而发展出一套属于自己的哲学。侍酒师是如何看待这份职业的？我们同三位侍酒师进行了交谈。本杰明·达洛（Benjamin Darreau）是巴黎卢布松餐厅（L' Atelier de Joël Robuchon）的酒务主管助理，他坚信“侍酒师不仅要敏锐洞察顾客的心理需求，还要乐于分享相关知识，让那些总是胡乱喝酒的顾客更好地去理解和享受各种酒”。任职于纳博讷圣克雷桑餐厅（La Table Saint-Crescent）的阿尔伯特·马隆戈·恩吉姆比（Albert Malongo Ngimbi）于2019年夺得米其林侍酒师奖。他的酒单上有什么呢？酒类品种很丰富，90%都是朗格多克和鲁西永地区酿造的环境友好型葡萄酒。

他表示：“侍酒师需要将产区、酿酒商、主厨和顾客连接在一起。我们需要深入产区，了解酒的具体情况，领略当地风土人情和酿酒师的意图……走过这些旅程，我们才能向顾客讲述精彩的故事。”来自阿根廷巴塔哥尼亚的帕兹·莱文森（Paz Levinson）从更高层面阐述侍酒师的使命：“我们的职业不仅局限于在餐厅里倒酒。我们需要不断旅行，永远抱有好奇心，对世界上的所有酒类抱有开放的心态。”游遍世界各大产区的她，如今在瓦朗斯的皮克餐厅（Maison Pic）担任“侍酒女士”。和很多同行一样，她也不断为这份职业注入新风潮，对优质酒怀有崇敬之心，并始终渴望发现新事物。

——

卢布松餐厅（L' Atelier de Joël Robuchon，米其林一星）/圣克雷桑餐厅（La Table Saint-Crescent，米其林一星）/皮克餐厅（Maison Pic，米其林三星）

观察员评论

尽管阿尔伯特·马隆戈·恩吉姆比在朗格多克和鲁西永产区深耕，他却并不会给顾客品尝这些地区的常规酒类。我记得他用一种霞多丽葡萄酒搭配醋渍香葱青豆沙拉，让人感觉生动而有活力，比利牛斯蘑菇配诗南葡萄酒（Chenin）也不错。

美食交流

日本籍法餐厨师的崛起

日本籍厨师们来到法国精进厨艺，他们中的很多人已决定不再返回日本，而是在法国开设法餐厅。这样的趋势一年比一年更明显。

2013年的《米其林指南：法国》中，有17位日本籍厨师获得米其林星级，其中15位是法餐厨师。2016年，又有三家日本人在巴黎开设的餐厅加入米其林大家族，它们分别是中谷餐厅（Nakatani）、裴吉斯餐厅（Pages）和夏雪餐厅（Neige d'été）。接下来几年间，至少有12家日本厨师的餐厅得到了各自的第一颗米其林星星，包括巴黎的联合餐厅（Alliance）、关联餐厅（Pertinence）、蒙特餐厅（Montée）、学问餐厅（Étude）、川崎健餐厅（Ken Kawasak）、索拉餐厅（Sola）、平田餐厅（Yoshinori）、阿莱斯特餐厅（L'Archeste）、庇护所餐厅（Abri）和秋天餐厅（Automne），里昂的高野餐厅（Takao Takano），以及由木下隆（Takashi Kinoshita）担任主厨的科多尔省库尔邦城堡酒店（Château de Courban）。

从20世纪80年代起就有很多日本厨师来法工作，而他们中的大多数已经回国，直到2010年之后，日本厨师才开始在法国大放异彩。2001年来到法国的联合餐厅主厨大宫孝隆（Toshitaka Omiya）认为，造成这种现象的原因在于不同年代日本人之间的思想差异："20世纪80年代，日本厨师们来法学习法餐基础知识的目的在于推进自己在日本的事业，且在法时间很短。20世纪90年代，第二代日本法餐厨师来到法国，他们不仅想要通过参与厨师团队的工作掌握烹饪技艺，也希望学习一些管理方面的知识。我属于第三代日本来法厨师，我们这一代的职位普遍更高，但大多数仍隐藏在法国大厨的光环之下，因此大家有了更强烈的冲破框架的渴望，希望能在行业中有自己的名字，通过工作收获声誉和成果，在法国和日本均能得到认可。"

尽管日本人被公认为很勤奋，却普遍缺少开拓精神。正如阿莱斯特餐厅主厨伊藤佳明（Yoshiaki Ito）所说："日本人很低调羞涩，但如果我们当中有一个人首先站出来并获得成功，他就会被视为榜样，引起众人追随。"对于很多日本厨师而言，这个榜样便是巴黎圭餐厅（Kei）的主厨小林圭（Kei Kobayashi）。

如今，那些已经在法国待了5年、10年或15年的厨师中，很少有人想回到日本。对于A.T餐厅主厨田中敦喜（Atsuhi Tanaka）而言，巴黎始终是美食之都，有来自世界各地的顾客，这一点是东京的餐厅无法比拟的。大宫孝隆和伊藤佳明认为，他们最割舍不下的是法国的食材。尽管他们自己的国家也物产丰富，但他们觉得无法在日本找到与法国同样品质的肉类和蔬菜。此外，他们已经与法国的供货商建立起良好的关系，并希望继续维系这种合作。回到日本意味着需要从寻找食材开始重新建立生意网，这太耗时间了。与此同时，他们将自然美学用于装饰摆盘，对菜品精雕细刻，将各种调味料进行和谐的组合，法国人也十分钟爱日本厨师的融合料理。

——

中谷餐厅（Nakatani，米其林一星）/裴吉斯餐厅（Pages，米其林一星）/夏雪餐厅（Neige d'été，米其林一星）/联合餐厅（Alliance，米其林一星）/关联餐厅（Pertinence，米其林一星）/蒙特餐厅（Montée，米其林一星）/学问餐厅（Étude，米其林一星）/川崎健餐厅（Ken Kawasak，米其林一星）/索拉餐厅（Sola，米其林一星）/平田餐厅（Yoshinori，米其林一星）/阿莱斯特餐厅（L'Archeste，米其林一星）/庇护所餐厅（Abri，米其林一星）/秋天餐厅（Automne，米其林一星）/库尔邦城堡酒店（Château de Courban，米其林一星）/高野餐厅（Takao Takano，米其林二星）/圭餐厅（Kei，米其林二星）

法式特色

特色餐饮店——平价食堂、小咖啡屋、木屋速食店和里昂小酒馆

这四种场所可以用两个词形容——简单和愉悦。
这些餐厅承载了当地的美食历史，
直到今天它们仍在供应那些代代相传的美食。

小咖啡屋（Les estaminets）

小咖啡屋是分享和交流的场所，也是法国北方文化的重要组成部分，主要集中在弗朗德地区。19世纪初，小咖啡馆是一个喝饮品的地方，可以吸烟，里面还配有小杂货店，售卖玩具飞机和玩具青蛙。如今，小咖啡馆通常被装饰成典型的北方乡村风格，顾客能在这里品尝到马鲁瓦耶蛋挞、炭烤火锅、鱼汤、威尔士奶酪料理等地方特色菜，这里也是顾客玩乐的场所。

巴黎平价食堂（Les bouillons parisiens）

1854年，第一家平价食堂诞生于巴黎蒙奈大街，由屠夫杜瓦尔（Duval）创建，旨在以低廉的价格向巴黎各行各业的市民提供餐食。曾经这种平价食堂已销声匿迹，近年来又重新在巴黎兴起。在巴黎市区或郊区的平价食堂里，我们可以品尝到一些典型的食堂菜品，比如蛋黄酱芹菜、炖骨头、醋渍香葱及马奶兹牛肉、勃艮第牛肉、小牛肉排、焦糖布丁、巧克力泡芙和雪中蛋等。

里昂小酒馆（Les bouchons lyonnais）

过去，小酒馆的老板们习惯在酒馆的门上挂一捆树枝，以引起路人的注意。我们在这里能品尝到地道的里昂特色美食，如香葱胡椒鲜奶酪（白奶酪中加入香草碎、小葱、盐、胡椒、橄榄油和醋制成）、工兵围裙（牛肚在白葡萄酒中腌后裹面包屑煎制）、开心果奶油卷、肉丸等。里昂也是葡萄酒产区，酒馆中饮用的葡萄酒通常产自罗纳河谷的博若莱。

木屋速食店（Les winstubs）

木屋速食店的特点是墙壁和天花板均由木板装饰。在店里能喝到各种产自阿尔萨斯地区的葡萄酒，包括著名的雪绒花混酿（edelzwicker，由几种白葡萄混合酿制而成）和各式啤酒。菜单上列有阿尔萨斯的经典美食，例如鹅肝、炖酸菜、雷司令烧鸡配鸡蛋面疙瘩、猪头肉冻（presskopf）和咕咕霍夫（kouglof）。在阿尔萨斯的不同地区，特别是在上莱茵省最南部的桑日，我们可以吃到各式阿尔萨斯炖肉砂锅和炸鲤鱼。

LE PROGRES
OL : l'exploit !
LILLET
AU VIN BLANC DE LA GIRONDE
Bouchon

新一代女性厨师领军者

追随着女主厨安娜-索菲·皮克的脚步，烹饪界有越来越多的女性走上厨师团队中主厨的职位。从饮茶餐厅（Yam'tcha）的阿德琳娜·格拉塔德（Adeline Grattard），到巴别塔餐厅（Baieta）的茱莉亚·塞德菲德吉安（Julia Sedefdjian），还有巴黎马驹餐厅（Pouliche）的阿曼德·夏尼格（Amandine Chaignot），以及马尔桑的乔亚餐厅（Jòia）的主厨赫莲娜·达罗兹（Hélène Darroze），女性主厨正在重返料理界的舞台中央。

“这个职业不适合女性。”巴黎芙罗拉酒店（Auberge Flora）的主厨芙罗拉·米库拉（Flora Mikula）在整个职业成长过程中，听过这句话不下百遍。她把这句话当成耳旁风，执着追求自己为他人制作美食的梦想。有几百名女性正努力在这个由男性主导的世界中立足，芙罗拉是她们中具有代表性的一位。但当我们回顾法国的烹饪历史，我们会发现，其实有很多长时间以来备受关注的女性。例如著名的里昂妈妈大厨群体，其中包括雨根妈妈和菲丽乌妈妈，以及于1933年成为首位摘得米其林三星女主厨、并在波利奈的卢埃山口和里昂的皇家大街拥有两家餐厅的布拉泽妈妈（Mère Brazier），还有1936年获得最高星级的古伊妈妈。这些女性还参与培养了下一代大厨。第二次世界大战之后，烹饪变成男性的世界，而女性则被局限在大堂服务工作中。

女性在餐饮界的艰苦跋涉持续了半个多世纪，直到2007年，瓦朗斯的安娜-索菲·皮克（Anne-Sophie Pic）成为法国唯一的米其林三星餐厅女主厨。在此之前，一些姐妹们已经在餐饮界获得成功，包括1979年为巴黎奥兰普之家餐厅（Casa Olympe）摘得米其林星级的奥兰普·威尔西尼（Olympe Versini），以及于20世纪90年代中期为巴黎雷多雅餐厅（Pavillon Ledoyen）摘得星级的吉斯莱娜·阿拉比亚（Ghislaine Arabian）。

没有人知道，媒体的大量宣传和安娜-索菲·皮克的成功是否激励了广大女性。但总有许多女性在追梦的路上崭露头角，比如比亚里茨的罗思尔餐厅（Les Rosiers）的主厨安德烈·罗思尔（Andrée Rosier），她于2007年成为第一位赢得MOF的女性。2015年，尼斯香特可蕾餐厅（Le Chantecler）的主厨维吉妮·布拉瑟罗（Virginie Basselot）也赢得了这一奖项。法国M6频道推出的《顶级厨师》栏目影响力也不容小觑。10年来，很多女性从节目中脱颖而出。在这个电视竞赛中，女性们不满足于只露一下脸。相反，她们中的很多人最终获得优胜或进入决赛。2011年，斯特凡妮·勒奎勒克（Stéphanie Le Quellec）赢得顶级厨师比赛冠军，她在决赛中的对手范妮·雷伊（Fanny Rey）也是女性，她如今创立了圣雷米餐厅（L'Auberge de Saint-Rémy）。2年后，内奥艾拉·戴诺（Naoëlle d'Hainaut）也赢得了比赛优胜。她在蓬图瓦兹创立了金点子餐厅（L'Or Q'Idée）。2016年决赛选手科琳娜·法尔齐耶（Coline Faulquier）于2019年在马赛开设了自己的签名餐厅（Signature）。

—

布拉泽妈妈餐厅（La Mère Brazier，米其林二星）/皮克餐厅（Pic，米其林三星）/罗思尔餐厅（Les Rosiers，米其林一星）/香特可蕾餐厅（Le Chantecler，米其林二星）/圣雷米餐厅（L'Auberge de Saint-Rémy，米其林一星）/金点子餐厅（L'Or Q'Idée，米其林一星）

法式服务艺术

大堂经理一直以谨慎形象示人，在大型餐厅中扮演着必不可少的角色，不能有任何疏忽遗漏。他们让拘谨的顾客放松下来，让大堂的氛围保持优雅，并以艺术标准管理整个服务团队。

29岁的萨拉·贝纳麦德（Sarah Benahmed）曾在斯特拉斯堡的鳄鱼餐厅（Au crocodile）担任大堂经理，她于2019年获得由《米其林指南》颁发的首届接待与服务大奖。这一奖项旨在嘉奖她对顾客的细致服务，对工作的严谨态度以及超越年龄的成熟冷静。

毋庸置疑，厨师是餐厅的核心人物，侍酒师掌控着餐厅酒务，而餐厅的服务水准也会或多或少地影响顾客对餐厅的感受：当他们回忆在餐厅的用餐经历，会想起富有创意的菜品、精心搭配的酒水，以及优雅精致的服务。获得奖项几周之后，萨拉·贝纳麦德表示："好的服务应该是发自内心且真诚的……为了做好服务工作，我们需要在几秒钟内了解顾客想要什么。"

大堂服务是一门古老的艺术，长期以来一直保持高度的标准化，有些做法可能已经过时。21世纪的大堂经理们开始重新思索自己的职业内涵：他们在餐桌布置中发展美学理念，用著名花店的花束进行装饰，与专业设计师一同设计员工装，让场景的整体布置更具现代感，并将注意力的重心放在客人身上。他们总是笑脸盈盈，善于观察和洞悉顾客心理，充满活力，态度恭敬。

随着料理的不断发展，大堂经理们也慢慢不再使用一些过时的服务技法，比如喷火炙烤以及帮顾客切肉，取而代之的是研磨、撒粉末、调味这些从前由厨师负责的工作。如今，厨师们希望他们制作的料理上桌后由大堂服务人员进行最后的完善，而以前服务员不会参与菜品的制作过程。达伊风餐厅（Le Taillevent）大堂经理、2018年法国最佳工匠酒店管理奖得主安东尼·伯图斯（Antoine Pétrus）用几个词概括当代服务艺术所需的品质——"专业技术、才华和情商"。

观察员评论

萨拉·贝纳麦德塑造了一个优雅的女性形象，她在接待客人时表现得轻松自如。在尽心尽力做好大堂经理的同时，她也通过友善的话语和真诚的微笑让客人放松下来。坐在鳄鱼餐厅里，您会觉得自己是一个被服务的特别的人。这种想法很自私，但却让人愉悦！无须主动要求，您的想法便能得到满足。"顾客是上帝"这句被重复百遍的话，在这里得到了真正的体现。餐厅服务非常周到，且不会令顾客感到压力或者被打扰，侍者用敏锐的双眼能从远处观察到顾客的需求。服务的节奏依据每桌客人的心情进行个性化调整，不会过快，也不会过慢。客人在餐厅将度过难忘的时光，离开时会觉得有些不舍。萨拉·贝纳麦德还告诉我，员工们会在她到店前全部就位，并且要接受密集的岗位培训。这样的严格要求已经产生了不错的成果，而这一切都离不开她领导团队的能力和"识人"的眼光。

——

鳄鱼餐厅（Au crocodile，米其林一星）/达伊风餐厅（Le Taillevent，米其林一星）

菜单的起源

如今在订位前，我们便可以通过互联网查询餐厅的菜单。
而在过去，菜单只会被公布在餐厅的门口或大堂。

18世纪中期的法国是路易十五统治时期，贵族的餐桌上首次出现手写菜单。法国大革命深刻改变了法国的社会面貌。很多贵族被斩首，他们雇佣的厨师也失去了服务对象。因此他们纷纷自立门户，安东尼-尼古拉·杜瓦阳（Antoine-Nicolas Doyen）买下位于香榭丽舍大道的王太子餐厅（Le Dauphin），并将其更名为杜瓦阳餐厅（Le Doyen）。据说正是他首创了挂在墙上的菜单。19世纪初，餐桌服务已成为巴黎餐厅的标配。布里亚-萨瓦兰（Brillat-Savarin）认为只有能让顾客通过菜单点菜的场所才能被称作“餐厅”。

进入20世纪，几乎所有法国餐厅都有挂墙菜单和点菜本。但经年累月，菜单也在不断变化。顾客们开始对冗长的菜单产生不信任感，并嘲笑那些冠以夸张形容词的菜品，例如“跳着法兰拉多舞的水果蛋糕”。此时还出现了专为游客准备的菜单。随着人们越来越偏爱能够带来惊喜的菜品和简单明了的菜名，小酒馆推出了套餐式菜单。顾客可从数量不多的前菜、主菜和甜品中各选一道，菜单每天不一样。如今人们更喜欢精耕细作的应季特色食材，最流行的也是这种套餐式菜单。随着时代发展，21世纪的厨师菜单本里不仅有他的经典料理，还会有很多符合时令的菜品，这些会带给顾客惊喜与可靠的感觉。菜单的内容取决于食材供应商提供的产品种类，这让顾客每次光临都能体验到不一样的菜品。因此，与其说是厨师制定了菜单，不如说是大自然选择了菜单里的内容。

“随着人们越来越偏爱能够带来惊喜的菜品和简单明了的菜名，小酒馆推出了套餐式菜单。”

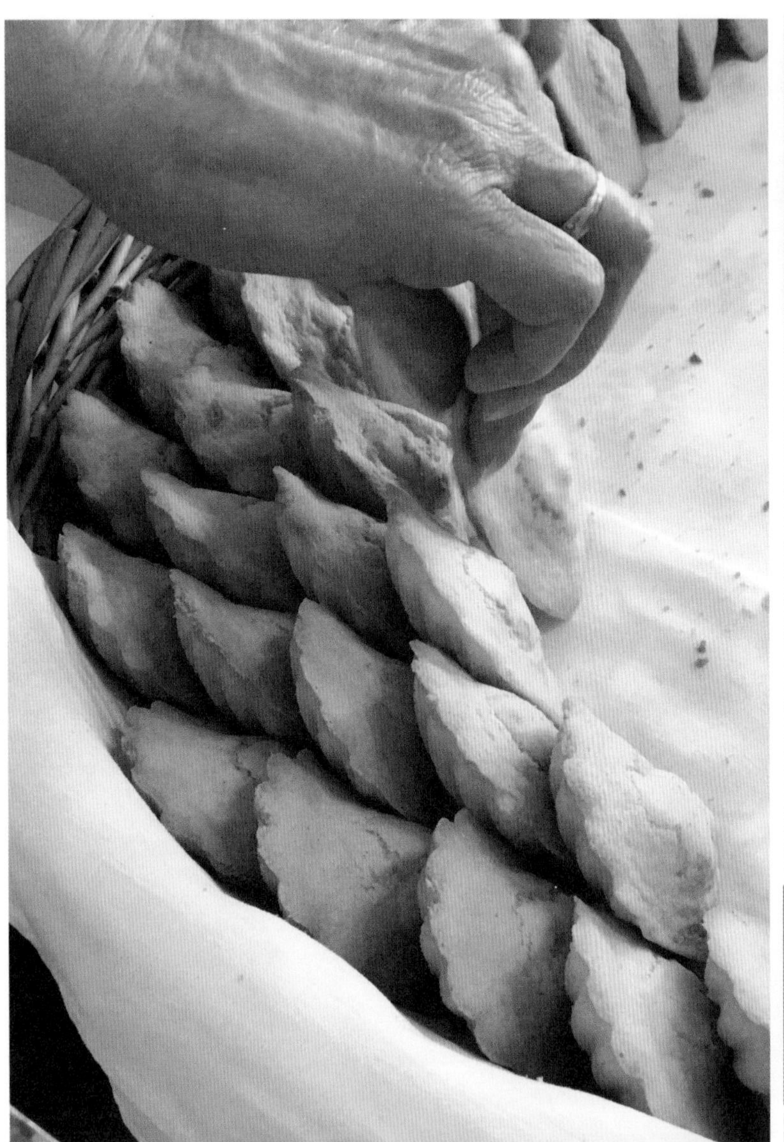

artisanale

美味特产

圣地守护者

如今，法国仅剩一家工坊或几名种植者有能力生产制作某些特色产品。
他们坚守着延续数百年的传统，身体力行地挽救即将消失的技艺，同时保持古老的烹饪方式。

鹅毛笔去籽黑醋栗果酱

巴勒迪克的安妮·杜特里兹（Anne Dutriez）是鹅毛笔去籽黑醋栗果酱的最后一个制作者。这和普通的黑醋栗果酱可不是一回事，跟黑醋栗果冻的差别就更大了。这种果酱起源于14世纪，当时的贵族或资产阶级会将这种果酱装入覆有皮革的木盒里，赠送给显贵人物以表达感谢。

1911年，全世界一年卖出约60万盒鹅毛笔去籽黑醋栗果酱，而如今每年只能生产6000盒。它的制作秘方已经流传了几个世纪，但安妮·杜特里兹清楚，必须具备同时两个条件，才能够制作这种奢侈品：首先，黑醋栗的种植者愿意继续将逐串采摘的果实卖给她；其次，平均每颗黑醋栗中有7粒籽，每年6月和7月，她必须投入大量时间去籽。有着斜角笔头的鹅毛笔最好用。鹅毛笔在冷水中泡软，夹在食指和中指之间，从梗部插入果实。她轻柔地顺着果肉方向找出7粒籽，用外科手术般的精密手法去籽，同时不破坏果实形状。之后，果实在安妮·杜特里兹的手中变成果酱。果实熬煮后，其肉质、形状、颜色和香味都奇迹般地完好如初！

蒙布里松圆柱干酪

蒙布里松圆柱干酪（Monbrison）由牛奶制成，于2018年11月被联合国教科文组织列入国家级非物质文化遗产名录，经常被拿来和昂贝尔圆柱干酪（Ambert）相比较。这种带有绿色霉点的干酪起源于福雷兹山脉的卢瓦尔山谷，从8—9世纪的封建时期开始，妇女们便在夏季牧场放牧牛群、在绿树环绕的小屋里制作干酪，男人们则在山下的田地里耕种。随着工业化的发展，产生了两种圆柱干酪：一种是传统的蒙布里松干酪，以及在距离不远的奥弗涅生产的昂贝尔干酪。1972年，蒙布里松圆柱干酪和昂贝尔圆柱干酪共同取得原产地控制认证（AOC），尽管这是两种不同的干酪——前者带有橙黄色，后者颜色偏灰。此后，人们在购买时便会认准“蒙布里松及昂贝尔圆柱干酪”的官方标志。2002年，这两种产品终于获得独立，分别取得了属于自己的AOC标志。这是昂贝尔圆柱干酪的荣耀时刻，而对于蒙布里森干酪而言却意味着被人遗忘。2018年，仅剩四家生产蒙布里森圆柱干酪的工坊，其中包括销售全脂有机生牛乳干酪的凯瑟琳·格里奥特工坊（Catherine Griot）。

李瓦雷纳梨干

梨干是卢瓦尔河沿岸地区的特产，起源于11世纪，在当时只是一种保存梨的方式。直到19世纪暴发葡萄根瘤蚜虫灾害，农民们不得不去寻求新的创收手段。梨干的制作方式始终如一，需要先将梨去皮，挂在编织藤上，入烤箱烤制数天。梨在高温作用下逐渐干瘪。梨干需放入葡萄酒中浸泡或用糖浆熬煮后食用。

达克斯玛德琳蛋糕

全法国有十余种玛德琳蛋糕，就像马卡龙一样。要弄清为何玛德琳蛋糕成为达克斯的特产，我们需要追溯到19世纪的洛林，那里有著名的科尔梅西玛德琳蛋糕。安东尼·卡泽尔（Antonin Cazelle）生于达克斯，他曾在科尔梅西服兵役，之后又到一个贵族家庭担任管家。回到达克斯后，他从口袋中掏出一份玛德琳食谱，并创立了达克斯玛德琳商店，生产玛德琳蛋糕。1906年，卡泽尔家族的后人继承了玛德琳商店，制作配方始终没有改变。手工制作、不添加防腐剂的达克斯玛德琳蛋糕仍然像从前一样，装在漂亮的蓝色或粉色罐子里出售。

蒂涅干酪

这种由一半羊奶、一半牛奶、胡椒、盐制成的顶级干酪有着易碎的质地和淡淡的奶香及青草香，萨瓦省的玛摩丹家族（Marmottan）是目前唯一能够制作蒂涅干酪（Tignes）的家族。很长时间以来，宝莱特（Paulette）是唯一的蒂涅干酪生产者。如今她已将技艺传给自己的女儿阿内蒙妮（Anémone）和儿子弗朗西斯（Francis），女儿曾在法国滑雪队训练10年，获得过山地滑雪的冠军；儿子曾在一家滑雪学校担任教练和技术指导。在塔兰达兹山谷一侧的山坡上，弗朗西斯负责养殖蒙贝利亚奶牛（Montbéliard），阿内蒙妮则负责照看需要在2000米海拔之上放牧的阿涅蒙山羊（Anémone）。用牛奶和羊奶混合，制成独一无二的奶酪。蒂涅干酪既不是熟奶酪也不是软奶酪，它是一种带有霉点的干酪（几乎所有产自山区的干酪都带霉点），但只有玛摩丹家族在制作过程中不添加娄地青霉。蒂涅干酪的主体呈白色，吃起来有轻微的蓝纹奶酪味。

巴叶香肠

在香肠的世界中，存在两大流派，分别是布列塔尼的盖梅内香肠（Guéméné）和诺曼底的维尔香肠（Vire）。前者的切片有同心圆的花纹，后者则呈现出颜色更深的大理石纹路。在这场布列塔尼香肠和诺曼底香肠的比拼中，还有一种产自布列塔尼地区、使用诺曼底工艺制成的香肠——巴叶香肠（Baye），由丹尼耶鲁家族（Daniélou）的菲妮斯泰尔餐厅（Finistère）制作。它的特色在于，使用了维尔香肠的腌制方式，并有传统香肠型和培根型两种形态。培根型的巴叶香肠最令人胃口大开。

此外还有：

圣爱米伦马卡龙（乌苏尔教派修女祖传制作方式，始于1620年）、邦考鳟鱼、帕蒂汉城甘蓝、比利牛斯加泰罗尼亚桃红葡萄酒、内穆尔虞美人香糖、普罗万尼弗莱特蛋糕。

布里奶酪

莫城、默伦 VS 其他产区

有人说奶酪是查理曼大帝和亨利四世的最爱。无论产自莫城、默伦或普罗万，它们都被统称为布里奶酪（Bries）。

据说总共有约40种布里奶酪。几乎每一个布里地区的村庄都出产自己的布里奶酪，其中以产自莫城和默伦的奶酪最为出名，莫城奶酪（Meaux）于1815年夺得维也纳奶酪大会冠军。莫城奶酪的体型较大，年产量高达6450吨，单块奶酪的直径约为35厘米；只用生牛乳制作的默伦奶酪（Melun）单块直径约为27厘米，年产量只有240吨。这两种都是带有外皮的软质奶酪，且都取得了AOC标志，同样得到AOC头衔的还有产自圣雅克维尔的蒙特罗布里奶酪（Montereau）。它的体积比默伦干酪更小，味道相似，发酵6周之后即可食用。接下来向大家介绍即将消失的南吉斯布里奶酪（Nangis），这种奶酪没有取得原产地标志。它的色泽金黄，流动性较弱，是莫城布里奶酪中味道最浓郁的。塞纳马恩地区是布里奶酪的原产地，当地出产的普罗万奶酪（Provins）在布里奶酪中的历史最为悠久，据羊皮纸文献记载，它起源于1217年。它的直径为28厘米，质地更轻盈，需要8～10周的发酵时间，并已取得普罗万布里奶酪的注册商标。我们还要提一下科罗米耶尔奶酪（Coulommiers），当地市长一直在努力为其争取AOC标志。需要注意的是，这里讲的科罗米耶尔奶酪和工业生产、卖到全法国的科罗米耶尔牌奶酪不是一回事。此外还有罕见的黑色布里奶酪，它是长时间发酵的结果。大多数布里奶酪的发酵时间从几周到一两个月不等，黑色布里奶酪的发酵时间却长达8～10个月。在时间的作用下，奶酪表皮变成深棕色，内部从象牙白变为稻草黄。味道原始而浓烈的黑色奶酪，仅有极少数奶酪爱好者能够欣赏。

法国国家宝藏

黄油，原味还是半盐？

法国西部的黄油都是咸味或半盐的。
在法国的其他地区，黄油大多是原味的。
这一局面的形成要归因于腓力六世，他对除布列塔尼之外的所有地区征收盐税。

黄油是世界上最受欢迎的油脂产品，已有上万年的制作史，从畜牧业诞生起便已存在。在美索不达米亚地区的花岗岩板上刻有最早关于黄油制作的年份记载——公元前4500元。后来，黄油被当成美容产品滋润头发，也曾被当作润肤膏使用。

在封建王朝时期的法国，黄油主要产自法国西部地区、东部地区和山区。黄油会被运送到那些不产奶或主要出产橄榄油的地区，为延长其在运输过程中的保质期，人们会往黄油中加盐。但到了13世纪，盐变得和黄金一样贵，甚至盐被称为“白色黄金”，有时还被当作货币使用。由于盐的珍贵，1328年至1350年间执掌法国的腓力六世于1343年开始对盐征税，以充实国库，也就是所谓的盐税，具体征收金额依据地区不同而定。盐税很重，农户决定不再往黄油中加盐，以减少税赋……但当时的布列塔尼地区不受法兰西王国管辖，无须缴纳盐税。布列塔尼盛产食盐，当地农户继续往黄油里加盐，而其他地区从此改为生产原味黄油……

料理中的黄油

提纯黄油：为了得到不会在烹饪过程中燃烧的液态黄油，人们会先将一整块黄油融化（原味黄油或半盐黄油均可），然后用撇渣器去除浮在表面的乳清（慕斯状白色物质）。

榛子黄油：也叫棕色黄油，是糕点师傅的心头好。榛子黄油是由一整块黄油分为两部分融化制成的。第一份黄油加热至金色或棕色，第二份黄油中加入两汤匙水并加热融化。最后将两份黄油混合过滤。

黄油膏：黄油膏是专门用于烹饪的黄油。制作黄油膏需要将切成大块的黄油置于室温静置软化。随后将软化黄油装入沙拉碗，用刮刀迅速搅拌，制成柔软的膏状。

酒店大厨黄油：这是一种由欧芹和柠檬汁调味的黄油膏，可放在牛排上，融化后与牛排一同食用。

白黄油酱汁：也被称作南特黄油。它并不是一个黄油品种，而是一种用葱、白葡萄酒、黄油、盐和胡椒制成的酱汁，通常与鱼搭配食用。

AOC黄油

含盐黄油是布列塔尼的特产，但它却没有专利权，还没有一种布列塔尼黄油取得了AOC标志。法国仅有3种AOC黄油：

- 夏朗德-普瓦图黄油（Charentes-Poitou），于1979年取得AOC标志，有四个产区：夏朗德省、滨海夏朗德省、双塞夫勒省、维埃纳省；
- 伊斯尼黄油（Isigny），产自诺曼底地区，于1986年取得AOC标志，芒什省的109个市镇和卡尔瓦多斯的83个市镇出产这种黄油；
- 布莱斯黄油（Bresse），于2012年取得AOC标志，产区包括安省、汝拉和索恩-卢瓦尔省。

穿越时光的经典料理

勃艮第牛肉

顾名思义，这是一道勃艮第的特色菜肴，最初被称为炖牛肉。它曾是当地农民的周日料理，传统做法是由夏洛莱牛肉（颈肉或肩肉）、黑比诺葡萄酒、胡萝卜和洋葱制成。据说红酒酱鸡蛋也是由这道菜发展而来的，因为人们会在炖牛肉剩余的红酒酱汁中煮蛋。

红酒酱鸡蛋

在黄金海岸北部，红酒酱鸡蛋仍像过去一样被放在土豆饼上，端给顾客享用。然而如今，这道来自勃艮第的特色美食已不再是主菜，仅被当作前菜。过去这种鸡蛋是用勃艮第牛肉剩余的酱汁烹制而成。到了今天，红酒酱鸡蛋不再是那道著名料理的边角料。但想要做好红酒酱鸡蛋，煮好酱汁是关键。酱汁会用到肥肉丁、黄油、洋葱和蘑菇，倒入勃艮第红酒，加入一片香叶和少许胡椒粉。鸡蛋和酱汁还会再搭配一片黄油蒜香煎面包。

白汁小牛肉

法国很多地区都自称是这道菜的发源地。这其实是道正宗的传统法餐，并没有与特定区域联系在一起。一些历史学家认为，白汁小牛肉是从白汁炖鸡衍化而来的，也有些人认为最初创作这道菜是为了处理烤牛排的边角料。白汁小牛肉的食谱最早可追溯至1735年，那时的配料表中已清楚标注了小牛肉。

红酒焖鸡

红酒焖鸡是农村庆祝丰收时的节庆美食，并没有具体的发源地。但它的做法是确定的：将鸡肉在用红酒和香料制成的酱汁中腌制，加入小洋葱、巴黎蘑菇、肥肉丁和大蒜瓣长时间炖煮。尽管用红酒制作的版本最为深入人心，但在弗朗什-孔泰地区还有另一种经典版本——黄葡萄酒和羊肚菌炖鸡。

扁豆炖咸猪肉

这个伟大的法国经典美食诞生于奥弗涅，主要归功于普伊地区种植的扁豆。传说14世纪时，奥弗涅的农民就有将扁豆和盐水腌猪肉一同炖煮的传统，主要用到猪脊肉、猪肩肉或猪肋条，还会加上香肠。弗朗什-孔泰大区的居民受这道菜的启发，加入了当地特产的莫尔托香肠或蒙贝利亚尔香肠。

法式反烤苹果挞

反烤苹果挞创始人塔丁姐妹（Sœurs Tatin）的故事大家都很熟悉了，但事实上，关于这道甜品的所有传说都是虚构的。苹果挞并没有被倒放在烤盘中，斯蒂芬妮·塔丁（Stéphanie Tatin）也并没有忘记铺挞皮，苹果挞出烤箱时并没有掉在地上，也没有被翻转到盘中。总而言之，就像我们所说的那样，这并不是一道在漫不经心间或因为失误偶然做出又匆忙上桌的甜品。斯蒂芬妮的菜谱应该出自索罗涅特蕾西庄园伯爵阿尔弗雷德·勒布朗·德查托维拉德（Alfred Leblanc de Chatauvillard）的厨师之手。两姐妹于1894年在拉莫特-博佛龙开设了塔丁酒店（Hôtel Tatin），这道甜品被过往猎人、庄园主和巴黎的资产阶级享用。每年初秋，金冠苹果会被用于制作反烤苹果挞，之后直到隆冬时节，人们会将其换成卡尔维尔出产的苹果。

此外还有：

卡斯特劳达砂锅、弗兰德炭火烤肉、阿尔萨斯火焰薄饼、马赛鱼汤、油封鸭、卡昂式牛肚、法式青蛙腿、阿尔莫里克龙虾、肉丸、克拉芙蒂蛋糕。

那些出版过料理书籍的大厨

安东尼·卡莱姆（Antonin Carême）、奥古斯特·埃斯科菲耶（Auguste Escoffier）和爱德华·尼翁（Édouard Nignon）之间有什么共同之处？这三位大厨都曾出版料理书籍，他们的著作直到21世纪的今天仍然很有参考价值。

1380年，纪尧姆·提尔（Guillaume Tirel）——也叫达伊风（Taillevent），开始撰写他的《肉食集》（*Viandier*）。但这并不是一本关于吃肉的书，书名来自拉丁语词汇“vivenda”，意为“活着”。他在书中介绍了各种形式的中世纪美食。这部腓力六世时期厨师的著作已经随时间流逝而散失，无处可寻。直到19世纪初，才诞生了第一部真正意义上的法国烹饪著作——由玛力-安东尼·卡莱姆撰写的《法式烹饪艺术》（*L'Art de la Cuisine française*，1833—1834年出版，共5卷）。他曾接受糕点制作的专业训练，热爱建筑，擅长进行开拓创新。他在自己的著作《美丽糕点》（*Le Pâtissier pittoresque*，1815年出版）中加入了插图，这一做法在当时是革命性的。他的学生朱尔斯·古菲（Jules Gouffé，1807—1877年）在自己撰写的《烹饪集》（*Livre de cuisine*，1867年）中，首次明确标注出食材的用量、烹饪的时间和温度、所需的厨房用具。但最受敬重的大师仍然是奥古斯特·埃斯科菲耶（1846—1935年），他编写的《烹饪指南——实用料理备忘录》（*Guide culinaire, aide-mémoire de cuisine pratique*）直到今天仍然启发着众多厨师。我们称其为“烹饪之王”或“国王主厨”，蜜桃梅尔芭和淡味酱汁正是他的作品。追随他的脚步，同安东尼·卡莱姆一样出生于平凡家庭，且同样具有天赋、热爱旅行的爱德华·尼翁，于2014年改编再版了首次出版于1933年的《法国美食大赏》（*Éloges de la cuisine française*）。

卡门贝尔干酪——诺曼底原产地保护产品（AOP）

我们不能把诺曼底AOP卡门贝尔干酪（Camembert）与“产自诺曼底”的卡门贝尔干酪混为一谈，截至2021年，仅有一种诺曼底AOP卡门贝尔干酪。这是一种传奇奶酪，在世界各地，它都被视为法国的象征。

据说，卡门贝尔干酪是由一位名叫玛丽·哈雷尔（Marie Harel）的女士在1791年创作的。她曾收留出生于1747年、拒绝遵守教士组织法的邦沃斯特（Bonvoust）神父。一些历史学家认为卡门贝尔干酪的起源是受到布里奶酪的启发，也有一些人认为卡蒙贝尔干酪是从同样产自诺曼底布雷地区的纽夏特奶酪（Neufchâtel）演变而来。

但是这个世代相传的故事可能并不准确，因为早在1791年以前，一种与卡门贝尔干酪十分相似的奶酪就已经存在。这种奶酪产自卡门贝尔市，但这也无法证明它就是今天的卡门贝尔干酪。直到1864年，巴黎至格兰维尔铁路的开通，才让卡门贝尔干酪发扬光大，并被传到巴黎，后来拿破仑三世将它带到杜伊勒里宫，卡门贝尔干酪由此被推广至整个法国。

1909年，诺曼底卡门贝尔干酪制造商联合会成立，那时距离一位名叫里德尔（Ridel）的工程师发明著名的卡门贝尔干酪包装盒已过去20年。直到1983年，诺曼底卡门贝尔干酪才取得原产地控制认证（AOC），产区规定自2017年5月1日起，由诺曼底芒什、奥恩、厄尔或卡尔瓦多斯的本地奶牛生产的牛奶在制作干酪的牛奶中需占比至少50%。这些奶牛每年的放牧时长需达到6个月以上。生牛乳制成的诺曼底AOC或AOP卡门贝尔干酪可以手工入模制作，单块干酪呈圆柱形，厚约3厘米，直径在10.5～11.5厘米，重量在250克以上。诺曼底AOC或AOP级别的卡门贝尔干酪每年总产量约为5000吨，而“产自诺曼底”的卡门贝尔干酪年产量可达6万吨，后者的生产方式无须遵循产区规定。

CAMEMBERT FABRIQUÉ EN NORMANDIE
DOMAINE DE LA VACHERIE
ETABL.ts ECONOMIQUES ROUENNAIS ET DE NORMANDIE
4042 Rue Préfontaine ROUEN (Seine Infre)

CAMEMBERT DE LA VALLÉE DE LA SCIE FABRIQUÉ EN NORMANDIE
MATIÈRE GRASSE 40% garantie minimum à l'extrait sec
LAITERIE COOPÉRATIVE D'AUFFAY A St DENIS SUR SCIE
Seine Inférieure

Camembert fabriqué en Normandie
45% M.G.
AFFINÉ DANS NOS CAVES RUE GROS HORLOGE
Robert EGLI, AFFINEUR à ROUEN

CAMEMBERT SUPÉRIEUR
MAISON PRINCIPALE
ROUEN
PETIT-QUEVILLY
GROS ET DÉTAIL

CAMEMBERT DE NORMANDIE
MAURICE HERGAULT
MOULINEAUX (Sne Inf)

GRANDE FROMAGERIE DE L'ORNE
CAMEMBERT EXTRA
GRAND DIPLÔME D'HONNEUR PARIS 1897
4 MÉDAILLES OR & ARGENT
A. LESECQ
Seul Dépositaire LE HÂVRE

CAMEMBERT LE ROUENNAIS
QUALITÉ EXTRA-FINE
DÉPOT RÉGIONAL
ROUEN
MARQUE DÉPOSÉE
FABRIQUÉ EN NORMANDIE

VÉRITABLE
CAMEMBERT
DU
GROS BONHOMME
76E
FABRIQUÉ EN NORMANDIE
MATIÈRES 45% GRASSES

CAMEMBERT
EXTRA FIN
MAURICE HERGAULT & Cie MOULINEAUX (S.I.)

VÉRITABLE
CAMEMBERT
FABRIQUÉ en NORMANDIE
J. CANDIEU-ROUEN

CAMEMBERT FABRIQUÉ EN NORMANDIE
LA VICTORIEUSE
MATIÈRES GRASSES 40%
MARQUE DÉPOSÉE
Dépositaire à ROUEN
41, Rue du Vieux Palais

CAMEMBERT EXTRA-FIN
H. AVENEL - LE HAVRE (Seine Infre)

美食幕后

5位星级厨师的心爱美食

每天，他们都根据季节、当地文化和自身经历，为顾客制作料理。但当他们感到饥饿，想离开自己的餐厅去别处吃饭时，会去哪里呢？让我们跟随5位星级厨师开启充满乐趣的环法之旅。

塞巴斯蒂安·桑茹（Sébastien Sanjou）

梅因酒店（Le Relais des Moines）莱萨尔克

我很喜欢一道龙虾料理，比如，稍微煮过之后烤制的原味龙虾。我觉得这道菜非常有品位，细腻、美味而精致。那是我儿时前往南法度假的久远回忆，在我的故乡吃不到这种口味的食物。这也是促使我来到地中海沿岸发展事业的主要原因之一。

马修·维安奈（Mathieu Viannay）

布拉泽妈妈餐厅（La Mère Brazier）里昂

我最喜欢的一道菜是布莱斯烤肉配土豆。这对于我来说是儿时的味道。这道菜中最让我喜欢的是烤鸡酥脆的外皮和柔软的肉质。

法比奥·布拉加尼奥洛（Fabio Bragagnolo）

卡萨戴玛酒店（Casadelmar）韦基奥港

在我心目中无可取代的一道菜是巴卡莱鳕鱼配玉米粥。这道菜是我家代代相传的美食。对我而言，它代表着一家人围坐在一起，边吃饭边交谈欢笑的场景。我将这道菜同怀旧情结联系在一起，因为它让我回想起一些特别的美好时刻。

迪亚戈·德尔贝克（Diego Delbecq）

罗索餐厅（Rozo）里尔

我喜欢吃优质的土耳其烤肉。街头美食令我感到放松，但要真正做好土耳其烤肉并不容易，肉需要腌制得恰到好处，还要配上好吃的面包。每周六营业结束后，我都会带着团队一起去吃土耳其烤肉。

杰基·里伯（Jacky Ribault）

毛熊餐厅（L'Ours）温森斯

在我小的时候，每次和父亲一同出门购物，我们都会挑一些高品质的沙丁鱼。鱼的个头不能太大，外表要有光泽且平整，肉质要新鲜，最好是刚刚从水里捕捞起来的。我的父亲负责烹饪。沙丁鱼的味道和香气让当时的我无比快乐。如今我会在平底锅中加一小块棕色黄油煎鱼，加入少许苹果醋和盐之花，做出的沙丁鱼非常美味。

罗索餐厅（Rozo，米其林一星）/布拉泽妈妈餐厅（La Mère Brazier，米其林二星）/毛熊餐厅（L'Ours，米其林一星）/卡萨戴玛酒店（Casadelmar，米其林二星）/梅因酒店（Le Relais des Moines，米其林一星）

不同寻常的葡萄收获方式

焦虑和喜悦并存的葡萄收获期是葡萄种植者生活中的重要时刻，其决定了一整年的工作成果。葡萄的收获年复一年，但又各不相同，有些地方的葡萄收获方式非常特别！

收获时节不可避免地会让人联想起“鼓乐”“抖肩舞”等欢庆场景。在为一年劳作画上欢乐句号的同时，您是否知道在奥弗涅，人们会全身赤裸着收葡萄？从2017年起，皮埃尔·德肖斯（Pierre Deshors）会邀请天体主义者前往他位于多姆山克雷斯特的皮埃尔城堡庄园（la Tour de Pierre）一起收葡萄。采摘者们和昆虫一样裸露着身体，有时还会冒雨采摘，与大自然完全融为一体。这场活动组织严密，并得到了法国天体主义联合会的支持和当地政府的授权许可。

其他地区葡萄收获的气氛则完全不同：在阿尔萨斯大区的上莱茵省，采摘地点位于朗让的山坡上，采摘者在这里变成登山者！葡萄园的坡度可达45～55度，采摘者需要通过绳子将自己固定住，并在腰部挂一个桶。这些如同运动健将一般的采摘者丝毫不能放松自己的注意力，因为和世界其他很多地区一样，葡萄藤可能攀缘到15～20米的高度。是的，你没有看错！葡萄的天然状态是藤蔓，其环绕在有数百年历史的树干，如今在意大利和葡萄牙还能看到这样的葡萄树。从前的采摘者们不得不踩着梯子，爬到高处进行采摘。这种令人惊讶不已的采摘方式如今已罕见！

世界上鲜为人知的葡萄酒和葡萄产区

除了那些以葡萄酒闻名的国家，还有很多不常见甚至令人难以置信的葡萄产区，当地的葡萄在极端气候条件下生长。让我们一同漫步于其中一些产区，感受人类强大的冒险精神。

每当人们想起挪威，并不会立刻想到葡萄酒。但当地的确出产葡萄酒！尽管气温较低，在距离奥斯陆2小时车程的泰勒马克还是种有葡萄。当地的纬度高达59度，种植了索莱丽（solaris）、隆朵（Rondo）和列昂蜜乐（Léon Millot）等耐霜冻品种。

西非地区昼夜温差大，葡萄在极端气候条件下生长着。尽管塞内加尔十分干旱，还有吃葡萄和白蚁的猴子，两个法国人仍在此开启了疯狂的挑战，他们种植了2公顷的歌海娜（grenache）和1公顷的多品种试验田，生产猴面包树葡萄酒（Clos des Baobabs）——一种果香四溢的红葡萄酒。

接下来让我们前往缅甸，一片极少种植葡萄的土地。在那里，热带气候对葡萄种植造成的不利影响会随着海拔的升高得到削弱。缅甸第一个葡萄庄园的所有者艾莎亚（Aythaya）正是在东枝地区的山坡上以及东北部掸邦的红山上开垦葡萄园。在日本山梨县的富士山脚下，当地人用甲州葡萄（Koshu）生产一种带有涩味的干白葡萄酒，这种酒如今已小有名气。近几年，日本当地的葡萄品种也得到了发展，与国际上和美洲地区常见的葡萄有所不同。

在古老的欧洲大陆，一些曾被遗忘的葡萄品种也重获新生，葡萄品种有多样化发展的趋势，因此受到葡萄酒爱好者的追捧。例如在威尼泰泄湖中央的圣埃拉斯莫岛上，奥尔托庄园（L'Orto）土地肥沃，一直被视为名贵葡萄品种的绝佳产地。托伦则（Thoulouze）一家在这里种植着玛尔维萨（malvoisies istriana）、菲亚诺（fiano）和维蒙蒂诺（vermentino）等葡萄。威尼泰的奥尔托庄园在潟湖中央传承着白葡萄酒的传统，精心制作口感上乘、品质完备的年份酒。

其他鲜为人知的葡萄：拉脱维亚萨比莱的葡萄园被吉尼斯世界纪录评选为全世界最北端的葡萄园！萨比莱的葡萄种植历史悠久，起源于16世纪。

接下来我们将前往一个常在自然风光明信片上出现的地点，当地的葡萄与常见的品种差距很大。绕过大溪地的葡萄园，我们来到土阿莫土群岛中央的伦吉拉环礁，那里有一片人迹罕至的葡萄园。如今，历经多年的开发与试验，多米尼克·奥罗伊（FDominique Auroy）的安贝尼达西庄园（Ampélidacées）已拥有占地6公顷的有机葡萄园，年产约3万瓶白葡萄酒（干白及甜白），以及少量桃红葡萄酒。葡萄酒品牌“珊瑚白葡萄酒”（Blanc de Corail）、“岛礁精酿”（Clos du Récif）、“胭脂桃红”（Rosé Nacarat）都会让人联想起这个如天堂般美丽的地方。世界到处都是宝藏，葡萄的适应性如此之强，我们对世界葡萄园的探索还远未结束！

M

意大利

Italie

意大利面&各式面食

热那亚共和国时期的大贵族会用木雕印章将家族标志印在圆盘形意面——压花圆面（corzetti）上。意面被当作家族标志的载体，由此可见其在意大利的重要性。

意大利面的种类繁多，有超过250种。一些厨师喜欢在菜单上罗列出各式意面，如那不勒斯海岸伊斯基亚岛丹尼之家餐厅（Danì Maison）的主厨尼诺·迪·科斯坦佐（Nino di Costanzo）。他为顾客提供种类丰富的面食料理。

在意大利，我们有无数的面食可以选择。有长面条、短面条、光滑的面条、粗糙的面条、干面条、新鲜面条……根据所处区域的不同，每种面条的大类还会细分出很多种类。长面条可以是细面，如卡佩利尼（capellini）、意式长面条（spaghetti）、意式细面（vermicelli）等；也可以是粗面，如斯帕盖托尼（spaghettoni）、比戈利（bigoli）、意式圆面（pici）、空心粗面（bucatini）等；除了圆柱形意大利面，还有方形意大利面，如吉他面（chitarra）；也可以是扁形面，如意式宽面条（fettuccine）、意式千层面（lasagne）、意式扁面条（linguine）、意式大宽面（pappardelle）、意式干面（tagliatelle）、意式细扁面（trenette）、比措琪里面（pizzoccheri）、波浪意面（mafaldine）等。不同形状的意面并不是偶然为之。

> “在意大利，我们有无数的面食可以选择。有长面条、短面条、光滑的面条、粗糙的面条、干面条、新鲜面条……”

例如，空心粗面为中空结构，它比意式长面条略粗，能让液体从中流过，从而更容易煮熟。每种形状的意大利面都有对应的酱汁。短面条家族包括意式水管面（cannelloni）、意式通心粉（macaroni）、意式粗管面（paccheri）、意式波纹粗通心粉（rigatoni）、意式螺旋通心粉（tortiglioni）……还可以带有纹路，比如意式直通粉（rigate）、短坑纹直通粉（penne rigate）、意式通心面（manicotti）等。短面条的形状多样，包括蝴蝶面（farfalle）、花朵意面（fiori）、螺旋形的螺旋面（fusilli girandole）、卷边短意面（campanelle），以及贝壳状的贝壳面（conchiglie）、蜗牛意面（lumaconi）、烟管意面（pipe）等。

接下来便是干面条与新鲜面条的区别了。前者在意大利北部较为常见。它

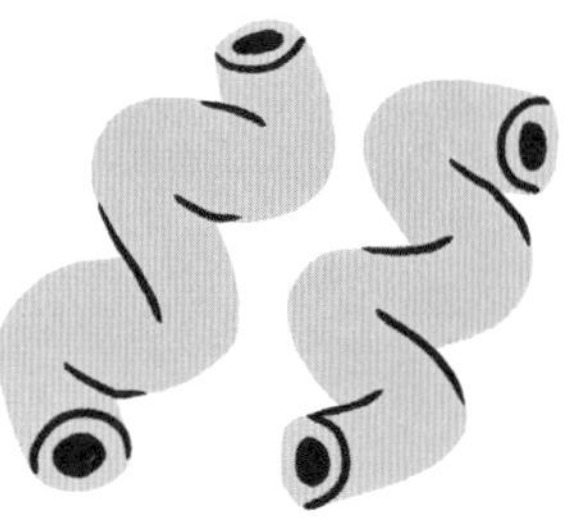

弯曲通心粉（CAVATAPPI）

星星意面（STELLINE）

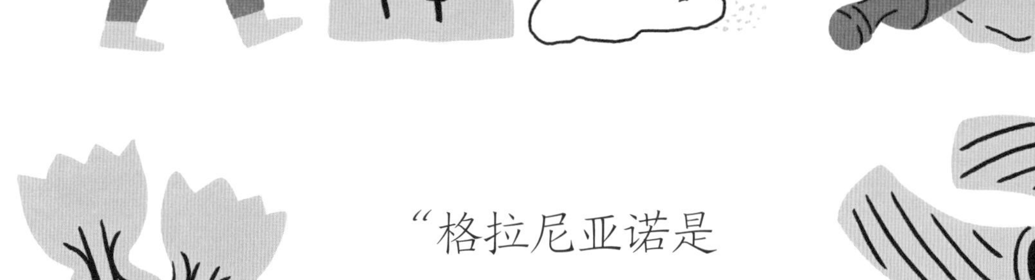

“格拉尼亚诺是世界公认的面食之都。”

蝴蝶面（FARFALLE）

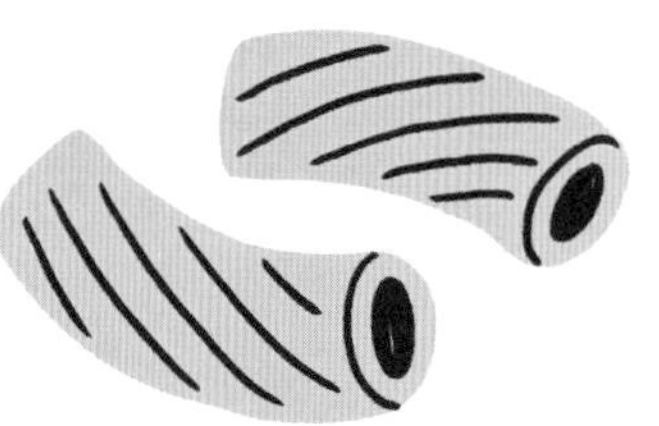

意式波纹粗通心粉（RIGATONI）

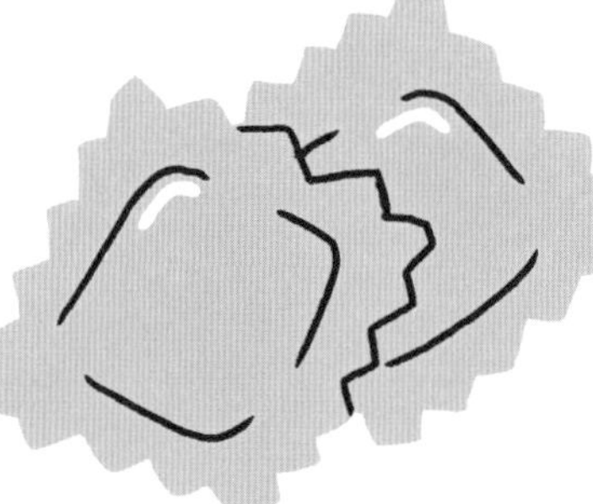

意大利饺子（RAVIOLI）

螺旋面（FUSILLI）

短坑纹直通粉（PENNE）

顶针面（DITALINI）

双旋意粉（GEMELLI）

由鸡蛋和新鲜小麦面粉制成。新鲜面条主要产自南部，较为罕见，制作时不加鸡蛋。普利亚大区的猫耳面（orechiette）和西西里岛的布西雅特螺旋长面条（busiate）均属于新鲜面条。在更北边的利古里亚大区，人们会制作特飞面（trofie）。意大利还有一种重要的传统汤面（in brodo），通常由新鲜带馅的意式馄饨（tortellini）和意式肉饺（agnolitti）制成。意面有时也会搭配意大利浓菜汤食用。

此外还有一些非常具有地域特色的面食，如牛肝菌裸麦子（fregole sardes），它是豌豆大小的球形，可按照制作烩饭的方式蒸煮或烤制。尽管意大利各地区的面食种类繁多，格拉尼亚诺却是世界公认的面食之都。它是第一个取得地理保护标志（IGP）的地区。优质的原材料、硬质小麦粉、矿物质较少的泉水、高质量的产品都让这一地区名声大振。制作面条使用的是青铜模具，而非特氟龙模具，这让面团质地更粗。根据意面形状不同，风干时间长达6小时至60小时。当地常有微风，气候适宜，制作优质意面的传统可追溯至16世纪。

牛角通心粉（CORNETTI RIGATI）

戈贝蒂通心粉（GOBETTI）

阿尔巴松露

白色钻石

在意大利，人们从不会拿白松露开玩笑。每年10月至次年1月底，皮埃蒙特地区的山丘都会掀起一场白松露的“捕猎”行动。

这种表面凹凸不平、布满纹理的圆形作物充满泥土气息，多为白色或米色，有时也会略带粉色。阿尔巴镇是这一昂贵块菌科植物的主要产地，根据其稀有程度、品质和重量的不同，每千克售价最高可达约7000欧元。在每年10月中旬举办的传统拍卖仪式上，一些来自迪拜或香港著名家族的富有买家进一步推高了白松露本就高昂的价格，使其成为全球极珍贵的食材之一。

阿尔巴松露稀有且引人好奇。它隐藏在地下20厘米深的共生树种脚下，无法人工种植。松露所有者牵着自幼训练有素的猎犬，追踪香气的源头，仔细观察并小心挖掘。为防止偷窥，寻找松露的行动通常在夜间进行，松露挖出后的洞将被再次掩埋。这种难以捉摸的子囊菌纲块茎作物只能存活于潮湿的石灰质土壤中，生长在白杨树、垂柳、橡树或椴树的树荫下。若环境过于干燥，白松露便会消失不见！

独特的生长环境造就了白松露强烈而独特的香气。阿尔巴松露的味道与价格较为低廉的法国黑夏松露相去甚远，它的气味直击鼻孔和神经，并带有大蒜、牛肝菌、陈年帕尔玛干酪甚至蜂蜜和榛子的香气，香味穿透它多孔的薄薄外皮，从土壤中渗出。几个世纪以来，诞生了众多有关白松露的传说：由于白松露所谓的催情功效，古人将其视为众神的食物，并认为它是丘比特最爱的美食。中世纪时，传说女巫会在满月之夜吞下白松露。如今，人们认为改变白松露的形状是暴殄天物：在餐桌上，白松露通常以生食方式品尝，可被直接磨碎撒在扇贝或鹅肝饺子等菜肴表面，也可撒在美味的意面上。

朗格、罗埃罗和蒙菲拉托等葡萄酒产区的风景常出现在风光明信片上，这些地区于2014年被联合国教科文组织列入世界遗产，此举对于当地作物的发展非常有益，其他地区也希望得到自己应有的荣誉。意大利中部和阿夸拉尼亚的气候温暖、雨量充沛，山坡上种植了大量橡树和山毛榉，也盛产松露。其他国家也纷纷参与到这种块茎作物的交易中，克罗地亚就在挖掘伊斯特拉（Istrie）白松露。1999年11月，这种白松露甚至因为出产了最大的松露块创下世界纪录，单块重达1.31千克。

“阿尔巴松露的气味直击鼻孔和神经。”

慢食运动

蜗牛的生活并不轻松！这种带着红色外壳和警觉触角的腹足类动物是慢食运动的标志，这一运动旨在发展与地区特色相适应的美食，现已传遍世界各地。慢食运动开始于20世纪80年代的意大利北部城市布拉，最早由一群极端主义分子发起，他们拒绝接受资产阶级的普遍价值观，抵制罗马西班牙广场的著名快餐店。慢食协会于1986年在皮埃蒙特地区的小城市布拉创立，协会主席由记者卡尔洛·佩特里尼（Carlo Petrini）担任，如今70岁的他仍是全球慢食协会的主席，领导着160个国家的数千个慢食项目和数百万参与者。国际理事会下设国家分会，并设有1500多个各具特色的地方分支结构。法国慢食协会成立于1989年，致力于通过三项举措来保护生物多样性：保留食物本味、建立濒危食材在线名录、加强物种保护，同时采取一系列措施帮助种植者脱困、加强厨师间的联系、建立推崇本地食材的餐厅网络。慢食运动中发起了多次旨在维护生态饮食的游行，包括都灵每两年一次的土地母亲游行、布拉奶酪游行、热那亚慢鱼游行，丹佛慢食游行等。2004年在布拉附近的波伦佐成立的美食科学大学是第一所以通识课的形式进行食品系统培训的学校。以蜗牛为标志的慢食运动如今以更加坚定的态度继续追求美味、清洁和正确的饮食。

致敬古尔提埃洛·马尔切西的烹饪事业

法国有保罗·博古斯（Paul Bocuse），意大利有古尔提埃洛·马尔切西（Guatiero Marchesi）。出于命运的偶然安排，两位大师在短时间内相继陨落。2017年12月26日，古尔提埃洛·马尔切西与世长辞，2018年1月20日，保罗·博古斯逝世。这位意大利名厨始终牵挂法国，他在法国接受了厨师培训，还经常拜访皮埃尔兄弟和让·三胖（Jean Troisgros）。他于1930年3月19日出生于米兰的一个餐饮世家，1977年在故乡创立了自己的第一家餐厅。1986年，他成为首位摘得米其林三星的意大利厨师。他是意大利美食（cucina italiana，也被称作“新派意餐”）的代表人物，从传统的民间厨房中汲取灵感，也广泛借鉴设计、时尚、电影、音乐等各领域的元素，将味觉与美学融合。意式长面条沙拉、鱼子酱配细香葱、黑米、白米、黄米配藏红花等是他为我们留下的几道代表菜品。他曾用一句简单的话来总结自己的作品：“美即是好。”2010年，他主持成立了古尔提埃洛·马尔切西基金会，基金会延续他的使命，致力于推广伦巴第美食。他的理念影响了很多意大利的厨师，如阿尔巴多莫比萨店（Piazza Duomo）的主厨安立柯·克里帕（Enrico Crippa）、米兰克拉科餐厅（Ristorante Cracco）的主厨卡尔洛·克拉科（Carlo Cracco）、圣彼得罗奥尔默朵餐厅（D'O）的主厨戴维德·奥尔达尼（Davide Oldani）、米兰贝尔通餐厅（Ristorante Berton）的主厨安德烈·贝尔通（Andrea Berton）、都灵变化餐厅（Del Cambio）的主厨马特奥·巴罗内托（Matteo Baronetto）。大师永垂不朽。

多莫比萨店（Piazza Duomo，米其林三星）/克拉科餐厅（Ristorante Cracco，米其林一星）/朵餐厅（D'O，米其林一星）/贝尔通餐厅（Ristorante Berton，米其林一星）/变化餐厅（Del Cambio，米其林一星）

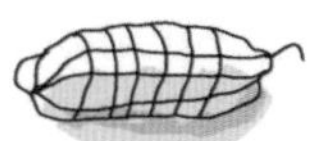

腌渍的艺术

意大利有21种原产地保护腌肉产品，而法国仅有4种。意大利人深谙腌渍的艺术，正如熟知但丁的《神曲》。

从科隆纳塔的猪油到卡拉布里亚的腊肠（soppressata），从圣丹尼尔的火腿到皮亚琴蒂那腌肉（pancetta piacentina），环意大利的猪肉制品之旅令人胃口大开。

意大利的盛宴遵循优雅的韵律。在前往帕尔玛参观火腿窖的路上，建议您在安提卡柯尔特波莱西内（Antica Corte Pallavicina）稍做停留。这是一座可爱的15世纪古堡，也是一家米其林星级餐厅，我们可以在此品尝餐厅老板斯皮卡罗利（Spigaroli）兄弟自制的吉贝罗火腿（culatello di Zibello）。这种帕尔玛火腿用当地黑猪肉制成，是一种无骨火腿，只保留最核心部分，用盐腌渍后装入猪膀胱绑扎，在潮湿的环境中阴干，以促进表面霉菌形成，这也是吉贝罗火腿特殊风味的来源。它不同于常规的帕尔玛火腿，后者的成熟需借助亚平宁山脉刮来的干燥风。圣丹尼尔火腿则需在意大利北部的弗里乌火腿窖中晾干。经过几个月的腌渍，放在盘中的各式火腿看起来区别不大，而帕尔玛圣丹尼尔火腿上的印记使其与众不同。意大利的生食火腿不仅局限于上述两种，您还应当品尝产自摩德纳、托斯卡纳、卡尔佩尼亚、威尼托贝利奇-尤加内的火腿，以及用产自山区的香料植物调味的奥斯塔山谷波西斯火腿（Bosses），上述所有火腿均已取得AOP（原产地保护）认证，此外还有诺尔恰或索利斯的烟熏火腿（以斑点闻名），以及烟熏猪头肉（amatriciano）。因此，“意式火腿”这个称呼有些太过笼统，它通常指代那些工业方式出产、品质低下的火腿。

您还需要了解如何从不同类型的培根（pancetta），以及咸味、胡椒味（或辣味）、风干猪胸肉中做出选择，它们通常以风干五花肉卷的形式售卖。皮亚琴蒂那腌肉（产自艾米利亚-罗马涅大区，是一种著名的风干猪颈肉）和卡拉布里亚腌肉都已取得AOP认证，需切成薄如新娘面纱的薄片享用。科隆纳塔猪油在托斯卡纳的卡拉尔大理石地窖中炼制，AOP品质的猪油产自奥斯塔山谷的阿尔纳德，需在正方体木盒中增香炼成。

让我们回到位于意大利南部的卡拉布里亚，当地有着悠久的猪肉加工传统，尤其以AOP认证的猪颈肉香肠（capocollo）闻名。它是北部风干猪颈肉的南部版本，当地还出产味道辛辣的萨拉米风味腊肠（soppressata，AOP），以及与西班牙香肠有相似之处的萨尔西恰香肠（salsiccia，AOP）。西西里岛内布罗迪出产的猪颈肉香肠尤为特别，它由野

> “帕尔玛的圣丹尼尔火腿上的印记使其与众不同。”

环游意大利

猪肉制品

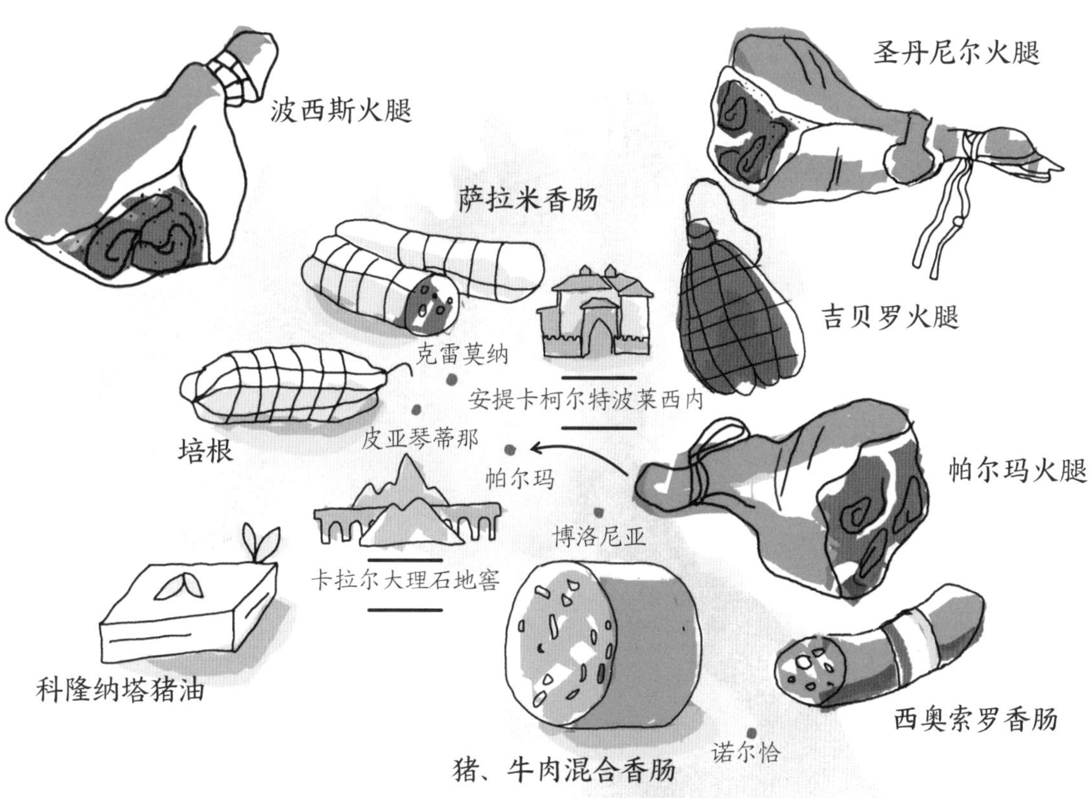

生黑猪的颈肉制成。此外还有一系列萨拉米香肠，例如质地柔软的克雷莫纳香肠，以及马尔什地区的西奥索罗香肠（ciauscolo），味道好极了！

最后我们再聊一下风干制成的猪、牛肉混合香肠，它在肉食店的案板上显得体积尤为巨大。它是博洛尼亚地区的骄傲，经常会被混入多种肉类（猪肉、牛肉、小牛肉甚至马肉）。各种肉被塞入牛膀胱中进行腌制，品尝时可在表面撒上开心果或橄榄。

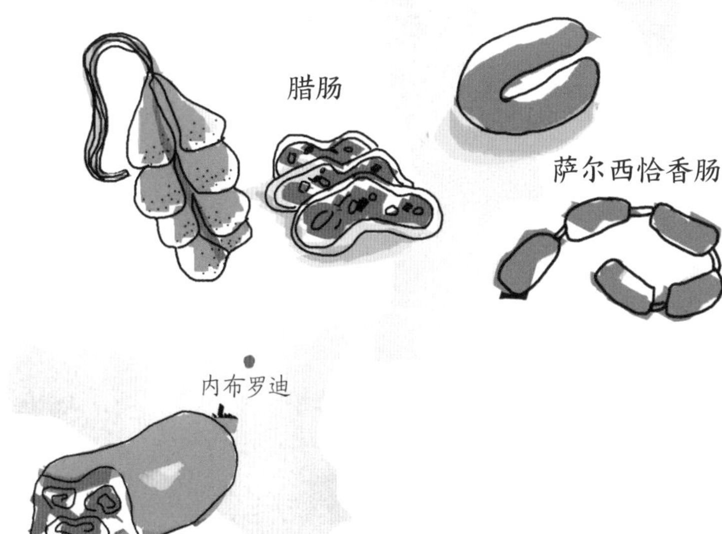

巴罗洛（Barolo）和巴巴莱斯科（Barbaresco）

意大利两大列级酒庄

从阿尔卑斯山口到有着炎热夏季的意大利最南端，葡萄在意大利各地区均有种植。意大利葡萄酒主要以红酒闻名，尤其是产自托斯卡纳的基安蒂葡萄酒（Chianti）。在世界各地，我们都能看到它被柳藤包裹的大肚瓶的身影。然而，想要品尝意大利最好的葡萄酒，您需要专程前往皮埃蒙特。那里种植着地区特有的古老葡萄品种内比奥罗（nebbiolo）。它是巴罗洛葡萄酒和巴巴莱斯科葡萄酒唯一使用的葡萄品种，这两种酒均已取得意大利原产地控制及保护认证（DOCG）。该认证需经意大利农业及林业部确定，并由总统亲自授予。极其严苛的要求推动着葡萄种植者精益求精。巴罗洛庄园的葡萄生长在富含石灰岩和砂岩的山坡上，海拔可达450米。巴巴莱斯科庄园则更靠南，当地气候更加温和，出产的葡萄酒也更柔和，味道没有巴罗洛葡萄酒强烈。但大牌葡萄酒会在细节上彰显神奇之处。正如勃艮第的气候成就了当地的葡萄酒，这两种酒也因顺应当地特点成为传奇。内比奥罗葡萄的神奇之处在于它能够保留丝滑的质感，并在木桶发酵过程中形成了烤制的香气。在巴巴莱斯科酒庄，内比奥罗需经过2年的酿造以达到最佳状态，而在巴罗洛酒庄，酿制时间还需再延长1年。此外，蒙塔奇诺·布鲁奈罗葡萄酒（Brunello di Montalcino）和阿玛瑞恩·瓦尔波利切拉葡萄酒（amarone della Valpolicella）也是意大利葡萄酒优秀酿造技术的体现。

> “想要品尝意大利最好的葡萄酒，您需要专程前往皮埃蒙特。”

米兰

乔亚（Joia）

米其林星级素食餐厅

乔亚餐厅的主厨彼得罗·里曼（Pietro Leemann）是位先驱者。1990年，他在米兰开了一家素食餐厅，6年之后餐厅获得米其林星级，成为全球首家米其林星级素食餐厅。您对这家餐厅主厨的第一印象可能是他是一个有远见的人，因为他预知了“素食主义”的发展趋势。但您若读过他的传记，便会知道现实并非如此。长时间以来对哲学的思考、有深度的精神追求以及对个人生活和职业之间平衡的渴望，促使他踏上探索东方和亚洲文化的旅程。这种沉浸式体验加深了他对日本料理、中国营养学和阿育吠陀饮食的理解。印度教也自然而然地成为他的信仰。在他看来，餐饮哲学需顺应自己的灵性。宗教中转世原则的基本主张是尊重生命。因此，素食之路成为必然选择。彼得罗·里曼曾在瑞士克里西耶接受弗雷迪·吉拉代（Frédy Girardet）的培训，并曾师从全球最有名的意大利厨师古尔提埃洛·马尔切西（Guatiero Marchesi）。他利用意大利蔬菜、香草、水果和香料创作菜单，并不断追求卓越，发挥无限创意。此举取得了巨大成功，并吸引众人效仿。

“他利用意大利蔬菜、香草、水果和香料创作菜单，并不断追求卓越……”

层出不穷的食品丑闻、过度食用肉类引发的对动物权益的关注，愈发表明彼得罗·里曼的选择是正确的。与此同时，他通过慢火反烤青洋葱挞、醋渍香葱草莓、刺山柑风味意式烩饭配芦笋、松露、胡萝卜、藏红花和植物黄油等菜品向最严苛的食客们证明，素食也可以是美味之选。更棒的是，乔亚餐厅为每把叉子都赋予了精神内涵。

乔亚餐厅（Joia，米其林一星）

精彩词汇

家乡的代表性美食

热那亚蛋糕是否发源于热那亚？
威尼斯肝脏真的产自威尼斯吗？
意式长面条是番茄肉酱味的吗？它是否产自博洛尼亚？
历史并不会告诉我们全部的答案。

博洛尼亚

博洛尼亚

在法国的意大利餐厅或在我们的家常餐桌上，肯定会吃到的一道菜品便是博洛尼亚长面条。这道菜与艾米利亚-罗马涅地区的首府博洛尼亚有关联吗？众多资料证明，这两者之间确实存在关联！其实在博洛尼亚，人们已经不怎么吃番茄肉酱长面条了（spaghetti alla bolognese），因为这种酱汁无法很好地附着在光滑的意面上，意大利人于是将长面条替换为更适合番茄肉酱的其他意面。于是，很多意大利人已经意识不到意式长面条与“博洛尼亚肉酱意面”（ragù alla bolognese）之间的关联了。博洛尼亚肉酱更多指代的是一种用番茄、肉类（牛肉或猪肉）、洋葱、西芹、帕尔玛干酪、橄榄油、盐、胡椒、月桂等食材制成的酱汁，每家餐厅都有自己的独特秘方。在意大利家庭中，人们也会认真地制作意面酱汁。

米兰

若您更偏爱米兰的意式烩饭，那么您做出了正确的选择！米兰的意式烩饭中加入了藏红花，该菜谱首次出现在1853年由菲利斯·鲁拉斯基（Felice Luraschi）所著《新式米兰菜》（*Nuovo cuoco milanese*）一书中，菜名为“米兰黄米意式烩饭”。

威尼斯

在威尼斯共和国时期，威尼斯肝脏是罗马帝国皇室的古老菜品，1790年，它的菜谱首次被弗朗切斯科·伦纳迪（Francesco Leonardi）记录在《现代画册》（*L'Apicio moderno*）一书中，当时这道菜由猪肝制成。如今，人们通常用小牛肝制作威尼斯肝脏，并加入基奥贾白洋葱、黄油、橄榄油、盐和胡椒，搭配玉米粥食用。

罗马

让我们绕道前往罗马，品尝意式小牛肉（saltimbocca），这一词汇的字面意思为“跳进嘴里”！这道菜将细腻的小牛肉、鼠尾草和生火腿结合在一起，是一道典型的罗马特色菜，但一些资料考证证明了其发源于布雷西亚。

帕尔玛

您吃过帕尔玛奶酪茄子吗？

多个地区都自称为帕尔玛奶酪茄子的发源地！这道菜中用到的茄子原产于意大利南部的那不勒斯、卡拉布里亚或西西里岛，16世纪才被引入位于意大利北部的帕尔玛地区。但那时的意大利南部并没有帕尔玛干酪！因此，这道菜的名字应该与帕尔玛干酪或帕尔玛都毫无关联，而是源于“帕米西亚”（parmiciana）一词的变形。这是西西里岛方言中的一个词语，意思是百叶窗木条，它的形状会让人联想到茄子的切片。

热那亚

最后让我们聊一下甜品。热那亚面包诞生于19世纪，一些历史学家认为是一名热那亚市的糕点师发明了这道甜品，当时的热那亚市已被拿破仑吞并。也有人认为我们如今吃到的热那亚蛋糕在19世纪由巴黎吉布斯特甜品店（maison Chiboust）的一位名叫弗伟尔（Fauvel）的糕点师创作。

美第奇家族对饮食的影响

> “不只食材和菜谱，餐桌礼仪也被引入法国，并延续至今。”

16—17世纪，强盛的美第奇家族相继诞生了两位法兰西王后。1533年，凯瑟琳·德·美第奇（Catherine de Médicis）嫁给了未来的法国国王亨利二世。这位生于佛罗伦萨的王后将家乡美食和意大利贵族的生活习惯带入法国皇室。这一时期法餐出现的变化被称作“法国餐饮革命”。她深深影响了宫廷料理，并将自己对菠菜、洋蓟、西蓝花等蔬菜的偏爱融入饮食体系。鸡肉丸、小牛肉以及多种甜品都在这一时期相继出现。千层酥皮、泡芙面团、马卡龙、小杏仁饼传遍各地，果酱也有了液体果酱和固体果酱两个版本——后者衍化为水果面团。法国宫廷中还出现了果冻、姜饼以及以塞萨雷·弗朗基帕尼伯爵（Cesare Frangipani）的名字命名的弗朗基帕尼杏仁蛋糕。人们还尝到了意大利冰激凌，它是由马可波罗在此前2个世纪从中国传入意大利的。

不只食材和菜谱，餐桌礼仪也被引入法国，并延续至今。凯瑟琳·德·美第奇的行李箱中带有两齿叉、单人份彩陶餐具和穆拉诺玻璃杯，而当时的法国还习惯于使用锡质、银质或镀金酒杯饮酒。之后，玛丽·德·美第奇（Marie de Médicis）嫁给亨利四世，她始终思念意大利，并继续将意大利饮食习惯融入法国宫廷料理，直到今天，它仍深深影响着法餐。

小酒馆

意大利各类型餐馆间的区别

比萨店

高档餐厅

> “好好吃饭，常常微笑，多多去爱。”

面饼在空中旋转着，泛出如同拉丁人皮肤的漂亮棕色。这种源自那不勒斯的比萨制作技艺，于2017年被列入人类非物质文化遗产。比萨饼的制作技术不只是民间传说，还是一项独特的技能，面饼做好后需放入烤箱，点燃木材进行烘烤。比萨最早用猪油和香料植物调味，诞生于16世纪的那不勒斯，如今从意大利最南端到北部的波河地区，我们都能在比萨店中品尝到比萨。从传统的玛格丽特比萨（由番茄、芝士、罗勒制成）到自创配方，地道的比萨店提供多个种类的比萨，且各具特色。并非所有比萨都是圆形的，店里也会售卖体型巨大的方形比萨，您可以将它卷起来，用纸包裹着拿在手中食用。

想要尝遍意大利所有的地方美食，您可在家庭厨房（trattoria）或小酒馆（osteria）的餐桌旁就座。随着时间推移，两者之间已基本不存在差异，它们都是在简单友好的环境中为宾客提供家常菜品的餐厅。家庭厨房通常由家族创立，食谱代代相传，主要供应当地特色美食：罗马的卡博纳拉意面（pasta alla carbonara，美中不足是不加奶油）、热那亚的青酱意面（polpettone alla genovese）、普利亚大区的西蓝花香蒜小耳面（orecchiette alle cime di rapa）、米兰的小牛腿肉（osso buco alla milanese）等。菜单通常被写在石板上，本地葡萄酒被装在长颈瓶中售卖，菜品价格也很实惠。小酒馆在过去曾是男人们聚会喝酒的地方，他们会将老板酒桶中的酒饮尽，也会借此机会大快朵颐，饭后再一起打牌，氛围类似咖啡馆。如今这种传统已不复存在，但小酒馆仍是一个气氛温馨的场所，并供应本地的葡萄酒和特色菜。一些小酒馆还会提供民宿服务。

安妮·费尔德（Annie Féolde）和乔治·平奇奥里（Giorgo Pinchiorri）的平奇奥里葡萄酒体验店（Enoteca Pinchiorri）位于佛罗伦萨。尽管它是一家有着一流酒窖的餐厅，却并不是意大利传统葡萄酒体验店（Enoteca）的代表。与法国的红酒吧类似，葡萄酒体验店在夜间招待葡萄酒爱好者品酒，同时提供各种开胃菜做搭配。时髦的啤酒吧（birreria）则会以差不多的方式向客人售卖多种啤酒。排队的人可能很多。您需要耐心等待，但这预示着菜品的味道会很好。

高档餐厅（ristorante）则是一个更时尚、优雅的场所，您在此可能会获得意想不到的或好或坏的体验。我们建议您避开那些过度揽客或著名旅游景点附近的餐厅。高档餐厅的菜品价格高于小酒馆或家庭厨房，但那里的服务更细致，菜品更考究精致，总之档次更高。

最后，早起的人可以站在咖啡馆或面包店门口，品尝卡布奇诺咖啡和可颂，那是一种涂有奶油、果酱或巧克力的可颂。边吃边感受意大利人的生活艺术：“好好吃饭，常常微笑，多多去爱。”（“Mangia bene, ridi spesso, ama molto”）

平奇奥里葡萄酒体验店（Enoteca Pinchiorri）

TRATTORIA

OSTERIA AI SCHIAVONI
OSTERIA AI SCHIAVONI

osteria pizzeria
cucina romana
bar caffetteria

ENOTECA

起泡酒

特伦托（Trento）VS 弗朗恰柯塔（Franciacorta）

意大利是普罗塞克（prosecco）的原产地，这种起泡细腻的白葡萄酒由当地葡萄品种格雷拉（glera）酿造，有时也会加入布兰切塔（blanchetta）、佩雷拉（perera）和维蒂索（verdiso）。意大利还是特伦托和弗朗恰柯塔两种起泡酒的原产地，前者产自意大利北部毗邻奥地利和瑞士的特伦蒂诺-上阿迪杰大区，后者产自相邻的伦巴第大区，伦巴第大区位于伊塞奥湖以南的贝加莫和布雷西亚之间，产区覆盖19个市镇。特伦托主要由意大利起泡酒领军企业——卢内利家族（Lunelli）的法拉利酒庄（maison Ferrari）酿造。在这个位于特伦蒂诺的葡萄酒产区，我们一定要向您介绍品牌创始人朱利奥·法拉利（Giulio Ferrari），是他引进了香槟酒的酿造技术以及这里原本没有的霞多丽葡萄。1993年，特伦托取得原产地控制认证（DOC），但那时它最广为人知的名字还是法拉利，因为“法拉利”在酒标上的字体比“Trento DOC”更醒目。弗朗恰柯塔则于1995年取得了一项更权威的认证——原产地控制及保护认证（DOCG），DOCG的认定标准比DOC更为严苛。朱利奥·法拉利的香槟酿造技术有一个多世纪的历史，而弗朗恰柯塔的酿酒技艺可追溯至1570年。当时有人说弗朗恰柯塔会“咬人”，这种说法十分传神。如今，只有一百多家厂商仍在生产和销售弗朗恰柯塔，包括企业口号为“追求卓越”的博斯克酒庄（Ca' del Bosco）。和香槟酒一样，弗朗恰柯塔用到的主要葡萄品种为霞多丽、黑皮诺和白皮诺（法国莫尼耶皮诺），这使得酿酒商得以生产包括天然香槟、白中白香槟、超天然干型香槟、超天然香槟、年份香槟、半干型香槟和桃红香槟在内的众多品类。总而言之，两者都质量上乘，特伦托无疑是一种优质起泡酒，而弗朗恰柯塔则被誉为“意大利的香槟酒”。

意大利鱼子酱

中国刚刚成为鱼子酱的最大生产国。而长期以来，意大利一直占据着这种黑色黄金产量的最高位置。1471年，在由巴托洛梅奥·萨基（Bartolomeo Sacchi）创作的第一本印制食谱书籍《光荣的喜悦与疾病》（*De honesta voluptate et valetudine*）中，就已提到了鱼子酱；1550年出版的《动物绘画》（*Création des animaux*）一书中，作者丁托雷托（Tintoret）为鲟鱼作画。从台伯河到波河、阿尔诺河，鲟鱼在意大利的所有洁净水域中均有繁殖。1998年，意大利开始禁止销售野生鱼子酱，此后养殖成为首选。当时意大利的鲟鱼养殖遥遥领先于包括法国、乌拉圭和保加利亚在内的许多国家，40年来，卡尔维修斯集团（Calvisius）在布雷西亚大区养殖了35万条鲟鱼，为蒙特梅拉诺的卡伊诺餐厅（Caino）等世界上最高档的餐厅供应鱼子酱，以满足食客需求。

—

卡伊诺餐厅（Caino，米其林二星）

美味糕点

卡诺里（cannoli）——西西里岛代表性甜品

西西里岛的糕点既美味又精致，做法通常很简单，食谱代代相传。

西西里岛的糕点成分看上去非常基础，但却丝毫不影响它们的美味。西西里岛加拉特里甜品店（Glaterie）售卖的塞满冰激凌的圆面包便是一个很好的例子。另一个不能错过的西西里岛糕点是卡诺里，也就是奶油煎饼卷，呈管状，面饼部分由面粉、葡萄酒、糖和猪油制成。之后面饼被切割成小圆片，一个个卷在木棍上用猪油煎制。煎制后的面饼口感特别酥脆。随后每个面饼卷中被填入打发的意式乳清奶酪，奶酪中加入了香橙果酱和糖霜。它的糖度很高，这是西西里岛甜品普遍具有的特点之一。卡诺里面饼卷中的意式乳清奶酪与另一个西西里岛代表甜品——卡萨塔（cassata）相同。这道甜品由一层海绵蛋糕和同样甜度很高的打发意式乳清奶酪组成，但不加香橙果酱。卡萨塔的模具内会填入一圈杏仁面团。甜品装入模具后，需放入冰箱冷藏片刻，使其凝固，随后脱模，撒上一层糖霜，用大量糖渍水果装饰。在西西里岛，每个家庭的节庆餐桌上都有卡萨塔的身影，它的诱惑令人难以抗拒。

“卡诺里的糖度很高，这是西西里岛甜品普遍具有的特点之一。”

400种奶酪

意大利，另一个奶酪之国

尽管法国拥有约1200种不同的奶酪，意大利对此也不必眼红。
从北到南，从大陆到小岛，意大利共有约400种奶酪，
其中很大一部分是意大利特有的悬挂式奶酪。

让我们从意大利最年轻、最具代表性的马苏里拉奶酪（mozzarelle）讲起。喜欢它的人们会说："Di giornata！"，意思是当天出产。马苏里拉奶酪刚出厂时状态最佳，富含乳清且质地多孔。几天之后，它就会变得形似乳胶，令美食家们无法接受。那不勒斯所处的坎帕尼亚大区是马苏里拉奶酪的主产区，水牛出产的牛奶被用于制作传统的AOP（原产地保护）级别的马苏里拉水牛奶酪。世界各地都在模仿这种奶酪的做法，东京或巴黎等大城市用奶牛出产的牛奶制作的马苏里拉奶酪也很受欢迎。在那不勒斯比萨饼师傅的手中，这种奶酪的味道可能会变得不易察觉。当马苏里拉奶酪中混入鲜奶油，就做成了普利亚特色的布拉塔奶酪（burrata）。马苏里拉奶酪有时被装在不同直径的圆形容器中，有时被装在编织篮里，也有时会经过烟熏加工。斯卡莫扎奶酪（scamorza）是另一种形式多变的奶酪，它的质地接近马背奶酪（caciocavallo），形似大梨，成熟期需要15天左右。摩纳哥波罗夫洛干酪（provolone del monaco）是斯卡莫扎奶酪的远亲，同属悬挂式奶酪家族。它也是梨形奶酪，重达2～3千克，成熟期需要数月时间，通常与帕尔玛火腿或圣丹尼尔火腿一起挂在杂货店的天花板上，令人印象深刻。

> “当马苏里拉奶酪中混入鲜奶油，就做成了普利亚特色的布拉塔奶酪。”

还有另一种形式的奶酪，也是意大利特有的，名叫帕尔玛干酪（Parmigiano Reggiano）。它的质地很脆，富含颗粒，可以磨成粉撒在意面上。它发源于帕尔玛大区，有人说帕尔玛火腿的味道之所以特别，是因为当地的猪会食用制作帕尔玛干酪留下的乳清。帕尔玛干酪由生牛乳制成，单块至少重达30千克，呈车轮形，需放入地窖熟成至少12个月。这时的帕尔玛干酪还稍显稚嫩，成熟期为24个月甚至36个月的干酪表现最佳。若使用当地特有的红奶牛的奶制作帕尔玛干酪，品质将超乎寻常！请不要将帕尔玛干酪与同属一个家族的哥瑞达-帕达诺干酪（Grana Padano）混为一谈，后者产自意大利北部，制作要求不那么严格。塔雷吉欧奶酪（taleggio）产自贝加莫大区，是意大利少有的需要清洗外壳的奶酪之一，就像法国马卢瓦耶干酪（maroilles）或利瓦罗干酪（livarot）一样。伦巴第大区出产的古贡佐拉奶酪（gorgonzola）也很有特色，它是意大利唯一带有湖蓝色霉点的奶酪。

意大利南部植被稀疏，奶牛将这片领土让给了羊等小型反刍动物。这里出产一系列佩科里诺奶酪（pecorinni）。其中已有五种取得了AOP认证，包括萨尔多奶酪（sardo）、罗马诺奶酪（romano）、托斯卡纳奶酪（toscano）、菲利亚诺奶酪（di Filiano）和西西里亚诺奶酪（siciliano）。它们的共同点是质地非常坚硬，味道浓郁、辛辣刺激。

意大利也有制作再煮奶酪的传统，如著名的里科塔奶酪就（ricotta）征服了全世界。在意大利北部，里科塔奶酪由牛奶制成，在南部则由羊奶制成。如果没有这种香甜的鲜奶酪，就无法做出任何时兴的美食。意大利的奶酪还没全部介绍完，布拉奶酪（bra）产自皮埃蒙特，布拉市每年都会举办本地生牛乳奶酪节（慢奶酪节）。布拉奶酪是一种经过压制的生奶酪，十分美味，质地或坚硬或柔软。1993年，布拉奶酪取得AOC认证（原产地控制），1986年取得了AOP认证。

皮佐洛（Pizollo）

一种不能与比萨混淆的美食

在锡拉库萨，更准确地讲是在埃特纳火山脚下的索尔蒂诺，美食家们能品尝到皮佐洛——一种不能与比萨混淆的美食。

皮佐洛，西西里方言称其为“皮佐路”，是西西里岛东部的主要街头小吃之一。虽然都是圆形，但皮佐洛从概念上和面饼成分上都与比萨饼大不相同。皮佐洛的面饼由粗小麦粉制成，更加原始天然。两张圆形面饼叠放，中间夹一层由制作者用时令作物制成的独家馅料，这便是皮佐洛的制作方法。馅料中包含蔬菜、肉类和奶酪。烤制后，人们会在表面淋一层橄榄油，然后撒上牛至叶。从其结构和发酵充分的面饼来看，皮佐洛更接近于佛卡夏（focaccia）。比萨的做法与之相去甚远，也更加简单：揉制发酵的面团并将其擀成面饼，在表面均匀涂抹一层番茄酱汁，接着撒一层马苏里拉奶酪，再铺几片罗勒叶，最后将整张饼放入木柴烤箱的底部烤制。2017年，那不勒斯比萨被联合国教科文组织列入文化遗产。最早的比萨是白色的（包含猪油），而番茄发源于美洲，直到发现新大陆后才被引入意大利。在那不勒斯，有很多人认为比萨需要油煎，他们将这种大饼放在油锅中烹饪。比萨师傅的手法精准，能将整张比萨饼轻巧地从锅中移出。

> “从其结构和发酵充分的面饼来看，皮佐洛更接近于佛卡夏。”

比萨

那不勒斯比萨 VS 罗马比萨

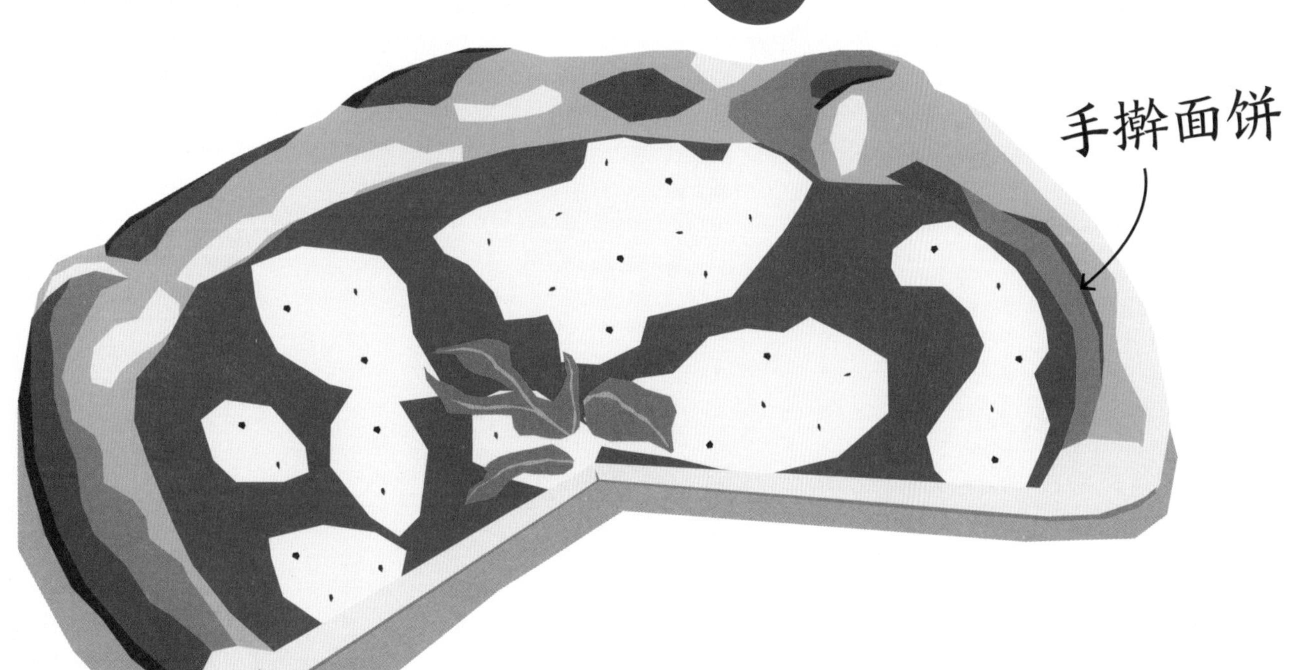

手擀面饼

厚实而蓬松的饼皮

其实两者之间无须进行真正的比拼。显而易见，那不勒斯比萨在第一局就以压倒性优势赢得胜利。

顾名思义，那不勒斯比萨发源于那不勒斯。法庭路（Via dei Tribunali）位于大学城附近，那里挤满了比萨店。那不勒斯比萨被联合国教科文组织列入人类非物质文化遗产，因为它能够代表真正地道的比萨。那不勒斯地道比萨协会为当地比萨产业的发展保驾护航，该协会由那不勒斯商业和手工业办公室赞助，以确保在全世界范围内都能依照相关工序制作那不勒斯比萨。制作这种意大利美食珍宝需遵循严格的规范。首先，面饼必须手工擀制，形状规整，直径不超过35厘米。其次，面饼中央的厚度不超过3毫米，酥脆的边缘厚度不超过2厘米。最后，面饼必须放入485℃的木柴烤箱中烤制90秒，以确保面团的韧性，一些人由于环境受限，也会用电烤箱进行烤制。罗马比萨则无须遵循如此严苛的规定。它的面饼更薄，口感酥脆的边缘更窄。它们的共同点是表面的馅料都很多。

近年来，一些知名的比萨店会使用带有DOP认证（原产地保护，法语为AOP）的食材制作比萨，以满足消费者越来越严格的需求。

山地美食

阿尔卑斯美食之城

圣卡夏诺

圣卡夏诺（San Cassiano）位于靠近地中海的山区，属于博尔扎诺省。
阿尔卑斯美食与地中海料理在这里交融。

圣卡夏诺所在的地区并不是亚平宁半岛最出名的区域。在取得区域自治权之前，很长一段时期里，它都归意大利的北部邻国奥地利管辖。那里的人们会说德语、意大利语和列托罗马语（一种由欧盟认可的少数民族语言）。南提洛尔、上阿迪杰、博尔扎诺，尽管那里的地名会随着历史变迁发生变化，但当地由壮观白色巨岩造就的独特风景却始终如一。日落时分，这些尖锐耸立的石灰质高山似乎变成了粉红色。到了春季，冰雪消融，森林和草原重见天日，整个山脉又将被绿意笼罩。

当地美食与完美的自然风光相得益彰，并融合了奥地利和意大利的风味。山区的餐厅供应着各式猪肉制品和天然奶酪。烟熏火腿（speck）是一种生火腿，盐腌和烟熏的过程结合了意大利南部和北部的食品保存技术，之后在山间自然风干。人们会将其放在黑面包片上食用，佐以土豆或酸菜。它可用于制作火腿肉丸（canederli，又名knödel），这一料理是意式土豆团子（gnocchi）的变种，由火腿加上面包糠和奶酪制成，有时也会加入菠菜或山野菜。东方饮食的影响也催生了甜菜饺子（casunziei ampezzani），在半月形的饺子中包入甜菜或红萝卜以及烟熏乳清奶酪，煮好后在表面撒一层烟米籽和本地干酪。

“我用大山做料理”，诺伯特·尼德科夫勒常常如此说。

白色巨岩脚下的夏季牧场是奶牛们的天堂。那里有一连串的山峰：阿尔姆卡斯峰（Almkäse）、伯格卡斯峰（Bergkäse）、鲍尔恩卡斯峰（Bauernkäse，又名lagundo）、格劳克塞峰（Graukäse）、什格卡斯峰（Zigerkäse）……这些山峰的德语名字表明，这里的美食也和山峰一样，兼具奥地利和瑞士的特点。甜品也是如此，在高山牧场的餐厅，人们能品尝到红色浆果挞；在雪山脚下，则能吃到极具欧洲中部特色的奥地利苹果卷（Apfelstrudel）。诺伯特·尼德科夫勒（Norbert Niederkofler）的圣休伯图斯餐厅（St. Hubertus）位于圣卡夏诺，餐厅供应充满乡村气息的当地美食，所用食材皆采自山区。诺伯特的第一个梦想是前往米兰、伦敦、纽约等地完成环游世界的美食发现之旅，第二个梦想是穿上主厨的制服，于是这位在白色巨岩下长大的孩子又回到了家乡。他凝视着故乡的山脉，意识到这片群山将是不竭的美食宝库。他的第三个梦想将通过菜园里的蔬菜和香草、森林里的野花和水果、河流里的鱼以及牧场出产的肉类实现主厨的梦想。“我用大山做料理”，诺伯特·尼德科夫勒常常如此说。他制作的菜品包括羊肉野蒜意式烩饭、奶饲猪肉、越橘烩牛舌、花园蔬菜拼盘等，品种丰富且非常新鲜。

圣休伯图斯餐厅（St. Hubertus，米其林三星）

斯普利茨鸡尾酒、美国佬、内格罗尼……

苦涩的开胃酒

意大利人熟练掌握制作开胃酒的技艺。走出办公室，他们便会在餐厅露台上就座，搭配几碟火腿、布拉塔奶酪和橄榄，品尝用漂亮玻璃杯盛放的美酒。

在这里，人们不喝甜味朗姆酒，意大利人更偏爱另一种口味——苦味。在意大利，苦味才是王道，每个人都爱喝不加糖的浓咖啡，每个村庄都有自己的苦杏仁酒（ameretto）配方，这种酒由苦味植物浸泡制成，菲奈特-布兰卡（Fernet-Branca）便是意大利人依据19世纪药典制作的苦味酒。众所周知，苦味会刺激胆汁分泌，有助于促进消化和清洁器官。

开胃酒界苦酒称王，并不令人意外。过去10年间，荧光橙色的斯普利茨鸡尾酒（Spritz）成为餐厅露台上的超级巨星。斯普利茨鸡尾酒是意大利的标志饮品，诞生于19世纪的威尼斯，由阿佩罗（Aperol，有时会被替换为金巴利酒）、普罗塞克（prosecco，一种起泡白葡萄酒）、气泡水、¼个橙子和冰块制成。斯普利茨鸡尾酒的名字源于德语动词“喷酒”（spritzen），由奥地利士兵创造，他们认为这种包含气泡水的意大利鸡尾酒度数太高。从那时起，配方不断精进，这种口感新鲜、色彩艳丽的鸡尾酒被传到欧洲的每个角落。斯普利茨鸡尾酒的盛名使同一家族的其他开胃酒显得黯然失色。美国佬鸡尾酒（americano）也是伟大的经典之作，诞生于同一时期的米兰传奇酒吧——金巴利咖啡屋（Caffè Campari）。这种用金巴利酒、甜苦艾酒和苏打水制作的最初被称作“米兰都灵鸡尾酒”，于20世纪初在美国人中流行起来，因此改名为美国佬鸡尾酒。在电影《皇家赌场》中，詹姆斯·邦德点了这款鸡尾酒，美国佬鸡尾酒迎来高光时刻。最后，在19世纪的佛罗伦萨，卡米洛·内格罗尼伯爵（Camillo Negroni）厌倦了他在卡西尼咖啡馆（Cafe Casoni）惯用的美式咖啡。在伦敦品尝过金酒后，他建议酒保将美式咖啡配方中的苏打水替换为金酒，内格罗尼鸡尾酒由此诞生！

“斯普利茨鸡尾酒的盛名使同一家族的其他开胃酒显得黯然失色。”

葡萄酒

普罗塞克（Prosecco）

普罗塞克曾受到老普林尼（Pline l' Ancien，1世纪罗马作家和博物学家）的盛赞，而直到20世纪它才开始迎来自己的高光时刻。取得DOC认证（原产地控制，等同于法国的AOC）4年后，2009年普罗塞克的全球销量超过了香槟。它不仅仅是一种瓶装起泡酒。首先，普罗塞克的工艺简单，价格低廉；其次，它不需要长时间的酿制；最后，它由多种葡萄酿造而成，其中最主要的品种是格雷拉（glera）。DOC品质的普罗塞克产自意大利东北部的阿索洛（Asolo），DOCG（原产地控制及保护）品质则产自科内利亚诺-瓦杜邦登（Conegliano-Valdobbiadene）。此外，普罗塞克核心产区卡提泽（Cartizze）还出产加气葡萄酒、起泡葡萄酒和不加气葡萄酒，从最干型到最甜型，各品种均有涉及。普罗塞克葡萄酒还可用于制作鱼类料理酱汁、意式烩饭中的汤汁、雪芭以及鸡尾酒。普罗塞克是一门艺术。

意大利香醋

这种质地浓稠的深黑色液体，味道是甜与酸的复杂调和，几滴就足以引爆口腔味觉。摩德纳或艾米利亚-罗马涅出产的香醋已在木桶中酿制了半个世纪，这些未来的调味料不断浓缩，味道一年比一年更强烈。开始酿造时的1升液体，到酿造完成时体积仅相当于一枚顶针。与传统的醋不同，意大利黑醋不是用葡萄酒进行醋酸发酵，而是直接由葡萄汁酿造的。葡萄汁是由摩德纳和艾米利亚-罗马涅地区的葡萄新鲜榨取，葡萄品种主要包括蓝布鲁斯科（lambrusco）、安塞罗塔（ancellotta）、特雷比奥罗（trebbiano）、赤霞珠、萨维塔（sgavetta）、斯佩哥拉（spergola）、玛泽米诺（marzemino）和科尔蒂瓦蒂（coltivati）。首先加热葡萄汁，直至液体浓缩为原来体积的⅓。之后将浓缩葡萄汁倒入第一个开放式橡木桶中，进行醋酸发酵。按照酿造西班牙雪莉酒（Jerez）的索莱拉系统（solera）[注]的原理，人们会将橡木桶中的一半液体倒入另一个体积较小的樱桃木桶中，然后再分几次分装进体积更小的桶，依次类推，最后一个小桶中的液体将进行长达12～50年的熟化。这个系统的循环永无止境。每当第一个桶中的液体剩余一半，就会被注入新鲜的液体，并保持液体总量占木桶容量的⅔。摩德纳和艾米利亚-罗马涅地区的传统酿醋技艺已取得AOP认证（原产地保护）。摩德纳的醋还取得了IGP认证（地理标志保护），口味较为清淡，它是由葡萄酒醋以及经过煮制和木桶熟成数月的葡萄汁混合后装瓶。市场上还有一些非常规的香醋，它们没有固定的产地，比如一种由普通调味醋和焦糖混合制成的香醋，它与坎内托苏洛廖村（Canneto sull' Oglio）圣提尼家族（Santini）出产的香醋没有任何关联。

圣提尼家族并非酿造香醋的厂商，而是一家餐厅的经营者。他们的帕斯卡托莱餐厅（Dal Pescatore）供应自产香醋，大厨会在制作藏红花烩饭时使用这种香醋。

——

帕斯卡托莱餐厅（Dal Pescatore，米其林三星）

【注】索莱拉系统是一种用于熟成雪莉酒的系统。该系统由多层酒桶组成，最顶层的酒桶装的是最年轻的酒，越到底层的酒桶装的酒陈年时间越长。当最底层的酒被抽出装瓶，倒数第二层的酒就会注入最底层的酒桶，倒数第三层注入倒数第二层，依次类推。如此一来，年轻的酒液和陈年较久的酒液不断混合，最终得到的雪莉酒风格和品质也就较为稳定和一致。

意式烩饭的艺术

香波城堡和意式烩饭之间有什么关联？

莱昂纳多·达·芬奇不仅设计了卢瓦河畔著名的香波堡，还参与了波河平原稻田的规划工作。这些稻田分布在韦尔切利、诺瓦拉、帕维亚和米兰，以及费拉尔、满都亚和维罗纳等省区，构成了独特的风景。

意式烩饭历史悠久，也引起了人们的重视，即大多数意大利水稻产区都已取得原产地保护认证（AOP或IGP）。

意式烩饭的历史似乎可以追溯至中世纪的西西里岛，伦巴第大区的水稻种植源于意大利的南北贸易。1574年，经典的米兰藏红花烩饭首次出现在一位米兰玻璃手工艺人的女儿的婚礼上。为了向这位玻璃手工艺人致敬，婚礼上供应藏红花米饭，因为藏红花是他平时用于玻璃上色的染料。那时这种米饭被称作"里索"（riso），"意式烩饭"（rissoto）的叫法直到20世纪后半叶才出现。

意大利大米属于粳米，颗粒短小，富含淀粉（长粒大米属于籼米）。意大利最著名的大米品种是颗粒大小适中的艾伯瑞欧（arborio）；卡纳罗利（carnaroli）颗粒较大，吸水性强，因此备受推崇；维亚洛（vialone nano）颗粒较小，主要用于制作海鲜烩饭；巴里拉（balilla）和马拉德里（maratelli）都是较为古老的大米品种；优质的巴尔米（baldo）和粉红马拉德里（rosa marchetti）通常采取有机方式种植。黑米则是近期才在意大利出现的品种：韦内雷米（verene）诞生于1997年，是意大利本地品种与中国黑米的杂交产物，2005年出现了籼米杂交品种阿特米德（artemide）。

有一句意大利谚语："大米生于水，死于酒。"制作意式烩饭的第一步是用黄油翻炒，在米兰，人们会加入牛骨髓，也可加入洋葱、青葱或大蒜。随后加入白葡萄酒，让大米湿润，再加入高汤，您可自行选择是否在水分收干的过程中加入藏红花。

加热中需要持续搅拌米饭吗？这一问题没有确切的答案。为了让米饭变成完美的天鹅绒般质感，只需途中不时翻搅数次。在威尼托大区，人们偏爱汤汁较多的米饭，让烩饭中保留多种不同质地；而在维罗纳地区，高汤必须一次性加入，让米饭质地更加紧实。经过15～18分钟的加热（不同地区对烹饪时间的看法不一），米饭外表呈奶油状，而米粒中央仍然有坚硬质感，此时便可以进入最后一道工序——加入黄油和帕尔玛干酪。表层的配菜可根据个人喜好而定，可用蔬菜、肉类、鱼等。接下来，意式烩饭需要趁热尽快上桌。若饭有剩余（一般不会剩饭），可用来制作调味饭团（arancini）、熟煎米球（suppli）或焗饭。

“大米生于水，死于酒。”

简易帕尔玛干酪意式烩饭

本菜谱由巴黎乔治五世大街四季酒店地中海风味乔治餐厅的主厨西蒙妮·赞诺尼（Simone Zanoni）创作。

4人份所需食材

意大利圆粒米（艾伯瑞欧、卡纳罗利、巴尔米……）350克

黄油 80克

干白葡萄酒 150毫升

无盐鸡汤 2升

鲜切DOP帕尔玛干酪碎 200克

盐、手磨胡椒 适量

制作步骤

1. 将米饭和少许盐混合，小火加热2分钟，随后开大火，加入一块榛子大小的黄油。加热同时用锅铲不停搅拌，直至每粒米饭都被黄油包裹，但不要上色。倒入白葡萄酒，继续加热至水分收干。
2. 一勺一勺地加入鸡汤，持续加热使水分蒸发。米饭中需始终留有少量液体，否则米饭可能烧糊，无法做出奶油质地。切勿调高温度，大米应保持恒温烹制。
3. 加热15分钟后关火。米饭中仍需留有少量汤汁。米饭开始降温时，淀粉便会吸收水分。当温度降至85℃时，加入剩余黄油，用锅铲翻搅，混入空气。温度降至78℃～80℃时，加入帕尔玛干酪，继续搅拌烩饭。当米饭、汤汁和黄油融为一体时，品尝味道，加入少许盐和胡椒。装盘。意式烩饭质地呈奶油状，但米饭仍然颗粒分明。

潘妮托尼（Panettone）VS 潘多洛（Pandoro）

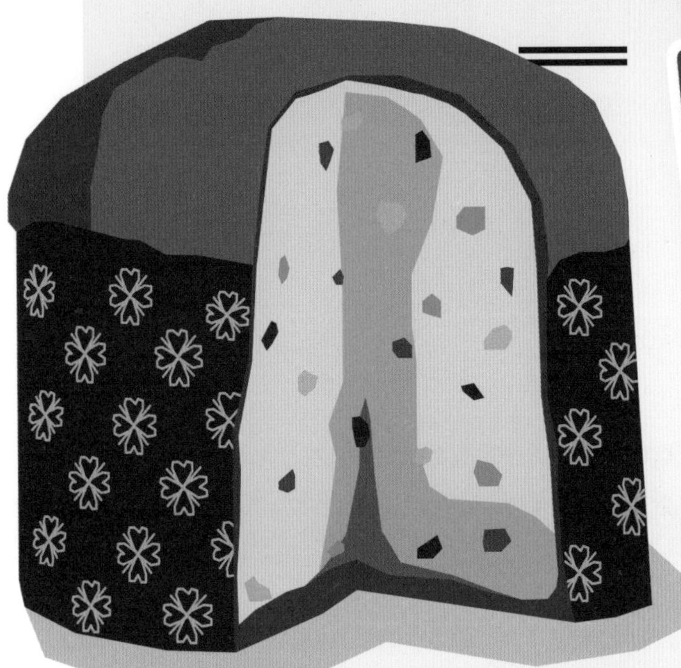

两者皆是圣诞节的专属糕点，除此之外没有任何相似之处。潘妮托尼馅料丰富，呈饱满的圆形；潘多洛优雅而精致，有文艺范儿。它们的主要差异存在于风格上，而不仅仅是诞生的时代上。前者可追溯至中世纪的伦巴第大区，后者则出现在19世纪。

1606年，潘妮托尼的名字得到明确，并被定义为圣诞节专属的大型糕点。20世纪初，在安杰洛·莫塔（Angelo Motta）的推动下，潘妮托尼实现工业化生产。从那时起，这种大型糕点的身影便出现在世界各地的超市货架上。此外，用精制酵母、大量黄油和优质原材料手工制作的潘妮托尼也带给人绝佳享受。这么说是有充分理由的。面团中加入天然酵母进行数天的发酵，其间揉制2～3次，最后放在圆形模具中进行最终发酵，使其形成特有的圆顶形状。它的内部被填入各种干果：葡萄干、糖渍橘皮、杏仁、榛子、糖渍栗子或巧克力。表面撒上大糖粒，再用漂亮的百褶纸包裹。面对这样光彩夺目的对手，潘多洛也不甘落后。它发源于罗密欧与朱丽叶的故乡维罗纳，香草味的面团口感细腻，没有任何花哨的装饰，八个角的波浪造型让它的横截面呈星形。潘多洛表面撒有糖霜，这一造型可能源自威尼斯地区表面撒有金粉的黄金蛋糕。潘多洛的质地比潘妮托尼更加紧实，人们会将它切片，涂抹冰激凌或马斯卡彭奶酪享用。潘妮托尼和潘多洛，谁更胜一筹呢？

两者并列胜出，它们虽然特色各异，但却同样美味。

主厨履历

安妮·费尔德（Annie Féolde）

意大利的法籍米其林三星女性主厨

有人认为成功的关键在机遇。大厨安妮·费尔德对此深信不疑，1969年，她来到佛罗伦萨，为一个家庭提供家政服务以换取免费食宿，却发现自己无法入职……接待家庭并未提前通知她，岗位已被他人取代。于是，这位来自尼斯的24岁女性决定在城区的一家餐厅担任服务生。她在那里结识了自己未来的丈夫乔治·平奇奥里（Giorgi Pinchiorri），夫妇俩创立了国民葡萄酒体验店（Enoteca Nazionale）。乔治负责酒类，安妮负责后厨，尽管两人都没有关于餐厅烹饪的基础知识背景，却将包括佛罗伦萨料理在内的意大利经典美食完美融入餐厅。

餐厅之后更名为平奇奥里葡萄酒体验店（Enoteca Pinchiorri），该餐厅于1982年摘得米其林一星，1983年获得二星，10年后获得三星，安妮·费尔德由此成为首位在意大利获此殊荣的女性。但他们的喜悦只持续了很短的时间，就在米其林宣布授予三星后的15天，餐厅酒窖中的10万瓶红酒因火灾化为乌有。安妮和丈夫并没有被打倒，他们重新投入工作，希望餐厅能恢复往日的荣光。她招聘了伊塔洛·巴席（Italo Bassi）和里卡多·蒙柯（Riccardo Monco）两名厨师。前者于2015年离职，而出生于1945年的里卡多则始终留在善良的主厨身边工作。安妮制作的提拉米苏声名远扬，甜品的食谱是从她的一位朋友处获得，她将提拉米苏变为餐厅乃至佛罗伦萨的招牌菜。如今餐厅菜单上已没有提拉米苏，但顾客在享用完龙虾尾、芥末菠菜西班牙冷汤、番茄面包、可可杧果胡萝卜炖鸽子配辣味酱汁之后，仍可以用奶油布丁、咖啡冰激凌、糖渍梅子、蛋白霜奶球、柑橘慕斯巴巴蛋糕、柠檬酒和杏仁奶油满足自己的胃口。

平奇奥里葡萄酒体验店（Enoteca Pinchiorri，米其林三星）

提拉米苏

8人份所需食材

用于制作蛋糕

T55面粉 125克
土豆淀粉 125克
蛋清 350克
细砂糖 250克
蛋黄 200克

用于制作马斯卡彭慕斯

淡奶油 500克
马斯卡彭奶酪 500克
鸡蛋 250克
糖 80克
吉利丁粉 30克
苦杏仁酒 20克

用于制作咖啡糖浆

浓缩咖啡 500克
甘露咖啡（kahlúa）20克
Trablit咖啡萃取液 10克
苦杏仁酒 15克

用于收尾工序

可可粉 适量

1. **蛋糕**：将面粉和淀粉过筛。蛋清加糖打发至质地紧实。逐步加入蛋黄，随后加入面粉和淀粉的混合物。用刮刀将面团平铺在烤盘上，入烤箱以180℃烤制15～20分钟。
2. **马斯卡彭慕斯**：所有食材必须保持低温。用电动搅拌器将所有食材混合，直至混合物呈慕斯质地。
3. **咖啡糖浆**：将所有食材混合。
4. **提拉米苏组装**：取一个大而深的容器，将蛋糕切割成数片，大小与容器一致。可根据容器深度取用3～4片蛋糕。在容器底部涂抹一层马斯卡彭慕斯，将一片浸透咖啡糖浆的蛋糕放在慕斯表面。再涂抹一层马斯卡彭慕斯，随后再将一片浸透咖啡糖浆的蛋糕放在慕斯表面。重复上述步骤直至食材用完，最后在表面涂抹一层马斯卡彭慕斯。表面撒大量可可粉。放入冰箱冷藏4小时以上食用。

食谱摘自西蒙妮·赞诺尼（Simone Zanoni）《我的意大利料理》（*Mon Italie*，La Martinière出版社，2018年出版）。

玉米粥

贫穷与技艺的产物

在意大利被视为穷人料理的玉米粥，登上了豪华的美食餐桌。

16世纪末，玉米种植在包括穆拉诺岛和托尔切诺岛在内的整个威尼斯共和国得到普及，伦巴第地区也种有玉米，之后玉米种植被推广至更多地区。最初玉米面和其他谷物混合在一起，被用于制作面包，之后被单独用来制作贫苦人民常吃的玉米粥。在彼得罗·隆吉（Pietro Longhi）的画作《玉米粥》中，我们能看到农民们围坐在食物旁的欢乐场景，如今这幅画作被保存在威尼斯的雷佐尼可宫。日常食用的玉米粥可以是冷粥，也可以是热粥，可搭配开胃小菜，可以用烤玉米片煮粥，也可做成甜粥。玉米粥的质地可以浓稠，也可以是乳状，根据玉米面粉的种类不同会呈黄色或白色。在威尼斯潟湖地区，人们最常吃用烤玉米片煮成的玉米粥，并搭配鱼类料理；而在贝加莫，人们会在甜味玉米粥中加入马卡龙碎、蛋黄碎、肉桂和黄油。如今，不仅意大利的大厨们会做玉米粥，法国大厨们也会做：雅典娜宫酒店（Plaza Anthénée）的阿兰·杜卡斯在乳状玉米粥中加入烤芝麻，美食家餐厅（Épicure）的主厨埃里克·弗雷雄会配上柔软的西蓝花，艾玛努埃尔·雷诺（Emmanuel Renaut）的盐罐餐厅（Flocons de sel）位于靠近意大利边境的梅杰夫，他将可丽饼、鸡汤和松露屑加入玉米粥中。

—

雅典娜宫酒店（Plaza Anthénée，米其林三星）/美食家餐厅（Épicure，米其林三星）/盐罐餐厅（Flocons de sel，米其林三星）

主厨履历

尼克·罗米托（Niko Romito）

从商科到烹饪

2013年，尼克·罗米托的位于桑格罗堡的里埃乐餐厅（Reale）摘得米其林三星。他的职业生涯不同寻常，40多岁才开始进入烹饪行业。曾在罗马取得经贸硕士学位的他，选择放弃自己的事业，继承父亲的衣钵。他的父亲在位于阿布鲁佐的里维桑多利开了一家糕点店，之后扩大为一间家庭厨房——里埃乐餐厅（Reale）。在姐姐克里斯蒂娜（Cristiana）的协助下，尼克·罗米托开始研究厨艺，他通过查阅书籍和参与课程来自我完善，并前往西班牙赫罗纳的罗卡之家餐厅（El Celler de Can Roca）进修。一个全新的故事由此开启。仅仅9年时间，餐厅便接连摘得米其林一星、二星和三星，其间他们将餐厅搬到了桑格罗堡附近的卡萨多纳，这里曾经是一间修道院。餐厅的另一个特点是，料理充满天然的田园气息，至少在外观上是这样。“土豆白面包”“洋葱配帕尔玛干酪和藏红花”“奶油柠檬盐焗牛胸肉”“帕尔玛干酪意面”，菜品的样子和菜单上的名字一样，没有任何人工修饰的痕迹。这种质朴的表象背后隐藏着艰辛的劳作，“迷迭香烤洋蓟”证明了这一点，因为单纯通过烘烤方式上色会使洋蓟本身的味道有所损失。很多时候食材的味道是需要通过人工添加才能得到提升。在“多即是少”的理念之外，大厨还有一个全新的理论：高端料理和平民美食之间并没有分界。这一理论被应用到尼克·罗米托的所有餐厅、培训学校、街头小吃店、斯帕奇奥食堂（Spazio）和彭巴快餐店（Bomba）中，也融入他儿时最爱的果酱馅饼中。尼克·罗米托是一位勇于探索无人之境的大厨。

—

里埃乐餐厅（Reale，米其林三星）/罗卡之家餐厅（El Celler de Can Roca，米其林三星）

外表坚硬的

马苏里拉奶酪

（Mozzarella）

Vs

内心柔软的

布拉塔奶酪

（Burrata）

虽然后者是由前者加工而来，

但这仍是两种不同的奶酪！

让我们一起弄清楚它们的由来。

马苏里拉奶酪是一种拉丝奶酪，在意大利包括坎帕尼亚、普利亚、卡拉布里亚等多个地区都有出产。为了制作马苏里拉奶酪，需要在牛奶中加入凝乳酶。牛奶凝固后被切碎，浸入温度足够高的水中。随后开始进行拉伸。拉伸是指将奶酪放入碗中，用木棍进行多次拉扯，直至奶酪质地光滑。拉伸完成后，便开始进行“马苏塔”（mazzata），这一词汇在意大利语中的意思是“切割”，即切成奶酪的最终形状。手工切割时，会在奶酪表面留下具有个人风格的印记。马苏里拉奶酪可用奶牛的奶制成。这种奶酪被称作“牛奶花”（fior di latte）或“奶牛马苏里拉”（mozzarella di latte vaccino）。只有用水牛奶制成的马苏里拉奶酪才有DOP认证（原产地保护）。这种奶酪的名称是坎帕尼亚马苏里拉水牛奶酪（Mozzarella di bufala Campana），因为它仅在距离那不勒斯不远的坎帕尼亚生产。

布拉塔奶酪则是由马苏里拉奶酪加工制成，同马苏里拉奶酪一样，布拉塔奶酪如今也已实现了工业化生产。最初，布拉塔奶酪是用前一天生产马苏里拉奶酪的边角料制作的，这些剩余的奶制品被包裹在一片奶酪中。从外表上看，布拉塔奶酪和马苏里拉奶酪有些相似。但将布拉塔奶酪切开后，它的内部质地要比马苏里拉奶酪柔软得多，更像稀奶油。布拉塔奶酪的内馅也可单独出售，并被命名为斯特拉西亚黛拉奶酪（stracciatella）。

莫迪卡巧克力

莫迪卡有着非常完整的巴洛克风格建筑群，这使其成为西西里岛优美的城市之一。它还有西西里岛另一个重要物产：莫迪卡巧克力（cioccolato di Modica）。16世纪，西班牙人入侵西西里岛。他们带来了可可豆以及从墨西哥的印第安人那里学来的巧克力制作技术。磨碎的可可豆被加热至35℃～40℃。这个温度的巧克力未经提纯，油脂也未被分离出来。人们会加入一些糖和肉桂、辣椒或肉豆蔻等香料，口味十分新奇。可可的味道浓郁而美妙，轻微的苦味增添了它的特色。巧克力的质地也令人惊喜，它比传统巧克力更易碎，糖形成的结晶也带来一些颗粒质感。几个世纪过去了，莫迪卡巧克力仍完全采用手工方式制作。2018年，这一传统美食获得了IGP认证（地理标志保护）。

美食真谛

卡博纳拉意面

（La Pasta Alla Carbonara）

这道起源于罗马的面食料理在意大利国外引发了一场真正的热潮。众多所谓的“意大利餐厅”都在制作这种添加了鲜奶油的意面。卡博纳拉意面的原始配方中其实完全不包含奶油。这道菜品所用到的食材只有面条、鸡蛋、风干猪面颊肉（guanciale）、佩科里诺干酪（pecorino romano）和手磨胡椒。除此之外再无其他。它之所以呈奶油质感，秘诀在于意面和鸡蛋的混合。鸡蛋需在沙拉碗中充分打发。将鸡蛋加入面条中时，面条的温度不能过高，否则鸡蛋会被直接煮熟，无法形成我们所期待的萨巴雍奶油般的质地。

卡博纳拉意面

4人份所需食材

意式长面条 450克

鸡蛋 3个

风干猪脸颊肉 150克（切成直径约0.5厘米肉丝）

佩科里诺奶酪碎 160克

白葡萄酒 100毫升

橄榄油 50毫升

盐和手磨胡椒 适量

1. 将风干猪脸颊肉切成肉丝，与橄榄油一同倒入平底锅中火翻炒。注意不能炒得过干。加入白葡萄酒。
2. 将意面放入足够多的盐水中煮熟。沥干水分，随后将煮过的意面倒入平底锅，搅拌均匀。关火。盖上锅盖，静置5分钟。注意面条不要炒煳。
3. 取一个足够大的沙拉碗（足以装下意面），在碗中打发鸡蛋，随后加入佩科里诺奶酪。根据需要加入适量盐和胡椒。
4. 接下来的一步至关重要。将风干猪脸颊肉意面倒入装有鸡蛋的沙拉碗，快速搅拌。鸡蛋在面条余温下刚好焖熟。鸡蛋轻微凝固，变为类似萨巴雍奶油的质地，并包裹住面条。若这一步骤没有成功，鸡蛋便会彻底熟透，变成类似煎蛋卷的块状。
5. 装盘时，在表面加少许胡椒，再撒一层佩科里诺奶酪碎。

食谱摘自西蒙妮·赞诺尼（Simone Zanoni）《我的意大利料理》（*Mon Italie*，La Martinière出版社，2018年出版）。

LE CREUSET

全球咖啡产业

咖啡在很多国家都有种植，但大部分产自以下五个国家：巴西、越南、印度尼西亚、哥伦比亚和埃塞俄比亚。

埃塞俄比亚是咖啡的发源地，那里的咖啡生长在海拔2300米的高原地带。当地在制作咖啡时，会举办一个持续数小时的宗教仪式。在咖啡的第二大生产国越南，人们在群山环绕的大叻地区种咖啡，当地人不仅饮用热咖啡，也饮用冰咖啡。意大利人钟情从高压热水中萃取的浓缩咖啡，而留尼汪岛的咖啡爱好者却偏爱过滤咖啡。

巴西咖啡的年产量可达1500吨

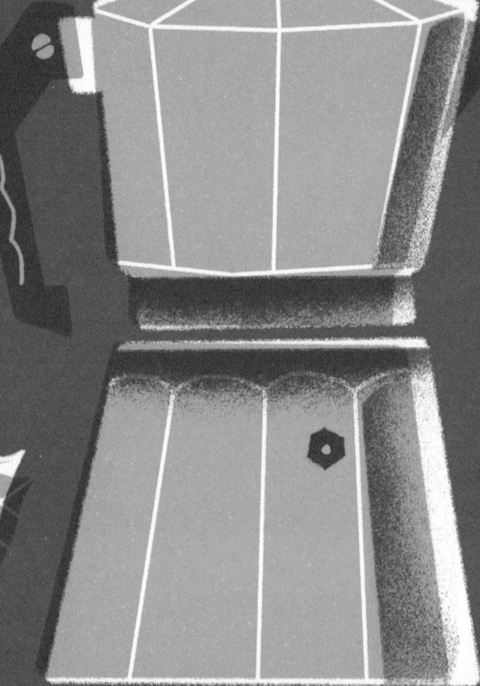

数百年来，波旁尖身咖啡（Bourbon pointu）是全球古老的阿拉比卡咖啡品种之一，它在2世纪日渐没落，2000年之后起又重新流行起来。它带酸味的香气和细腻的质感使其在咖啡鉴赏家眼中成为全世界优质的咖啡之一。波旁尖身咖啡的生产高度保密，年产量仅有1.5吨。而巴西咖啡的年产量可达1500吨，主要产自米纳斯吉拉斯州。

同样位于拉丁美洲的哥伦比亚以列级品质的阿拉比卡咖啡闻名，咖啡产区主要集中于该国西部。该地区被联合国教科文组织以“文化景观”列入世界遗产，以发扬和保护数百年来在条件艰苦的山区环境下种植咖啡的传统。牙买加的咖啡豆生长在海拔超过2000米的地区，此地主要出产口感十分柔和的“蓝山咖啡”。

印度尼西亚出产令人惊叹的猫屎咖啡，它从亚洲麝香猫的粪便中获取。咖啡豆被这种动物食用之后，在动物的胃中自然发酵。经过发酵后的咖啡豆带有榛子的香气，并且完全褪去了苦味。猫屎咖啡是世界上最昂贵的咖啡。

以歌剧为灵感的甜品

许多蛋糕或饼干其实是厨师偶然为之的产物，也有少数甜品以歌剧相关的名字命名。

巴普洛娃蛋糕（Pavlova）再次流行起来！新西兰和澳大利亚都自称是该甜品的发源地，并为此争论不休。这道甜品是以俄罗斯著名舞蹈家安娜·马特维芙娜·巴普洛娃（Anna Matveïevna Pavlova，1881—1931年）的名字命名，她因表演《天鹅湖》而闻名。惠灵顿宫的一名糕点师为她轻盈的舞步倾倒，故用蛋白霜、打发的奶油和自己喜欢的水果制作了这道适合大众口味的甜点。糕点师克里斯托弗·米查拉科（Christophe Michalak）用香橙和椰枣对其进行了全新演绎，而另一位糕点师扬·库夫勒（Yann Couvreur）则喜欢用栗子和柑橘。

埃斯科菲耶（Escoffier）为庆祝奥芬巴赫（Offenbach）的歌剧首演，创作了一道炖梨甜品，并用歌剧的名字《美丽的海伦》为其命名。之后，当他在伦敦萨沃伊饭店（Hôtel Savoy）工作时，他又为艺名奈丽·梅尔芭（Nellie Melba）的著名澳大利亚女歌唱家海伦·波特·米切尔（Helen Porter Mitchell）创作了蜜桃梅尔芭，向抒情艺术致敬。人们认为，埃斯科菲耶也是叙泽特薄饼（crêpe Suzette）的创作者。尽管叙泽特薄饼存在多种版本，但似乎是这位“国王主厨”及“料理之王”在服侍未来的英格兰统治者爱德华七世时，为迷人的法国戏剧演员苏珊娜·瑞切尔伯格（Suzanne Reichenberg）创作了这道甜品。最后让我们一起品尝有着深厚底蕴的歌剧院蛋糕，雷诺特餐厅（Lenôtre）和达洛语餐厅（Dalloyau）都与这道甜品有渊源。达洛语餐厅的糕点师西里亚克·加维永（Cyriaque Gavillon）以附近剧院上演的舞剧《小老鼠》为灵感，创作了歌剧院蛋糕。几年之后，加斯顿·雷诺特也创作了自己的歌剧院蛋糕，并声称自己才是这道甜品的创作者。最后，《世界报》于1988年认定，达洛语餐厅才是美味歌剧院蛋糕的首创！

M

西班牙&
葡萄牙

Espagne & Portugal

圣塞瓦斯蒂安的单人份小吃

圣塞瓦斯蒂安是西班牙巴斯克地区的美食之都，因著名的单人份小吃（pintxos）而闻名，这是一种可以用手拿着吃的面包小食，也是西班牙街头小吃塔帕斯（tapas）的巴斯克版本。在市中心的街道上，供应单人份小吃的餐吧通常开在一起，我们可以慢悠悠地一家家探访，品尝每一家的特色菜品。这种沿途挨个品尝小吃的行为甚至有个专属称呼：poteo。过去的人们在尝试各种小吃的过程中有个奇怪的传统——吃完后把餐巾直接扔在地上。餐吧里越拥挤，意味着小吃的味道越好！甘巴拉餐厅（Ganbara）位于圣杰罗尼莫大街（rue San Jerónimo），主厨何塞（José）和阿玛亚（Amaya）在这里为客人提供品种丰富的精致美食。餐厅的特色是蘑菇料理，主厨用热盘子的余温加热生蛋黄，再搭配牛肝菌。特色菜还有鹅颈藤壶、平底锅煎凤尾鱼、洋蓟蛤蜊等，配上精选的法国葡萄酒。与甘巴拉餐厅隔河相望的贝尔格拉餐吧（Bergara）以其原创的精致小吃闻名。经典菜品包括凤尾鱼玉米饼和阿约里耶罗鳕鱼（由腌鳕鱼、番茄、大蒜和各式蔬菜制成），以及鹅肝配杧果酱、鮟鱇鱼和虾配白葡萄酒香葱奶油、番茄焦糖洋葱腌鳕鱼等大胆的作品。这位小吃大厨对创新精神进行了完美诠释。

CARRASCO
-Guijuelo-
CHORIZO
CALAMAR
CHAMPIÑON
BROCHETA
FOIE
GERNIKA

西班牙

西班牙牛轧糖（Turrón）的历史及生产方式

牛轧糖起源于阿拉伯国家，由杏仁、蜂蜜和蛋清制成，它征服了整个安达卢斯（中世纪处于穆斯林统治下的西班牙）。西班牙版本的牛轧糖于15世纪在阿利坎特省诞生。最早关于西班牙牛轧糖的文字记载可追溯至16世纪，由著名演员兼编剧洛佩·德·鲁埃达（Lope de Rueda）记录，他还记录了最古老的牛轧糖食谱。当时的西班牙牛轧糖非常昂贵，是一种圣诞节期间的节庆美食。牛轧糖主要由希约纳、阿利坎特和瓦伦西亚的牛轧糖糕点团队制作。18世纪，来自美洲的蔗糖出现在牛轧糖食谱中。如今，有两种牛轧糖得到了官方品质认可：由整颗杏仁制成阿利坎特牛轧硬糖（turrón duro，小心牙齿）取得了AOP认证，希约纳牛轧软糖（turrón blando）取得了IGP认证。尽管工业化促进了牛轧糖的生产，很多地方仍使用代代相传的食谱和传统的生产方式：首先将蜂蜜煮熟，然后加糖和蛋清，最后加入去皮的烤杏仁。用木板不停翻搅所有食材，直至变为牛轧糖质地，再装入方形或圆形模具中（加泰罗尼亚地区取得IGP认证的阿格拉蒙特牛轧硬糖用圆形模具制成，随后被夹在两片蛋卷之间）。制作牛轧糖时，糖面团需要长时间搅动，以形成流动质地。牛轧糖是甜蜜的西班牙遗产，如今仍为众多大厨带来灵感，如科森泰纳市埃斯卡莱塔餐厅（L'Escaleta）的主厨纪扩·摩亚（Kiko Moya），以及德尼亚市的纪珂·达科斯塔（Quique Dacosta），他将一道大虾料理命名为“杏仁牛轧糖”，因为他是以杏花为灵感创作的这道菜品。

——

埃斯卡莱塔餐厅（L'Escaleta，米其林二星）/纪珂·达科斯塔餐厅（Quique Dacosta，米其林二星）

来自修道院的甜蜜

葡式蛋挞有着诱人的奶油馅和千层酥皮，是葡萄牙著名的甜品之一。但葡萄牙还有十余种传统甜食，15世纪时，来自殖民地的糖大量抵达葡萄牙港口，当地修道院于是开始制作各式甜品。当时修女们主要用蛋清给衣服上浆、制作圣体饼，由此产生了大量没使用的蛋黄，她们便试着用蛋黄制作甜品。上帝的面包（pão de Deus）、天使的头发（cabelo de anjo）、修女的肚子（barriga de freiras）、修女的吻（beijo de freiras）……修士和修女们用有限的食材发挥无限的创意，不同地区出产的甜食也存在差异。位于科英布拉的圣塔克拉拉修道院（monastère de Santa Clara）的特色甜品是用千层酥皮包裹的杏仁柠檬馅饼。里斯本地区的奥蒂维拉斯修道院（couvent d'Odivelas）的特产是天堂培根（toucinho do céu）——一种由糖和杏仁制作的甜品。用新鲜奶油和肉桂制成的酥皮馅饼吉哈拉斯（quijadas）产自辛特拉修道院（couvent de Sintra）。此外还有一些食谱与历史事件有关：1834年，在解散教会和没收教堂财产的法令下达之后，里斯本里耶罗妮米特修道院（monastère des Hiéronymites）被迫把葡式蛋挞的食谱卖给市里的一位商人，商人将其命名为贝伦蛋挞（Belem），并让它在国际上大获成功。

在阿斯图里亚斯品尝苹果酒

苹果酒不仅是一种饮品，更是一种传统，也是阿斯图里亚斯文化的象征。90%的苹果酒都被希洪、比利亚维西奥萨、纳瓦和西耶罗等地的消费者饮用，他们会在派对上畅饮苹果酒。为客人倒苹果酒时，需要从一定高度倒下，让液体冲击玻璃杯，使空气注入苹果酒，从而让酒中浮起泡沫。喝的时候可以一饮而尽，因为每次倒酒只会倒满杯底。但您最好还是为同伴留一口酒，因为当地有这样一个传统：朋友们共享一个酒杯，分享一些阿斯图里亚斯的特色小吃，比如菜豆汤（fabada）、有点硬但很美味的卡伯瑞勒斯蓝纹奶酪（cabrales）等。

西班牙冷汤（gaspacho）

这道发源于安达卢西亚的冷汤曾经是农民们的食物，但现在的它已与从前大不相同。

这道普通的菜品有时也会变得不同寻常。制作西班牙冷汤，仅需将熟透的番茄打碎，和橄榄油混合。人们会在汤中加入面包块、黄瓜丁、甜椒，有时也会加入洋葱。此外，大蒜、盐和醋的调和至关重要，正是这几种调料造就了地道西班牙冷汤所必不可少的略带甜味的酸度。一些大厨在尊重基本步骤的前提下积极创新，比如已摘得米其林三星的马尔贝拉的西班牙大厨丹尼·卡尔西亚（Dani Garcia），他将番茄替换为樱桃，并加入鲜奶酪和凤尾鱼。

西班牙冷汤

准备时间：20分钟

冷藏时间：1小时

4人份所需食材

乡村干面包块 500克

肉质厚实的熟番茄 1.5千克

小黄瓜 1个

红椒 1个

大蒜 2瓣

红洋葱 ½个，切片

孜然 1撮

橄榄油 100毫升

赫雷斯香醋（Xérès）3汤勺

盐、胡椒 适量

1. 将面包块放入锅中，加入100毫升冷水。静置浸泡10分钟，倒掉多余的水。保留2厘米长的黄瓜和2个红椒圈用于装饰。
2. 将剩余食材混合搅碎，逐步加入150毫升冷水，制成质地均匀的汤。放入冰箱冷藏1小时。
3. 将保留的黄瓜和红椒切成小丁。将冷汤倒入4个碗中，加入蔬菜丁和几滴橄榄油。加盐、胡椒。保持低温状态上桌。

衍生食谱：

番茄西瓜西班牙冷汤

将一半的番茄替换为等量的西瓜，按照上述步骤制作。

食谱摘自朱莉·史沃布（Julie Schwob）《美味汤料理》（*Grand livre des bonnes soupes*，La Martinière出版社，2018年出版）。

马德拉酱汁（La sauce madère）可能源自英国！

这种酱汁的名字会让人们想当然地认为它发源自大西洋中部、摩洛哥海岸对面的美丽群岛。这种想法是无视马德拉的动荡历史。马德拉群岛是隶属于葡萄牙的自治区，1662—1814年间由英国统治。英国人对当地的葡萄种植业做出了巨大贡献，同时他们也控制着马德拉的葡萄酒出口，当时这是唯一被允许在美国销售的葡萄酒。在马德拉做生意的英国人也喜欢研究各式料理。最初便是他们首先想到用马德拉酱汁搭配肉类。从那时起，由小洋葱头、黄油、小牛肉制成的马德拉酱汁迎来了自己的高光时刻，在英格兰以外的国家，它也大受欢迎。在法国，长期以来人们都用它搭配牛舌、肾脏、小牛排、带骨火腿、猪肋排和蘑菇，但后来它便过气了。近些年的料理书籍里完全没有提及马德拉酱汁。

葡萄牙著名葡萄酒的品味之旅

波特酒（porto）、葡萄牙绿葡萄酒（vinho verde）、马德拉葡萄酒（madère）……
葡萄牙最好的葡萄酒都产自优良的产区。

法国、意大利、西班牙……在领奖台的下面，排在最前面的是葡萄牙，该国的葡萄种植面积位居欧洲第四。风景如画、葡萄品种多样的葡萄牙，在葡萄酒生产上无疑是极引人注意的国家之一。沿着葡萄园开启非凡的葡萄牙之旅，我们可以品尝到各种颜色的葡萄酒，从干型到甜型皆有。说到葡萄牙，就自然要说起波特酒。波特酒是一种著名的酒精加强酒，产自被联合国教科文组织列入自然遗产的杜罗河谷。

大河在雄伟的群山间蜿蜒，人们开垦出一片片绵长的梯田，用于种植葡萄。与该国其他地区一样，这里的葡萄酒旅游业正在蓬勃发展，许多酒庄向葡萄酒爱好者们敞开大门，邀请他们前来品尝自产的波特酒和用本国产多瑞加（touriga Nacional）或罗丽红（tinta Roriz）等葡萄品种酿造的优质干型葡萄酒。在葡萄收获的季节，您千万别错过人们在拉格艾斯盆地用脚踩的方式压榨葡萄汁的景观。在距离杜罗河谷几步之遥的波尔图市，以及与波尔图隔河相望的加亚新城，您一定要去参观有着悠久历史的波尔图酒窖，定会让您印象深刻。

亚速尔群岛

但要注意的是，若认为葡萄牙的葡萄产区只有杜罗河谷和波尔图，那便是大大低估了该国的葡萄酒产业。在距离杜罗河谷不远的葡萄牙西北部，是广袤的绿葡萄酒产区，这种葡萄酒色泽近乎透明，人们喜欢品尝新酿的绿葡萄酒，用来搭配海鲜和鱼类。在这个水源充沛的地区，大多数葡萄藤都攀缘在葡萄架上，以远离土壤周围的潮湿环境。您还可以在布拉加、吉马良斯等迷人的市镇漫步，探索这些历史悠久的城市。离开绿葡萄酒产区一路南下，您会首先抵达巴哈达和岛城的葡萄园。巴哈达是较早生产葡萄牙起泡酒的产区之一。巴哈达旁边的岛城从12世纪开始在群山间种植葡萄。在海拔500～800米的山谷、森林和平缓或陡峭的山坡上，葡萄藤奋力生长着，并出产着红葡萄和白葡萄。距离里斯本不远的塞图巴尔半岛出产白葡萄酒、红葡萄酒和用麝香葡萄酿造的甜酒，麝香葡萄主要种植在阿拉比达的石灰质丘陵地带，藤蔓从半岛南岸的悬崖边垂下。深入葡萄牙内陆，我们将抵达人烟稀少、阳光普照的阿连特茹，这里到处都是软木橡树和橄榄林。在两种颜色的树木之间，出产适合宴饮的葡萄酒，也有一些非常有名的酒庄。这趟葡萄牙的葡萄产区全景之旅自然少不了大小群岛，亚速尔群岛的大部分葡萄藤都种植在由火山岩矮墙分隔的棚屋中，马德拉群岛则以酒精加强酒闻名。在这片郁郁葱葱的群岛上，人们在陡峭的斜坡上开垦梯田、种植葡萄，在田间能看到大西洋的海景……这是葡萄牙景色极为壮观的葡萄园之一！

“但要注意的是，若认为葡萄牙的葡萄产区只有杜罗河谷和波尔图，那便是大大低估了该国的葡萄酒产业。”

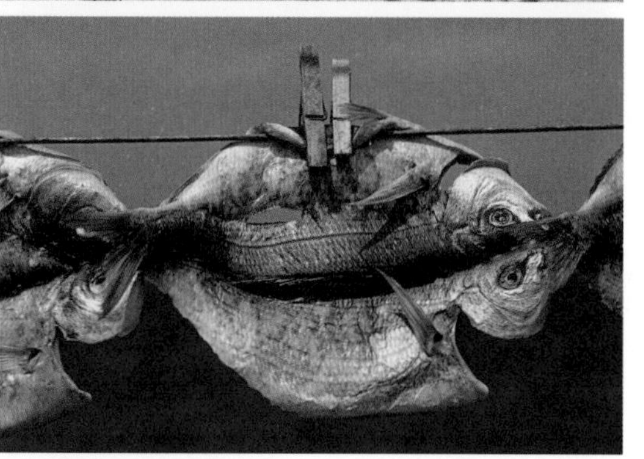

西班牙岛屿的美食

从巴利阿里奇群岛到加纳利群岛，西班牙各大岛屿不仅在地理景观上存在差异，种植的作物也各具特色。

在加纳利群岛，人们会在海鲜酒吧（chiringuitos）品尝当地特色美食。岛屿上的火山岩有利于土豆生长，当地种植了二十余种土豆。人们会用盐水煮带皮土豆，配上mojo酱（一种用油、醋和大蒜制成的酱汁），根据做法的不同，人们还会加入香料、蔬菜、番茄或牛油果调味。岛上的烤面粉（gofio）已有几个世纪的历史，这是一种由多种谷物面粉混合烤制而成的食物，通常用于制作甜品，也可以搭配肉汤，制成烤面粉肉汤（escaldon de gofio）。

地中海沿岸主要出产海鲜，我们能品尝到著名的龙虾汤，但这里的料理仍然与土地联系紧密。苏布里萨德（soubressade）是马略卡岛引以为傲的美食之一，这是一种用猪肉末、香草和辣椒粉制成的香肠。这里的黑猪实行半放养，以草根、橡子、大麦和无花果为食。在黑猪肉上撒上辣椒粉，涂上少许蜂蜜，烤制后搭配面食或酱汁食用。很多马略卡岛的西班牙小吃塔帕斯（tapas）也会用到黑猪肉，搭配用马略卡岛新鲜奶牛乳制作的毛奥奶酪（maó）。这种奶酪采用手工方式生产，加入蓟类的雌蕊以帮助凝乳，随后用纱布包裹，表面涂抹橄榄油和辣椒粉，再熟化21天至5个月。蜗牛面包（ensaimada）是用猪油制作的当地特色甜品，与维也纳蛋糕类似，在加泰罗尼亚语中被称作“saïm”。这道甜品有着螺旋形的外观，有时会在其中填入卡仕达奶油、牛轧糖或巧克力。

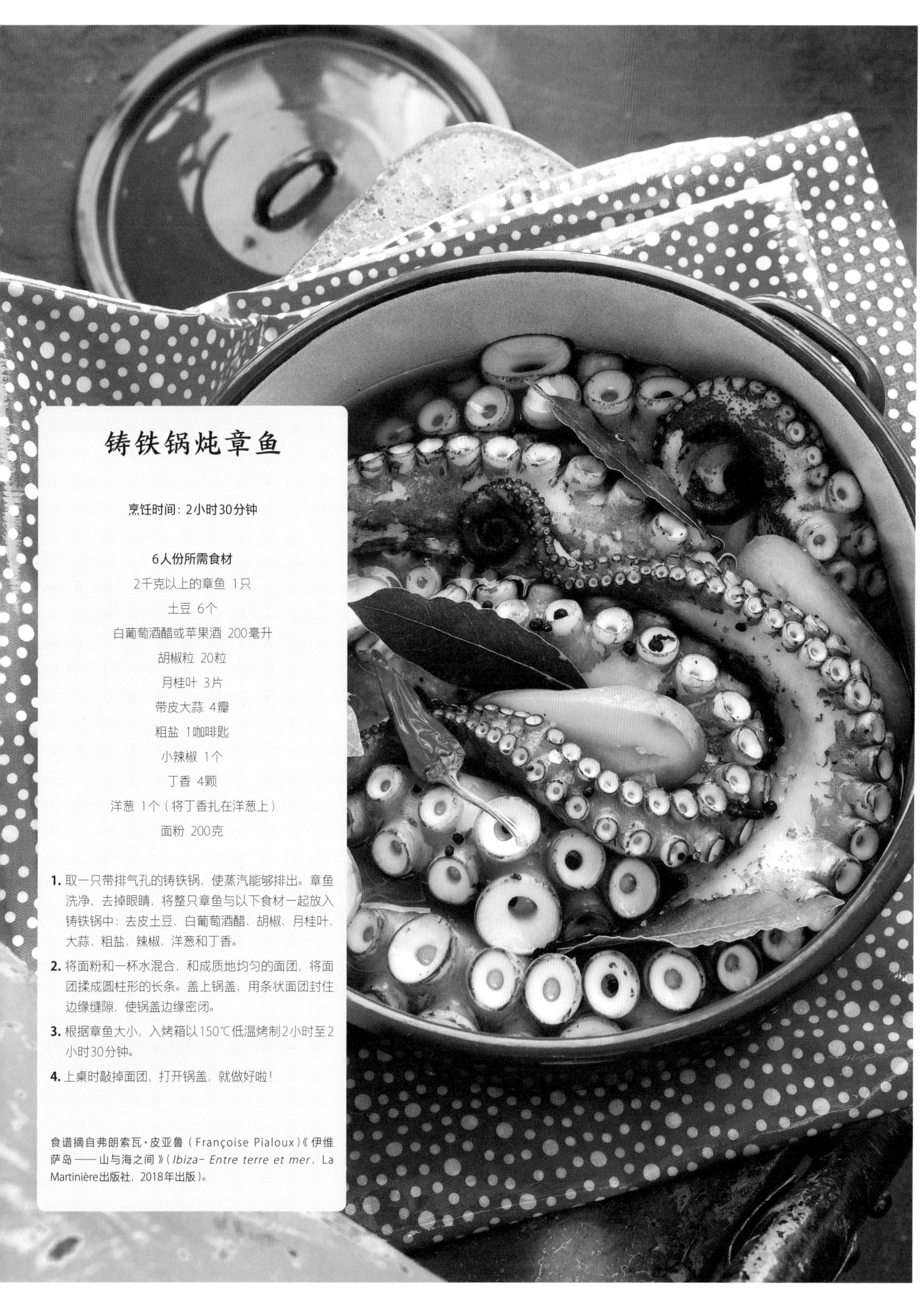

铸铁锅炖章鱼

烹饪时间：2小时30分钟

6人份所需食材

2千克以上的章鱼 1只

土豆 6个

白葡萄酒醋或苹果酒 200毫升

胡椒粒 20粒

月桂叶 3片

带皮大蒜 4瓣

粗盐 1咖啡匙

小辣椒 1个

丁香 4颗

洋葱 1个（将丁香扎在洋葱上）

面粉 200克

1. 取一只带排气孔的铸铁锅，使蒸汽能够排出。章鱼洗净，去掉眼睛，将整只章鱼与以下食材一起放入铸铁锅中：去皮土豆、白葡萄酒醋、胡椒、月桂叶、大蒜、粗盐、辣椒、洋葱和丁香。

2. 将面粉和一杯水混合，和成质地均匀的面团，将面团揉成圆柱形的长条。盖上锅盖，用条状面团封住边缘缝隙，使锅盖边缘密闭。

3. 根据章鱼大小，入烤箱以150℃低温烤制2小时至2小时30分钟。

4. 上桌时敲掉面团，打开锅盖，就做好啦！

食谱摘自弗朗索瓦·皮亚鲁（Françoise Pialoux）《伊维萨岛——山与海之间》（*Ibiza- Entre terre et mer*，La Martinière出版社，2018年出版）。

西班牙

爱吃鹅颈藤壶的西班牙人

鹅颈藤壶在西班牙语中叫“percebes”。这种奇怪的甲壳类动物在西班牙特别受欢迎，尽管加利西亚海岸被海浪拍打的岩石上遍布鹅颈藤壶，西班牙仍需从法国西部大量进口。只有少数技术熟练的渔民能够借助一种用木头和金属制成的名叫“raspa”的工具，从岩石的缝隙中采集一簇簇的鹅颈藤壶。采集藤壶需要乘船前往，迎着海浪，筛选大小合适的藤壶。同时还需要遵守严格的配额限制，每人每天只能采集4～5千克。种种原因使得藤壶成为难得一见的珍品，仅能在节庆期间享用。在西班牙的市场上，鹅颈藤壶的价格为每千克20欧元，但在一年中的某些时节，比如圣诞节期间，它的价格可能超过100欧元。西班牙人喜欢用盐水煮鹅颈藤壶，随后趁热食用或冷却后再食用，不用添加任何酱料，也无须搭配柠檬。但真正的战斗在藤壶上桌后才开始：您首先要弄破它的壳，然后再去除包裹肉质的膜。这个过程中会有少许海水喷出，可能会让第一次吃它的人吓一跳。西班牙人已经对这个过程非常熟悉，会先用大餐巾做好防护，再开始享用这种富含碘质的美食。尽管西班牙人非常爱吃这种甲壳类动物，却很少有厨师将这种不常见的菜品列入自己的菜单。一些大胆的厨师会将其用平底锅煎制并加入香料，或者与其他贝类混合制成沙拉。

“尽管西班牙人非常爱吃这种甲壳类动物，却很少有厨师将这种不常见的菜品列入自己的菜单。”

伊比利亚殖民地对欧洲料理的影响

最大的影响是食材：我们不禁自问，若殖民者和他们的后代没有从美洲大陆带回任何物产，我们将会以什么为食？

番茄、菜豆、南瓜、辣椒、可可、土豆、香草、菠萝、玉米、洋姜、木薯、花生、红薯、藜麦、胭脂红树……起源于美洲新大陆的物种还有很多，它们都由伊比利亚半岛的殖民者们从中美洲和南美洲带回欧洲。显而易见，数百种新引进的物种引发了一场真正的料理革命，很多食材直到今天仍在我们的饮食中占据重要地位。这场革命甚至有一个专属称呼：殖民交流革命。它有着深刻的历史意义，涉及农作物、动物和人口的迁徙，但在这里我们还是更关注它对美食的影响。

与农作物和香料不同，很少有烹饪方法从大西洋的西岸传播到东岸。尽管墨西哥玉米饼（tortilla）与巴斯克地区的薄饼（talo）比较相似，这种食物却并没有传到欧洲的其他地区。同时，虽然奴隶贸易使巴西料理传播到贝宁海岸，但这种烹饪方式的交流仍主要局限在非洲国家之间。辣椒被引入西班牙、意大利南部和匈牙利（可能通过土耳其人），但并没有被带到比利牛斯山脉的另一侧。

巧克力是一个例外。这种前殖民时期的活力饮品和辣椒、香草等香料一起在西班牙登陆。在欧洲的传播过程中，除香草之外的香料都已逐渐消失，而香草得益于牛奶和糖的搭配被保留下来。在很长一段时间里，人们都认为番茄和土豆有毒，而当它们实现本土种植后，番茄成为意大利料理的主角，土豆将大量人口从饥荒中拯救出来。但无论是在意大利、爱尔兰或是欧洲的其他国家，人们都没有按照美洲的方式烹饪这些食材。

“与农作物和香料不同，很少有烹饪方法从大西洋的西岸传播到东岸。”

葡萄牙

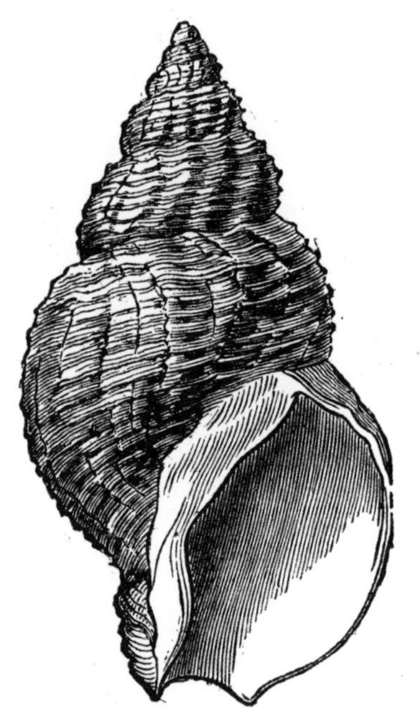

蛾螺砂锅

葡萄牙位于山海之间。阿尔加维如同明信片上的风景般的美景，生动勾勒出当地将海洋和陆地融合的美食特点。竹蛏饭、蛤蜊猪肉铜锅、什锦贝类、樱蛤玉米渣、海螺炖豆等菜品都是能够体现这一美食特点的例证。除了这些菜品，还有一道当地特色美食：蛾螺砂锅！先将红豆或大理石豆与海鲜分别小火慢煮，随后再一起放入锅中与番茄、胡椒、大蒜、辣椒一同炖煮。人们通常前往法鲁品尝这道料理，吃下一口便会双眼放光地笑起来。

加利西亚章鱼

加利西亚章鱼（pulpo a feira，加利西亚语为“polbo á feira”）是一道加利西亚地区的传统章鱼料理，也被称作“pulpo alla gallega”。“Feira”的意思是“庆祝”，而加利西亚章鱼正是一道在节庆时供大家分享的美食，这不仅是加利西亚地区的传统，也是整个西班牙的传统，甚至阿根廷人也会在圣周享用这道美食。在加利西亚的一些乡村中，每月将会挑选一个周日，举行与这道料理相关的仪式：在室外用铜锅将章鱼煮熟，然后分发给所有的当地居民。

按照传统的烹饪方法，您需要先用小锤子轻轻捶打章鱼，使其肉质更嫩，也可以先冷冻24小时。为了使章鱼的触角卷曲、外皮完整，需要将其连续浸入沸水3次。随后，将整只章鱼放入煮沸的盐水中，最好用铜锅炖煮。炖煮时间约半小时，具体需根据章鱼大小而定。随后静置15分钟，不要使其完全冷却。静置后的章鱼温热入味，再切成薄片，撒上盐之花和辣椒粉，淋上初榨橄榄油，最后用木板盛放上桌，可佐以煮好的土豆食用。

美食罐头

伊比利亚地区的鱼类罐头

油浸沙丁鱼、金枪鱼、白葡萄酒腌鲭鱼……尽管布列塔尼地区的一些品牌出产品种丰富的罐头，但世界上的任何地区都无法在海鲜罐头或调味料的丰富程度上与伊比利亚地区抗衡。伊比利亚地区的海鲜罐头制作由来已久：葡萄牙南部的阿尔加维于1879年创立了第一个沙丁鱼罐头厂，不久之后，西班牙也创立了此类工厂。

西班牙和葡萄牙生产的海鲜罐头体现了伊比利亚人对鱼类的热爱。用橄榄油浸泡的沙丁鱼和金枪鱼一直是销量冠军，迷你沙丁鱼、鲭鱼、竹荚鱼、凤尾鱼、鳕鱼、牡蛎、鱿鱼、墨鱼、章鱼以及鳕鱼子、沙丁鱼子和鲭鱼子也很受欢迎。就连“sagacho”（金枪鱼的黑色部分）也被制成罐头，卖给偏爱它的顾客。油浸、番茄酱汁腌、柠檬泡或是香卤，每种海鲜都有多种制作方法，烹饪时间也各不相同。灭菌后的海鲜肉质更加柔软，它们被加入多种调味料，并在罐头中经过数年浸泡，味道愈发浓烈。这些罐头不仅是零嘴，它们可以在任何场合被人们享用：搭配西班牙小吃、快餐，或当作前菜配好酒。在葡萄牙有小商店、酒吧和餐厅专门供应各式罐头。罐头有各种价位，从大众罐头到高端罐头，最高档的便是于1930年在里斯本拜萨区诞生的里斯本罐头。在里斯本罐头店里，各种颜色的罐头一直垒到天花板，祖母们会用纸将罐头小心包好。这家小小的充满魅力的美食店常被热爱罐头的日本游客造访。

“在葡萄牙有小商店、酒吧和餐厅专门供应各式罐头。”

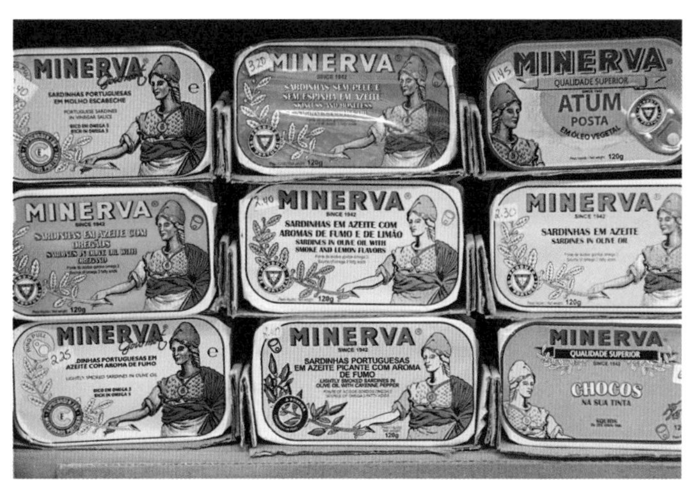

西班牙火腿的名称

哈武戈（jabugo）、黑猪腿（pata negra）、贝洛塔（bellota）、橡食火腿（recebo）、塞拉诺（serrano）……
西班牙的火腿是个大家族，消费者有时会迷失在各式各样的火腿名称中。

有着大片的绿色橡树林的西班牙南部地区是伊比利亚猪的乐园。低垂的耳朵、胖乎乎的身体、覆盖着黑色花纹，脆弱弯曲的腿末端是黑色的蹄子，黑猪腿（pata negra）的名称由此而来。但上述特征还不足以让一头猪在竞争中脱颖而出！伊比利亚猪必须在自由的环境下生长，且在生命的最后几个月只能以橡果为食。在每年11月至次年3月的橡果季，伊比利亚猪会采集橡子，咬开果壳，将壳丢弃，然后吃掉果肉。脂肪丰富的火腿因此蕴含了浓烈的香气。它们每天食用10千克橡果，每天长肉1千克，平均每头猪在橡果季要吃掉50颗橡树的果实。宰杀后，火腿将经历一系列传统腌制工序：盐渍、低温储藏、在自然通风的火腿窖中长时间风干发酵。伊比利亚火腿悬挂在塞维利亚小吃餐吧的天花板下，在如同褐色油光羊皮纸的表壳下，隐藏着终极的美味。人们会根据黑色猪蹄上的标签颜色判定它是否属于极品火腿。白色标签表示这只火腿来自一头不吃橡果、也没有自由放养的普通家猪。红色标签表示这虽然不是纯种伊比利亚猪，但却100%以橡果为食，而绿色标签则表示这头猪完全没有吃过橡果。除了这种官方的分类方式，还有三种已经取得AOP认证的火腿，很快就将变为四种——佩德罗彻（Los Pedroches）也将取得AOP认证。在AOP火腿中，最著名的火腿产地是安达鲁西亚的哈武戈村（Jabugo），这里出产了大部分的伊比利亚火腿。萨拉曼卡的吉胡埃洛（Guijuelo）排名第二，埃特斯雷马杜拉的德埃萨（Dehesa）位列第三。但请注意，AOP认证并不是伊比利亚火腿的唯一品质保证！塞拉诺火腿（serrano）取得了欧盟颁发的STG认证（传统特产认证），这一认证的标准相较而言不那么严格。这是一种必须在西班牙生产的生火腿，腌制时间需达到9个月以上，但对于生猪的产地没有严格限定，西班牙或外国的猪种皆可。

豆类

菜豆汤（Fabada）VS 砂锅豆焖肉（Cassoulet）

菜豆汤是西班牙西北部阿斯图里亚斯地区的特色菜品，用白豆（最好是农场白豆）、乔里索香肠（chorizo）、黑香肠（morcilla）、猪肘、猪油和藏红花制成。砂锅豆焖肉有三个主要产地：喀斯特劳达、图卢兹及卡尔卡松，不同地区制作的砂锅豆焖肉也略有不同。在喀斯特劳达，人们会用产自马泽雷斯或帕米耶的白豆、猪肉、小羊肉甚至野味制作豆焖肉；在图卢兹，这道菜由塔布白芸豆、猪肉、鸭肉和小羊肉制成；而在卡尔卡松，人们则会用洛拉盖白芸豆、猪肉和鹅肉制作豆焖肉。菜豆汤和砂锅豆焖肉的名声早已远播海外，这两道菜之间是否存在比拼呢？喜爱家常菜、热爱分享的吃货们很难选出优胜的一方。每个人都有自己的口味，菜豆汤中的藏红花和香肠让比利牛斯山脉两侧的人们展现出各自的偏好。豆焖肉的做法也各不相同，在图卢兹，人们会用油封鸭制作豆焖肉，而在卡尔卡松则会用鹅肉制作。所以并没有必要在菜豆汤与砂锅豆焖肉之间一决高下。一些专家甚至认为两者间存在亲缘关系。他们认为，朝圣者们通过圣雅克德孔波斯泰勒之路将砂锅豆焖肉传入西班牙，随后阿斯图里亚斯的居民根据当地特色对食谱进行改良，使用当地出产的猪肉制作，直至今天，猪肉仍是菜豆汤中唯一用到的肉类。

主厨履历

费朗·亚德里亚（Ferran Adrià）

罗塞斯的魔法师

尽管他的斗牛犬餐厅（El Bulli）已于2011年关张，
费朗·亚德里亚仍是近30年来最有代表性的将技术与情感融入料理的前卫厨师。

1983—2011年，费朗·亚德里亚任职于斗牛犬餐厅，这段职业生涯已被浓缩在13本书籍和5张CD中。这间餐厅起初是一个迷你高尔夫球场，位于加泰罗尼亚罗塞斯的蒙霍伊小镇，费朗·亚德里亚曾在这里度过了一个月的时光。第二年，他以部门主厨的身份回到这里并工作到餐厅关张，在他工作的第27年，餐厅摘得米其林三星。想要对他的厨师生涯进行总结并不是件容易的事。如今他已不再担任厨师，转而投身于咨询、从事哈佛大学教学和斗牛犬基金会的工作。费朗·亚德里亚的弟弟阿尔伯特（Albert）为了不被笼罩在兄长的光环之下，转而担任糕点师，但兄长对他的甜品制作仍产生了很大影响。费朗将技术和情感融入美食，并将其称作“分子料理”。这是一种技艺要求很高的烹饪方式，会将食物变为泡沫或球形，他以此彻底革新了西班牙乃至全世界的料理。他招募了罗卡之家餐厅（El Celler de Can Roca）的琼安·罗卡（Joan Roca）、法兰西葡萄酒体验店（Osteria Francescana）的马西莫·博图拉（Massimo Bottura）和诺玛餐厅（Noma）的勒内·雷泽皮（René Redzepi）加入自己的厨师团队。作品为王，费朗·亚德里亚创作了由40多道菜品组成的菜单，菜单的内容不断调整。例如他用意大利古冈佐拉芝士制作的鸵鸟蛋：芝士冷冻后，撒上豆蔻碎，18秒之后豆蔻会分秒不差地变为液体；以及白芸豆海胆慕斯、鹅肝粉等菜品，这些菜品处处彰显他的创新精神。他经常被模仿，但从未被超越。他是这个时代无可争议的代表性厨师。

> “费朗将技术和情感融入美食……”

——
罗卡之家餐厅（El Celler de Can Roca，米其林三星）/法兰西葡萄酒体验店（Osteria Francescana，米其林三星）/诺玛餐厅（Noma，米其林二星）

CERRAMOS

鳕鱼，与众不同的鱼类女王

鲜鳕鱼从北欧海水中被捕捞后，会被立即剖开，随后用盐腌，或者风干，制成鳕鱼干。

新鲜鳕鱼不加盐，在北欧冬季冷酷的寒风中自然风干，便制成了鳕鱼干，食用前需要先浸泡1周。无论是新鲜鳕鱼还是鳕鱼干，都让世界上大量的人免于饥饿。历史上，鳕鱼和烟熏鲱鱼曾是欧洲居民仅有的蛋白质来源，尼姆橄榄油大蒜鳕鱼（brandade）、尼斯炖鳕鱼（estocaficada）、鲁埃加特鳕鱼（estofinado）都是这段历史的见证。然而，鳕鱼料理在葡萄牙尤为兴盛，但这种贸易在西班牙、法国南部和意大利并不多见。

据说在葡萄牙，鳕鱼料理——马介休（bacalhau）的做法可以在一年间每天不重样。典型菜品包括牛奶忌廉鳕鱼（bacalhau com natas）和橄榄意面鳕鱼（bacalhau com pasta de azeitona）。与此同时，葡萄牙的海员们也将各式鳕鱼料理传遍包括非洲、印度、巴西、加勒比地区等全世界的多个沿海地区。在中国澳门，人们会将鳕鱼煮熟切碎后包裹椰奶炸制，搭配米饭食用，十分美味。

皮皮酱鳕鱼脸颊肉（Kokotxas de Merluza al pilpil）

巴斯克语“kokotxas”一词意为“下巴”。在巴斯克料理中，“kokotxas”专指鱼下颌下方的肌肉。大多数情况下，人们会用无须鳕鱼，偶尔也会用到普通鳕鱼。这道菜十分考究，技巧极为细致，是巴斯克高档餐厅的招牌：位于阿特克松多的艾克瓦里餐厅（Etxebarri）的主厨维克多·哈金索尼斯（Victor Arguinzoniz）为客人供应面包屑鳕鱼脸颊肉配鸡蛋；位于格塔里亚的艾尔卡诺餐厅（Elkano）的主厨埃特尔·阿瑞吉（Aitor Arregi）则为客人制作面包屑烤鳕鱼脸颊肉或皮皮酱鳕鱼脸颊肉。那么，皮皮酱（pilpil）是什么呢？它是一种制作巧妙的巴斯克特色调味料，能与鱼的天然胶质完美融合。将鱼用小火旋转慢烤，加入大蒜、橄榄油和辣椒，在此过程中鱼的胶原蛋白会与调味料融为一体，变成轻盈美味的酱汁。美味的脸颊肉入口即化，回味无穷。

——
艾克瓦里餐厅（Asador Etxebarri，米其林一星）/艾尔卡诺餐厅（Elkano，米其林一星）

鳗鱼鹅肝千层

马丁·贝拉萨迪奎（Martin Berasategui）制作

鹅肝、鳗鱼、洋葱和青苹果会碰撞出怎样的火花？
某天，一名厨师想到了这种搭配，并将其变为可能。

这道菜创作于1995年，直到24年后，它仍是西班牙很值得一尝的菜品之一。它的创作者是马丁·贝拉萨迪奎。21世纪初，所有关注都聚焦在加泰罗尼亚大区的费朗·亚德里亚大厨身上，而此时的马丁·贝拉萨迪奎一直在吉普斯科亚的巴斯克省潜心研制富有个人特色的料理。15岁那年起，他在法国西南部跟随迪迪耶·乌迪尔（Didier Oudill）学习厨艺。在位于伊桑若的法国国立高等甜点学院学习期间，他曾师从包括路易十五餐厅（Louis XV）的主厨阿兰·杜卡斯（Alain Ducasse）在内的多位大师。1993年，他在距离圣塞瓦斯蒂安不远的拉萨特欧里亚创立了以自己名字命名的餐厅。餐厅精致而迷人，以最严谨的态度为客人提供精确到毫米的服务。餐厅的氛围能让客人感觉超然物外。菜品的要求也很高，大厅中的所有菜品必须保持同最初创作时一致的水准。餐盘上没有花纹，但装饰却富有印象派风格。各种颜色相互碰撞，各种味道在融合中得到升华。人们从料理中感受到大胆和反差，却没有丝毫的不和谐。

马丁·贝拉萨迪奎尊重食材本身，他知晓如何找到恰到好处的平衡，每道简单的菜品背后都是外科手术般的精巧技艺。一些人只要谈到它，就控制不住自己的口水。所有品尝过这道菜的客人都会对其创意印象深刻，它通常作为开胃小菜在开餐第一刻上桌，柔软与酥脆结合，口感让人惊喜。甜与酸巧妙融合，就像水与土的碰撞，鳗鱼和鹅肝两种不同的食材组合在一起，味道十分独特。想要让如此多的元素和谐共处，只有通过分层的形式才能实现。最底下一层是苹果，随后是一层洋葱泥，再依次覆盖鹅肝和苹果。再往上一层是鳗鱼排，上面覆盖一层苹果和一层鹅肝，最顶上一层是撒有焦糖的苹果。

—

马丁·贝拉萨迪奎餐厅（Martin Berasategui，米其林三星）

主厨履历

贝努瓦·圣通（Benoît Sinthon）

马德拉群岛的普罗旺斯人

从他的名字可以看出，他是英国人的后裔。但受到意大利籍祖母的影响，他在马赛的旧港踏出了自己美食生涯的第一步。

贝努瓦·圣通并不是在法国以外取得成功的法国厨师中知名度最高的一位，但他是马德拉群岛历史上首位摘得米其林星级的主厨，2009年他所在的位于丰沙尔克利夫沙滩酒店的加罗多若餐厅（Il Gallo d'Oro）被授予米其林一星，2017年被授予二星。他是一位杰出的主厨，曾在法国茹瓦尼师从让-米歇尔·罗兰（Jean-Michel Lorain），1998年他来到马德拉群岛，并决定在这里定居。多年过去，他已能够将当地物产与法式厨艺完美结合。与此同时，他还开垦出一片菜园，园丁们遵循可持续耕种的理念，在园子里种植了十余种蔬菜和香料植物，使他能够充分发挥自己的创意，创作更多菜品，包括芦笋料理、腌番茄、蘑菇料理、嫩蔬菜松露炒有机蛋、百里香时令蔬菜砂锅和有机胡萝卜汁等。

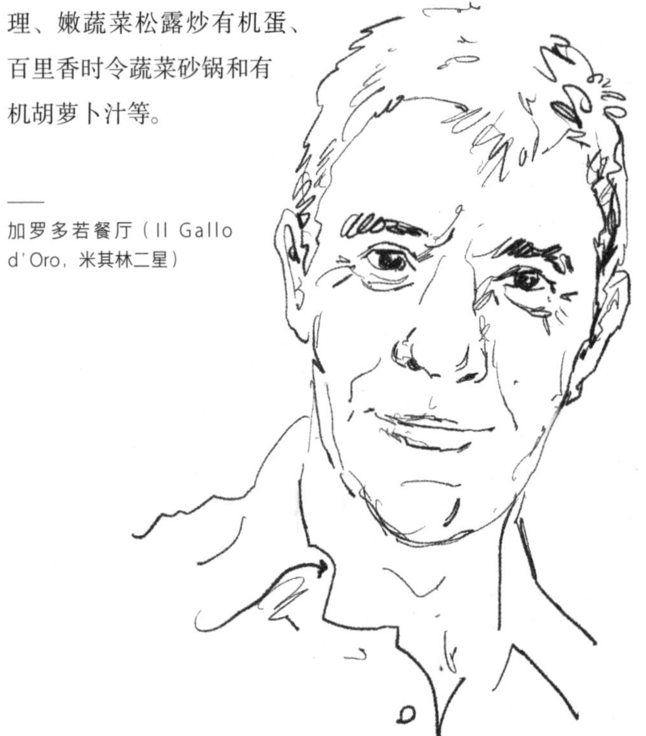

加罗多若餐厅（Il Gallo d'Oro，米其林二星）

不含化学凝乳酶的流质奶酪

西班牙出产的恺撒蛋糕奶酪（Torta del Casar）和葡萄牙出产的埃斯特雷拉山奶酪（Queijo Serra da Estrela）是同一性质的奶酪。两者都由美利奴羊奶制成，呈微微隆起的圆形。它们的历史至少可追溯至中世纪，并且都已取得原产地保护认证。它们最特别的地方在于，制作过程中会加入蓟花以促进凝乳。这种植物凝乳剂能让奶酪在成熟时的质地光滑而有流动性，有时甚至是液态的，人们可以直接用勺子享用。奶酪的味道细腻醇厚，带有微酸，味道会随着年份增长而日益浓郁。埃斯特雷拉山奶酪有时会被布包裹，防止流质的奶酪溢出。

恺撒蛋糕奶酪的名字来源于它的出产地——埃斯特雷马杜拉大区卡塞雷斯市恺撒镇。从20世纪70年代获得AOP认证以来，它在国际上广受欢迎，实现工业化生产，目前有5个农场出产这种奶酪。埃斯特雷拉山奶酪与出产它的大山同名，它主要由小型作坊生产，至今它仍保留手工制作的魅力。

布丁

加泰罗尼亚布丁 VS 焦糖布丁

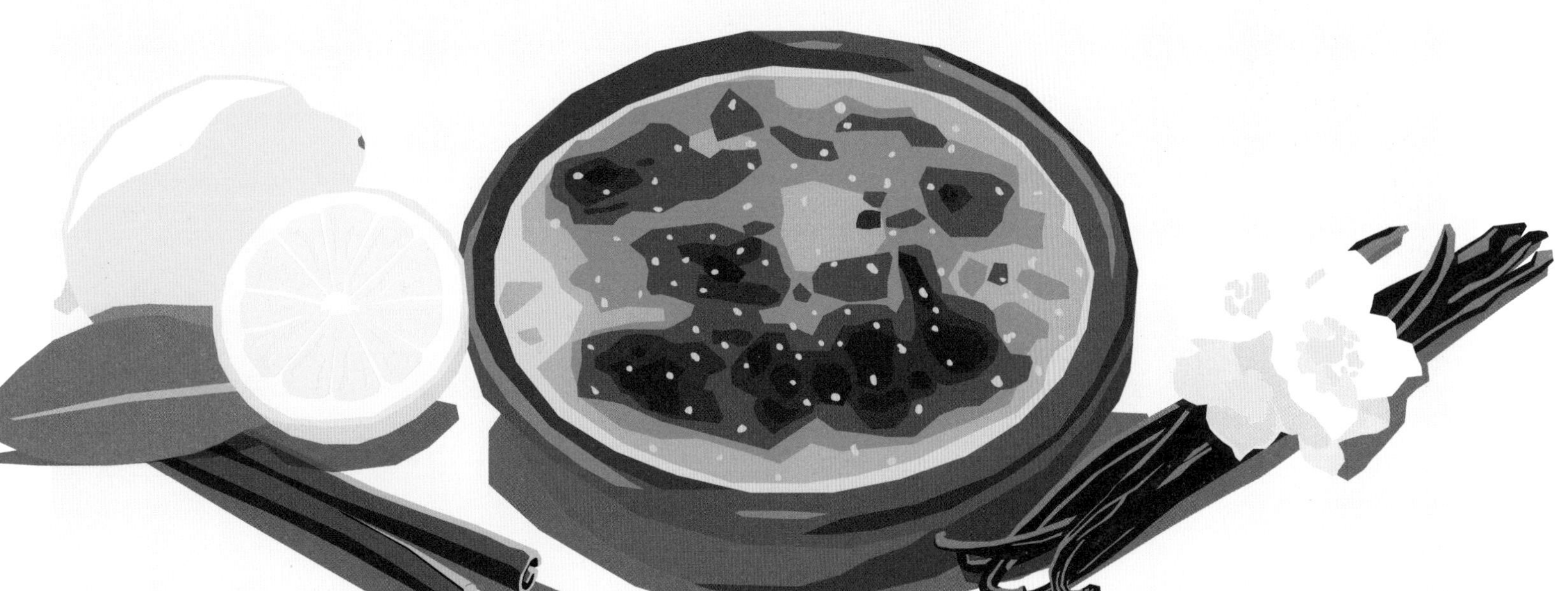

加泰罗尼亚布丁（crème catalane）是否起源于加泰罗尼亚？这种布丁的发源地并没有确切记载，但它的确是加泰罗尼亚地区的传统美食。

过去，在加泰罗尼亚，它被称作圣约瑟夫布丁（crema de Sant Josep），制作时会加入玉米淀粉。14世纪时，《圣特索伊食谱》（*Llibre de Sent Sovi*）中已有关于它的记载。尽管英国人在其中加入了剑桥焦奶油或三位一体奶油（19世纪出现相关记载，但具体起源时间应该更早），这道甜品仍然成为加泰罗尼亚地区的代表性美食。加泰罗尼亚布丁和焦糖布丁之间应该有历史渊源。后者起源于16世纪西班牙占领下的法兰德斯，之后它被传到法国。18世纪它被称作“英式布丁”，但这一称呼并不能帮助我们弄清它的由来。17世纪末，焦糖布丁的形式已与今日相差无几：在路易·菲利普一世的厨师弗朗索瓦·马西亚罗（François Massialot）1691年所著的《王室与平民美食宝典》（*Le Cuisinier roïalet bourgeois*）一书中，焦糖布丁主要由蛋黄和牛奶制成，仅需加入一小撮面粉。而事实上，加泰罗尼亚布丁和焦糖布丁之间的主要区别就在于面粉。前者主要由卡仕达奶油制成，后者则利用蛋黄增稠，几乎不添加面粉或淀粉。此外，加泰罗尼亚布丁以牛奶和焦糖奶油为基底，20世纪末再次兴起之后，则单纯以奶油为基底。最后，两者的风味也有所不同：加泰罗尼亚布丁中会添加肉桂和柑橘类水果的果皮（通常是柠檬皮）；焦糖布丁中会添加香草。但到了最后一个步骤，两者又殊途同归：用烙铁、火棒、喷枪或热石棉，让表面的一层糖凝结为焦糖。加泰罗尼亚布丁会用白砂糖制作焦糖表层，而焦糖布丁会用红糖或赤砂糖，但二者的制作步骤都是差不多的。

安杰尔·雷昂（Ángel León）

海洋大厨

人们常说，我们能在安杰尔·雷昂的阿波利亚特餐厅（Aponiente）感受到大海……而他本人正是海洋的代言人。

这位大厨被视为海洋之子再正常不过了，因为他的父亲正是一名卡迪克斯的渔夫。安杰尔·雷昂生于大西洋沿岸的卡迪克斯小城，那里是早期探险家们前往美洲的首选出发地。他被称作“大海之王”。大海对他而言是个神秘而无尽的宇宙，不断带给他灵感，令他着迷。鹅颈藤壶、带刺的骨螺、墨鱼、招潮蟹、海鳝……海洋里的生物多样，菜单上的品种也非常丰富。

安杰尔·雷昂不满足于单纯的烹饪和摆盘。他明白，只要我们懂得尊重海洋，大海就会不断地向我们提供美食。但在开发美食资源的时候，必须注重保护。他为此制定了捕捞时间表，用最佳方式利用海洋中的鱼类、甲壳动物和软体动物。安杰尔·雷昂将藻类植物很好地融入料理，并将其发展为自己的特色。海洋浮游生物也成为其料理中的常见食材。他是最早将藻类加入海鲜料理的厨师，这些富含蛋白质和矿物质的食材为他制作的菜品带来了无可比拟的海洋滋味。当前食品浪费问题已成为社会关注的焦点，安杰尔·雷昂开始提倡利用那些通常会被人们丢弃的边角料进行烹饪，比如蔬果皮或鱼内脏。他创作的食谱影响了众多当代厨师。安杰尔·雷昂的确是海洋的代言人！

—

阿波利亚特餐厅（Aponiente，米其林三星）

红金枪鱼

在直布罗陀海峡和西班牙卡迪克斯之间的地中海海域，人们从腓尼基人的时代开始，便懂得以可持续的方式捕捞红金枪鱼。至今人们仍在使用3000年前的古法捕捞技术。

在海滩上，人们可以观赏到设网捕捞金枪鱼的景象。一支由小木船组成的船队停在指定地点，设下陷阱、诱捕大型金枪鱼。潜水员们将鱼赶进迷宫般的渔网，鱼群将被困在渔网最深处的小空间里。金枪鱼奋力拍打着鱼鳍。“拉网，拉网！”潜水员们高叫着。渔民借助滑轮拉网，将银色的金枪鱼拉出水面并当场放血，以保持鱼肉的品质。日本人是最早开始寻找蓝鳍金枪鱼的人，蓝鳍金枪鱼的价格在东京的鱼市不断上涨。到达码头后，除了那些要被立即运往远东地区的鱼，其余金枪鱼将由专业屠夫进行现场加工。他们切割金枪鱼的技术堪称完美。屠夫会对肢解出的24个部分进行分级，并将大肥、中肥和赤身列为顶级。位于巴尔巴特海边的坎佩洛餐厅（El Campero）是品尝红金枪鱼最好的餐厅，吃鱼的季节始于春季。菜单上列有30余种做法，从烟熏金枪鱼、鞑靼金枪鱼、火炙金枪鱼到炭烤金枪鱼皆有。

特色美食

瓦伦西亚杂烩饭的特点

意大利有意式烩饭，日本有丼饭，西班牙也有特色的米饭料理——瓦伦西亚杂烩饭。

“Paella”的称呼专指其最原始的版本——瓦伦西亚杂烩饭。若您在西班牙其他城市或其他国家品尝这道料理，它的名称可能会是“riz en paella”（杂烩米饭），而不能被叫作“paella”。“Paella”一词从拉丁语词汇“patella”演变而来，原意为“小菜”，古法语中的“paële”也起源于这个拉丁语词汇，对应现代法语中的“poêle”（平底锅）。杂烩饭是瓦伦西亚土生土长的美食，当地农民创作它的初衷是为了更好地利用本地食材。杂烩饭的大米产自阿尔比费拉潟湖，鸡肉、番茄和藏红花等配菜也均产自该地区。这道菜的演变与当地冶金技术的进步和平底锅制造工业的发展密切相关。随着平底锅的制造工艺越来越成熟、产量越来越大，杂烩饭也变得更加普及。瓦伦西亚卡梅拉卡萨餐厅（Casa Carmela）是杂烩饭领域的标杆，供应正宗的瓦伦西亚杂烩饭，且杂烩饭的制作需遵循一系列标准。直到今天，人们仍使用瓦伦西亚地区的大米制作杂烩饭，当地大米已取得原产地保护认证。杂烩饭中用到的米为庞巴米（bomba），这是一种容易在烹饪过程中膨胀的短粒米，煮熟后的体积可达到原来的2～3倍。这种大米的直链淀粉含量也高于平均水平，煮熟后不易粘连。庞巴米的上述特点使其能够在锅底形成薄而脆的一层锅巴，这对于瓦伦西亚杂烩饭而言至关重要。

"'Paella' 的称呼专指其最原始的版本——瓦伦西亚杂烩饭。"

制作杂烩饭的其他食材包括水、油、番茄、大蒜、藏红花和盐，可加入的肉类包括鸡肉和兔肉，有时也会用到时令的野味或鸭肉。米饭中还会加入两种豆子，分别为大颗的白芸豆和绿色的扁豆。洋蓟有时也会出现在配菜中。然而，瓦伦西亚版本的杂烩饭中并没有牡蛎、墨鱼或龙虾。事实上，它不包含任何海鲜，食材中唯一用到的软体动物是蜗牛。米饭上桌时会加入迷迭香进行调味。如果加入其他任何一种食材，就不再是最正统的瓦伦西亚杂烩饭了。比如，若我们加入虾、鱿鱼或贝类，杂烩饭就变为海鲜饭（paella de marisco）。在加利西亚地区，人们会加入墨鱼汁，做成墨鱼饭（paella nera）。

瓦伦西亚杂烩饭

制作本菜品必备杂烩饭专用平底锅

8～10人份所需食材

鸡肉 2千克
兔肉 2千克
庞巴米 1千克
绿扁豆 500克
白芸豆 400克
胡椒拌洋蓟 8个
去壳蜗牛 200克
熟透的大番茄 4个
油 350毫升
去皮大蒜 5瓣
藏红花粉 3咖啡匙
甜椒粉 3咖啡匙
迷迭香 3枝
盐 适量

1. 将番茄切碎，放入沙拉碗中。将绿扁豆切成3厘米长的段。将洋蓟切成两半。将大蒜瓣切成两半并去芽，放好备用。
2. 将油倒入平底锅中。加热数分钟。油烧热后，加入鸡肉块、兔肉块和蜗牛，翻炒数分钟。肉块上色后，将肉挪至平底锅温度较低的一侧。
3. 加入切开的大蒜瓣、切碎的番茄、绿扁豆和切成两半的洋蓟。翻炒数分钟后加入白芸豆。
4. 用甜椒粉、藏红花粉和一大撮盐调味。倒入2升水。煮沸。煮沸后继续小火加热30分钟。在锅中划出一个十字，将米倒入。大火加热5分钟。随后轻轻将米均匀地铺在锅中，继续小火加热20分钟，若有需要，可加入适量水。
5. 烹饪结束后加入少许迷迭香调味。

塔帕斯（tapas）之旅

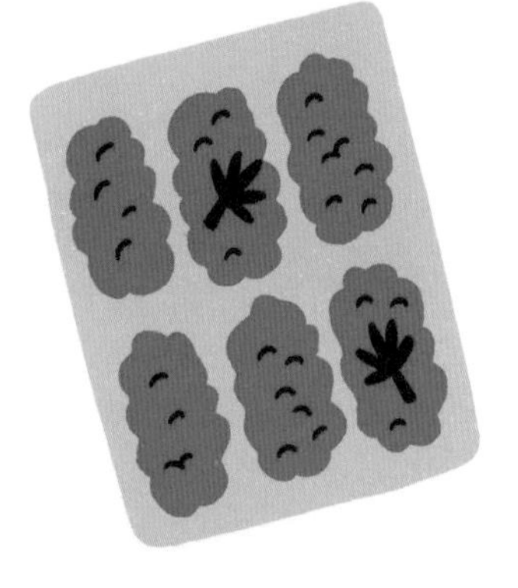

夜幕降临，塞维利亚的食客们出动了。

从一间酒吧到另一间酒吧，食客们畅饮雪莉酒，品尝小吃。每家店都有自己的特色：塞尔维亚菜（menudo seveillano）、用蔬菜和蛋黄酱做成的俄罗斯沙拉（ensalade rusa）、醋腌鸡肉、炖牛肉小三明治（montadito de pringá）、炸鳕鱼丸、孜然小蜗牛（caracoles）……当然，还有伊比利亚火腿片。

安达卢西亚以塔帕斯（tapas）闻名。据说最初酒吧老板们向客人提供面包片或香肠片是为了盖住杯口，防止昆虫掉入饮品中。从词源上看，“tapa”一词在西班牙语和加泰罗尼亚语中都意为“覆盖”。时过境迁，酒吧的塔帕斯不再免费供应，却成了必备的下酒菜。整个西班牙都继承了这一传统。在巴塞罗那，小吃主要包括番茄面包（pan con tomate）和炸海鲜。辣味番茄酱土豆（patatas bravas）则诞生于马德里，在那里还能吃到醋腌凤尾鱼。在巴斯克地区，人们则主要食用单人份小吃（pintxos）——用竹签将面包和甜椒、金枪鱼、海鲜、玉米饼等配菜串在一起烤。这种单人份小吃也被称作“吉尔达”（gildas），该名称源自丽塔·海华斯（Rita Hayworth）1946年在《吉尔达》电影中扮演的同名角色，串起来的单人份小吃会让人联想起这名美国女演员的曼妙身姿。这位女明星有没有尝过吉尔达小吃呢？答案是肯定的。

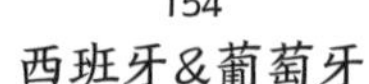

烤肉

烤乳羊和烤乳猪——

同一地区的两种特色。

烤乳羊 VS 烤乳猪

整只烤制的乳羊十分美味，杜罗河畔阿兰达和佩纳菲尔的西班牙人知晓如何精心饲养乳羊，也懂得如何制作烤乳羊。从它的名字可以看出，这种羊实行圈养，只食用母羊的奶水，就像科雷兹省的奶饲小牛一样。这些小羊羔属于雏拉羊（Churra）——一种西班牙土生土长的品种。它们会在30天大时被宰杀，体重不足10千克。经过烤制后的羊肉是乳白色的，微微泛着粉红，入口即化。在位于马德里北部布尔戈斯省的莱尔马市，布里坎特餐厅（Casa Brigante）便用这种方式制作烤乳羊。开放式的烤架设在大餐桌前，小羊羔在柴火的温度下慢慢被烤熟。在杜罗河畔阿兰达以南约100千米的塞戈维亚和阿雷瓦洛，人们更爱吃烤乳猪。塞戈维亚的何塞玛利亚餐厅（José María）是一家传统餐厅，餐厅厨师将3～4千克重的小乳猪放在大盘里，肚皮朝下，四肢分开，猪头朝前进行烤制。烤制过程中仅使用盐和橄榄油，不添加任何香料，以保留自然生长的乳猪的原汁原味，大厨何塞·玛利亚对这一点非常在意。以200℃烤制3小时后，金黄酥脆外皮下的肉质非常细嫩，切割时不用刀，而是按照传统方式用盘子切成薄片，切割完毕后盘子会被丢弃在地上。

组合式糕点的成功

多米尼克·安塞尔（Dominique Ansel）大厨创作出著名的可颂甜甜圈（cronut）之后，组合式糕点成为新的流行趋势，各种创作相继出现！

自从多米尼克·安塞尔创作出彻底改变纽约美食界的作品以来，他有了一众追随者！将两种甜品合二为一的组合式糕点满足了人们的胃口。糕点市场上出现了蛋挞和布朗尼蛋糕的组合——挞朗尼（townie），纽约还诞生了酥脆块和蛋糕的组合——酥脆蛋糕（crumbcake）。同是美国人的斯科特·若希罗（Scot Rossillo）创作了可颂和百吉饼的组合——可颂百吉饼（cragel）。威廉斯堡百吉饼店的糕点师们制作着绚烂夺目的畅销产品——彩虹百吉饼（rainbow bagel）。组合式糕点的名单越来越长，它们在伦敦和美国十分流行，例如一半可颂一半玛芬蛋糕的可芬（cruffin），以及由华夫饼和甜甜圈组合而成的华夫圈（wonut）。糕点制作商们凭借他们的想象力展开竞争，并在社交网络上掀起热潮，很多顾客为购买新奇的糕点会排上几个小时的队，有时甚至需要提前一周预定！

相对更传统的法国也在慢慢追随这一潮流，但法国不会允许这种双面甜品超出人们可接受的范畴，糕点师们也没有沉迷其中。尽管如此，2019年5月，美国食客心目中的明星糕点师多米尼克·安塞尔与法国糕点师扬·库夫勒（Yann Couvreur）在后者位于巴黎玛黑区的甜品店展开合作。店铺推出了三款以美国传统甜品为灵感的新产品：曲奇杯（Cookie shot）、烤棉花糖冰激凌（Frozen S'more）、碱水慕斯蛋糕（Pretzel Mousse Cake）。碱水慕斯蛋糕由巴伐利亚碱水面包和配有花生黄油千层薄脆的焦糖慕斯组合而成，而制作烤棉花糖冰激凌则需要将棉花糖放在火上炙烤。曲奇杯是将巧克力曲奇做成杯子的形状，然后在杯子中装入温热的马达加斯加香草牛奶。或许法国制作组合式糕点的潮流已经兴起！

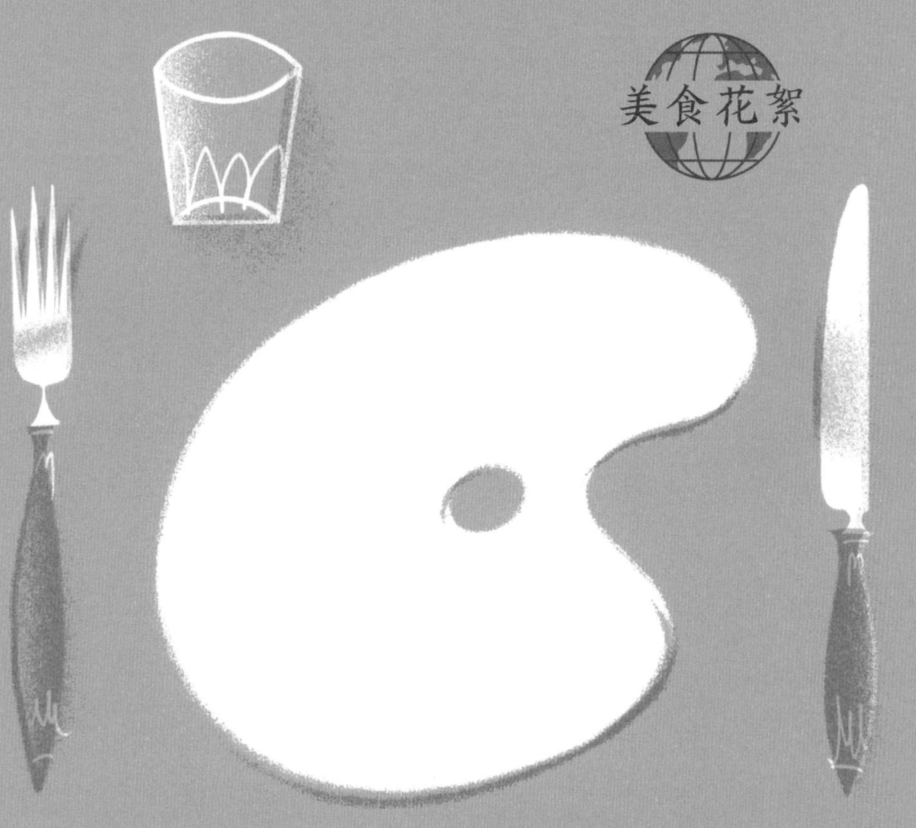

从绘画到Instagram，见证美食的发展

从17世纪开始，出现了大量水果或蔬菜的静物画，荷兰艺术家绘制了很多相关主题的作品供人欣赏。直到今天我们仍有幸欣赏到这些画作，比如保罗·塞尚（Paul Cézanne，1839—1906年）的《苹果静物》（*Nature morte aux pommes*）和《洋葱静物》（*Nature morte aux oignons*），以及保罗·高更（Paul Gauguin）绘制于19世纪的静物作品。

我们不禁要问，为什么画家们想要画这些食物或吃着食物的人们？回顾几个世纪的历史，我们也许能在16世纪朱塞佩·阿辛博多（Giuseppe Arcimboldo）的作品中得到初步答案。这名意大利画家以讽刺性的肖像画闻名，他将水果、蔬菜和植物组合成头部肖像。每幅作品都是食物的组合，可能画家是想表达我们都是由食物构成的。可以说“我吃故我在”，或者“我吃故我活”。通过不同的艺术形式，人们彰显着自己的存在。一些当代艺术家则更加直白地展现自己对美食的渴望，代表作品包括摄影师马丁·帕尔（Martin Parr）的影集《真正的食物》（*Real Food*），以及艺术家安迪·沃霍尔（Andy Warhol）著名的坎贝尔番茄汤罐头画作，这幅作品已被纽约市现代艺术博物馆收藏。

如今，借助社交网络，特别是2010年创立的Instagram软件，每个人都拥有了进行艺术表达的可能，这也进一步吸引他人表达自我——每天都有5亿用户上传自己的照片，有些还会配上滤镜。在烹饪领域，普通人能够和专业厨师一样用“#食物”标签上传作品，截至2019年7月1日，该标签的转发量达到3.46亿。厨师们也纷纷通过该软件推广自己的作品，以吸引更多粉丝。奇迹海岸餐厅（Mirazur）的毛洛·科拉格雷科（Mauro Colagreco）、大饭店（Le Grand Restaurant）的让-弗朗索瓦·皮亚捷（Jean-François Piège）、西班牙卡萨尔特餐厅（Lasarte）的马丁·贝拉萨迪奎（Martin Berasategui）和丹麦诺玛餐厅（Noma）的勒内·雷泽皮（René Redzepi）都有数十万的粉丝。当然，相比于拥有700万粉丝的戈登·拉姆齐（Gordon Ramsay），这个数量不值一提，但他们通过图片展示每天的日常工作，促进了美食的进步。尽管已经有了大量的上传作品，仍有很多食物、菜品、食材、糕点、甜品和葡萄酒没有展示给大家。对于很多人而言，社交网络上的照片已成为真正的艺术品。

—

奇迹海岸餐厅（Mirazur，米其林三星）/卡萨尔特餐厅（Lasarte，米其林二星）/马丁·贝拉萨迪奎餐厅（Martin Berasategui，米其林三星）/诺玛餐厅（Noma，米其林二星）

M

英国

Royaume-Uni

炸鱼和薯条，大不列颠的骄傲

英国本土和附属岛屿共有长达31400千米的海岸线。
自19世纪初开始，英国便大量出产鲜鱼。

300年前，油炸食品被西班牙和葡萄牙的西裔犹太人引入英国，之后随着拖网渔船的发展和铁路的修建，炸鱼传遍整个英国。1863年，英国诞生了炸鱼薯条店（chippy）。我们并不太清楚薯条从何时起、以何种方式成了炸鱼的固定搭配，但从那之后两者便紧密相连。

20世纪30年代，炸鱼薯条迎来了自己的鼎盛时期。从爱尔兰到整个英联邦，甚至美国都接纳了它。乔治·奥威尔（George Orwell）和温斯顿·丘吉尔（Winston Churchill）对它大加赞扬，对于工人阶级而言，这也是一种健康又廉价的食品。在第二次世界大战期间，炸鱼薯条不受食物配给制度的限制。人们甚至会将炸鱼薯条装在考究的盒子里，在带地毯、桌布、鲜花和服务生的餐厅里供应给顾客。

> “炸鱼和薯条有着自己的烹饪准则和礼仪要求”

最初人们用牛油或猪油做炸鱼薯条，现在更多地使用花生油。炸鱼和薯条有着自己的烹饪准则和礼仪要求。薯条的油脂很多，颜色有些发白。做薯条的面团不仅会使用最普通的小麦面团，还会使用外壳酥脆的用啤酒发酵的面团。鱼会被去骨炸成鱼饼，若炸鱼薯条店制作的炸鱼没有去骨，将会得到差评。人们通常会用漂亮的鳕鱼或黑线鳕鱼块制作炸鱼，金色外壳下的鱼肉肉质丰盈、洁白而嫩滑，这两种鱼一直是英国人的最爱。有钱的顾客们会点炸比目鱼或鳎鱼。黄鳕鱼、青鳕鱼、鲭鱼、鳐鱼和猫鲨是更经济实惠的选项。不同地区的配菜各异，但薄荷豌豆粥（mushy peas）、塔塔酱、麦芽醋、酸菜和柠檬块是固定搭配。

尽管炸鱼薯条已不复往日的辉煌，但它们的消耗量仍然很大。在英国，每年人们会在炸鱼薯条店里吃掉全国25%的鱼肉和10%的土豆。在希望传承传统饮食的当代厨师的手中，这两种食物重获新生。比如，在白金汉郡马洛，手与鲜花酒吧（The Hand and Flowers）和蔻驰酒吧（The Coach）的主厨汤姆·凯里奇（Tom Kerridge）会用啤酒面团薯条、新鲜薄荷豌豆粥和圆薯饼搭配炸比目鱼。

手与鲜花酒吧（The Hand and Flowers，米其林二星）/蔻驰酒吧（The Coach，米其林一星）

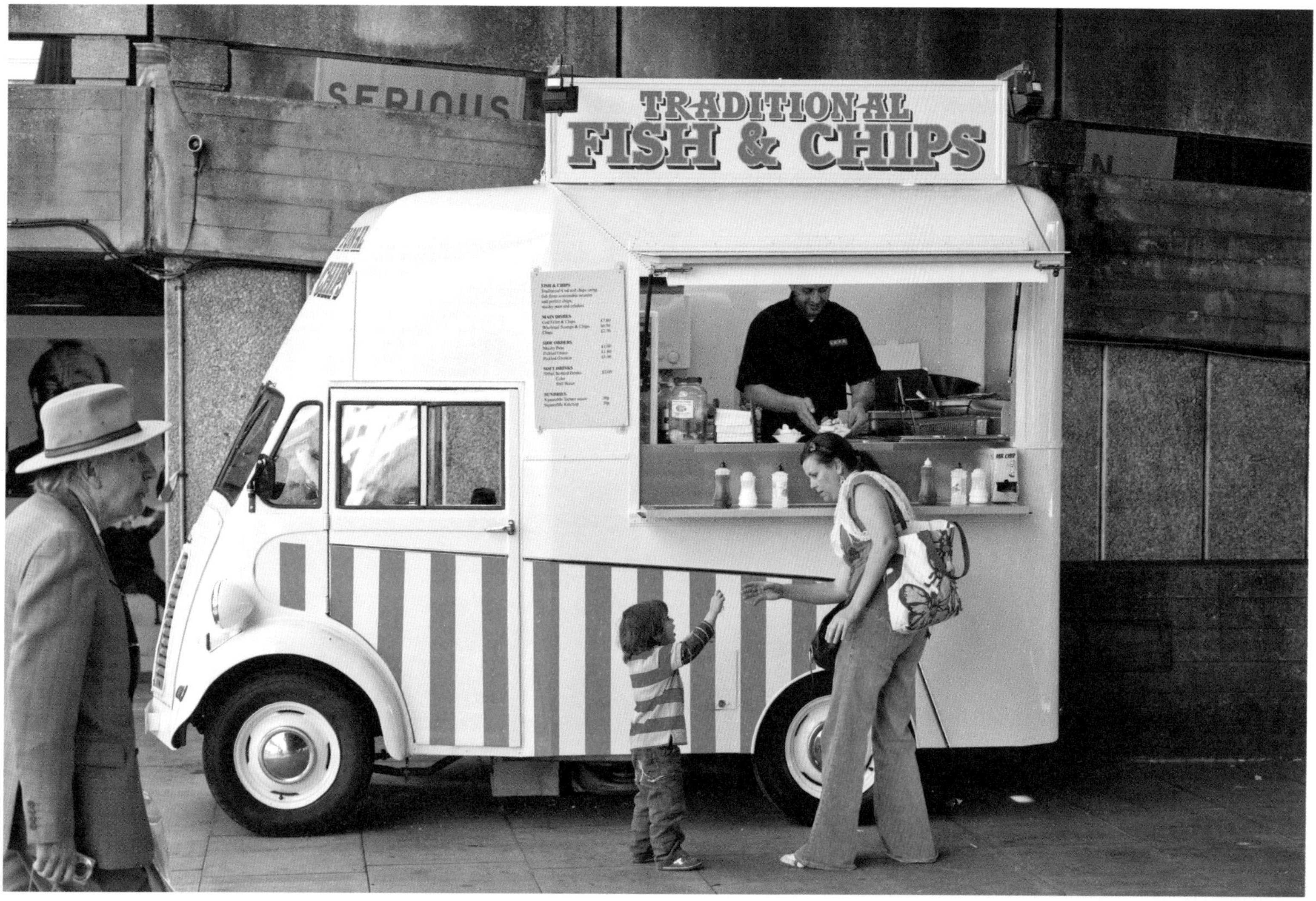
SERIOUS
TRADITIONAL
FISH & CHIPS

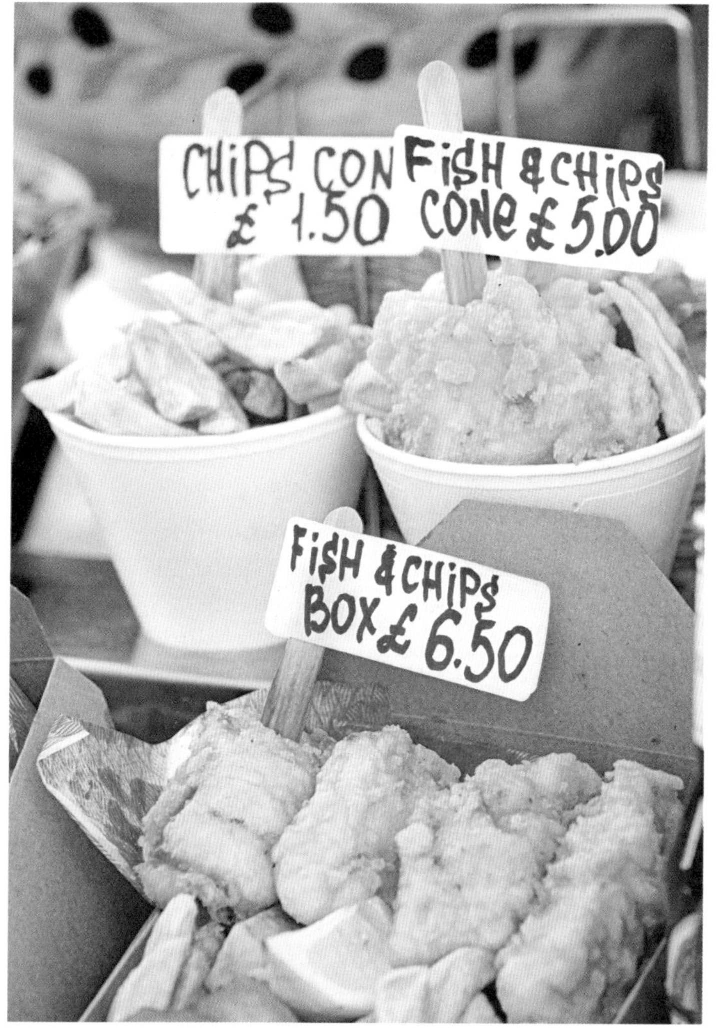

CHIPS CON
£ 1.50
FISH & CHIPS
CONE £ 5.00
FISH & CHIPS
BOX £ 6.50

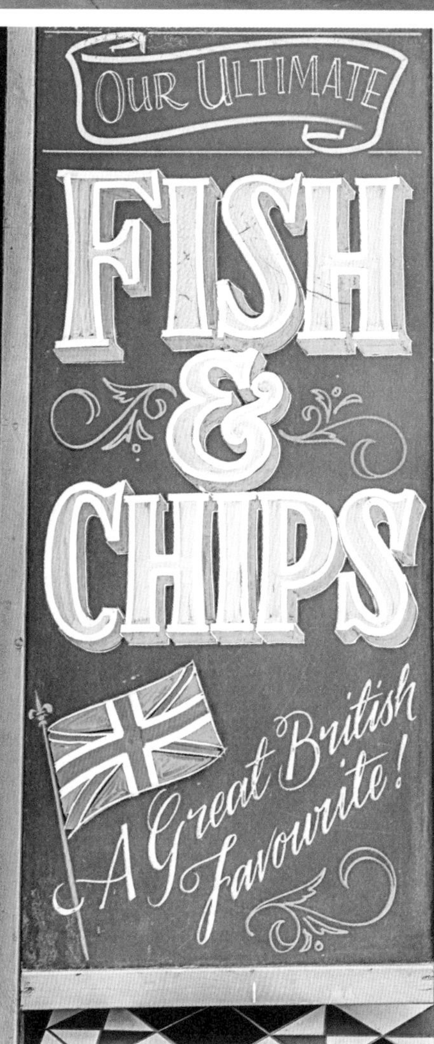

OUR ULTIMATE
FISH & CHIPS
A Great British Favourite!

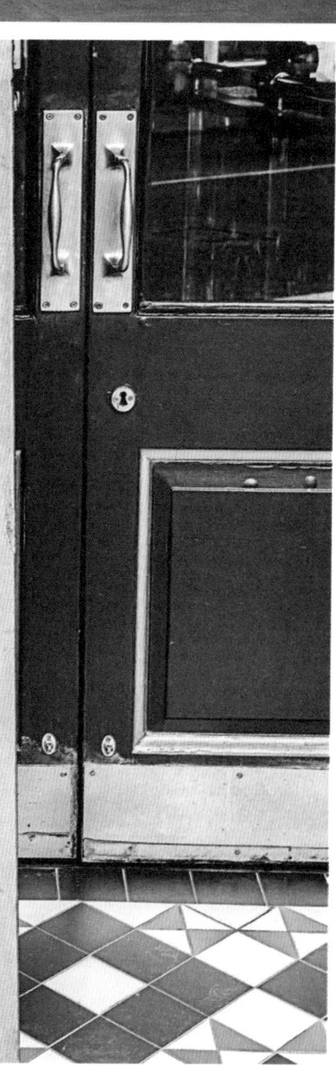

当鲜鱼变成熏鳕鱼和鲱鱼干

为了更长久地保存黑线鳕，需要先用盐腌制，然后低温熏烤（用泥炭和绿色树枝熏烤一整夜），或高温熏烤1小时。黑线鳕制成熏鳕鱼之后，可用于制作多种菜品，比如咖喱熏鳕鱼饭（kedgeree）或鳕鱼浓汤（cullen skink）。鲱鱼干又是怎样做成的呢？在爱尔兰海域的马恩岛，人们将鲱鱼从头到尾剖成两半，去内脏后铺平，撒上盐后用橡木和桦木的木屑低温熏制，熏烤后的鲱鱼会变成红色。鲱鱼干是爱尔兰的传统早点，一些高档餐厅也推出了与之相关的知名料理，如位于英格兰小渔村艾萨克港的内森·奥特洛（Nathan Outlaw）大厨。在他的两家餐厅——内森奥特洛餐厅和奥特洛的鱼餐厅（Outlaw's Fish Kitchen），他积极推广这道传统料理，同时也制作烟熏鲭鱼或鮟鱇鱼干。

——

内森奥特洛餐厅（Nathan Outlaw，米其林二星）/奥特洛的鱼餐厅（Outlaw's Fish Kitchen，米其林一星）

酸味特产

从最时尚的伦敦餐厅到约克郡的农家饭馆，英格兰早餐的每张餐桌上都摆着用于搭配鸡蛋和培根的柠檬酱（lemon curd）。奶油质地的柠檬酱是真正的英国特色，它诞生于嗜甜的维多利亚时代。柠檬酱由鸡蛋、黄油、糖和柠檬制成，可作为调味酱料涂抹于司康饼、玛芬、吐司或松饼表面。它的甜度较高，与柠檬挞奶油口味类似，柠檬酱之于英国人正如玛德琳蛋糕之于普鲁斯特。柠檬酱带有微酸，18世纪末开始在英国美食界风靡。据说当时，一艘遭遇暴风雨的西班牙船只躲进邓迪港口避风，船上有位名叫詹姆斯·基勒（James Keiller）的商人以低廉的价格从塞维利亚进购了一大批柠檬，他的妻子用果皮、果肉和柠檬籽制作了最初版本的柠檬酱。这种做法能让水果保留原始的苦味，与传统的高甜度果酱相比味道更加独特，因此受到大家欢迎。柠檬酱是英国美食的代表，在各大酒店的高档下午茶菜单上都能看到它的身影。尽管现在的一些年轻人已经不喜欢柠檬酱，但它仍有许多忠实的捍卫者，他们甚至在坎布里亚郡的达勒曼之家（Dalemain House）为柠檬酱举行专属的节日。每年这里都会举办美食节，还会颁发最佳自制果酱的奖项。

主厨履历

帕特里克·盖勒博德（Patrick Guilbaud）

爱尔兰的法国大厨

近四十年过去，帕特里克·盖勒博德的餐厅已成为都柏林乃至爱尔兰超棒的餐厅之一。

法国的厨艺传到了国外！近年来，一些知名大厨在扎根法国美食的同时，前往世界各地开设餐厅，引起强烈反响。在这一潮流兴起之前，有些大厨就已经走出去看外面的世界，甚至把自己的事业重心完全迁到国外。帕特里克·盖勒博德于1981年前往爱尔兰，从此再也没有离开过这个小小的国度。1996年，他位于都柏林上梅瑞恩大街21号、与梅瑞恩酒店相连的餐厅成为《米其林指南：爱尔兰》中唯一的二星餐厅。他与行政主厨纪尧姆·勒布朗（Guillaume Lebrun）、经理史蒂芬·罗宾（Stéphane Robin）及分工明确的厨师团队一起，组成了一支无与伦比的专业队伍。帕特里克·盖勒博德的餐厅位于一栋高贵的乔治亚风格建筑中，装修风格大气、时尚、豪华而现代。餐厅里的客人不用紧挨着就餐，而是可以舒服地坐在宽敞优雅的桌前，桌上用几支白花装饰。顾客在这里能吃到考究、丰富和大胆的料理，餐厅孜孜不倦地追求味觉的平衡与和谐，并给菜品配上高级的摆盘。菜单上有农场鸡、黄葡萄酒酱汁、法国奶酪拼盘和柑曼怡舒芙蕾，这些隐秘的线索显示出大厨的法国籍身份。此外，餐厅还有其引以为傲的酒庄，酒庄中约3万瓶藏酒。

> “餐厅成为《米其林指南：爱尔兰》中唯一的二星级餐厅。”

帕特里克·盖勒博德餐厅（Restaurant Patrick Guilbaud，米其林二星）

酒吧是第二个家

酒吧见证了英吉利海峡对岸的历史，并始终保留了欢乐的传统及对啤酒的热爱。
酒吧供应的料理种类繁多，既有固定菜品，也有令人眼花缭乱的大厨们的创意新作。

几乎所有人都说，“pub”（酒吧）一词是“public house”（公共场所）的简称。在英国的大城市和小乡村，酒吧都是一个进行会面、休闲、文化和社交活动的场所，来自各年龄段的各行各业的人们一起坐在用木头装饰、不太亮堂的乡村风格酒吧里。很多酒吧都已开业多年，菜单上必不可少的便是各式啤酒。啤酒在这里是复数，因为每家酒吧都会供应不同厂家、不同口味的各种啤酒。苦味啤酒（bitter）是酒吧里的经典品种。以淡色艾尔啤酒（pale ale）为代表的艾尔啤酒（ale）呈琥珀色，带有啤酒花和麦芽的香气。世涛啤酒（stout）是一种烈性发酵啤酒，啤酒花的含量很高，酒体颜色很深。以上只是列举了啤酒王国中的几个品类，每个品类又衍生出很多其他品种。尽管啤酒市场还是由几个大品牌主导，但一些酒吧也会在自己的小型酿酒罐里现场自制啤酒，这类酒吧被称作“自酿酒吧”（brewpub）。人们不仅能在酒吧里喝酒，也能品尝美食。番茄酱烘豆（baked beans）是传统的英式早餐，也是酒吧菜单中的主要菜品。每位厨师都会对酱汁进行个性化的调整，或搭配吐司、香肠和培根，做出自创版本的番茄酱烘豆。酒吧至今仍是英国传统的象征，一些酒吧已有几个世纪的历史，但如今，它们无论从外观上还是内核上，都变得更加现代和时尚。另一种形式的酒吧——美食酒吧开始兴起。请忘掉番茄酱烘豆吧！想要找到最出名的美食酒吧，您需要前往伦敦西北部泰晤士河畔的美丽小镇马洛。这家店属于汤姆·凯里奇（Tom Kerridge）。这位才华横溢的厨师曾就职于多家著名饭店，如今他的名字已在媒体上广泛传播，他出版了多本美食书，并于2005年创立了手与鲜花酒吧（The Hand and Flowers）。他希望在保持酒吧欢乐氛围的同时，为客人提供用高标准精选食材制成的高品质料理。餐厅于2006年摘得米其林一星，2012年摘得二星，这也是唯一被授予米其林星级的酒吧。从那时起，汤姆·凯里奇与妻子贝丝一起，继续开创自己的事业，共计创立了11家很棒的酒吧。他们的另一家店——蔻驰酒吧（The Coach）也获得了米其林一星，店里推出了一份全肉菜单，菜单被命名为“屠夫的龙头”（The Butcher's Tap）。

有着悠久历史、新鲜潮流和美味料理的酒吧从未停止革新的脚步，酒吧日益成为英国人日常生活中不可分割的一部分。

手与鲜花酒吧（The Hand and Flowers，米其林二星）/蔻驰酒吧（The Coach，米其林一星）

苏格兰

阿伯丁安格斯牛肉

没有牛角的阿伯丁安格斯牛原产于苏格兰，举世闻名。
黑安格斯牛和红安格斯牛的性情温和、肉质鲜嫩，被广泛饲养和用于杂交。

健壮的安格斯牛由苏格兰东北部阿伯丁郡和安格斯郡的本地牛种杂交而来，16世纪就有了关于这种牛的记载。经过系统筛选，到19世纪安格斯牛的品质得到稳定和改善，第一份安格斯牛的血统登记证书诞生于1862年。安格斯牛很快被出口到新世界，并与当地品种杂交（请注意：不同国家的安格斯牛血统认证规则存在差异，一些美国的安格斯牛只有黑色毛皮的要求，并没有原产地的限制）。安格斯牛繁育的黄金时代过后，英吉利海峡地区出产的牛肉品质有下降的趋势，人们转而追求牛肉产量的增加。幸运的是，20世纪80年代至90年代以来，在养殖户和餐饮从业者的共同努力下，高品质的安格斯牛肉重返餐桌。以英国为例，位于伦敦、曼彻斯特和爱丁堡等地的霍克斯莫尔餐厅（Hawksmoor），以及位于伦敦梅费尔区的古德曼餐厅（Goodman），积极推广包括安格斯牛肉在内的味道鲜美、肉质细腻的本地草饲牛肉。这种天然的草饲养殖使牛的肌肉遍布大理石纹路，脂肪分布均匀，肉质细嫩，十分美味。同时，成立于1879年的阿伯丁安格斯牛肉协会始终致力于保护和推广产自本地的传统安格斯牛肉，并一直传承安格斯牛的繁育技术。

黑安格斯牛肉配烤蔬菜

准备时间：1小时15分钟

4人份所需食材

黑安格斯牛肋肉 1千克
黄油（用于煎肉）20克

用于制作红酒酱汁

小洋葱头 3个
红葡萄酒（产自罗纳河谷）150毫升
牛肉高汤 100毫升
黄油 50克
面粉 1汤匙
刺柏浆果、月桂、百里香 适量
盐和胡椒 适量

用于制作烤蔬菜

小胡萝卜 9个
欧防风 5个
甜菜 2个
金色球萝卜 2个
大蒜 2瓣
白葡萄酒 100毫升
蜂蜜 1咖啡匙
橄榄油 适量
盐和胡椒 适量
百里香和迷迭香 适量

红酒酱汁

1. 将小洋葱头切成薄片，加入10克黄油，用中火煎。加入红酒后煮沸。加入刺柏浆果、月桂和百里香。小火加热30分钟。加入牛肉高汤，继续加热5～10分钟。汤汁会变成糖浆质地。关火，加入40克切成小块的黄油和面粉，搅拌直至汤汁质地浓稠。根据需要，用盐和胡椒调味。

烤蔬菜

2. 烤箱预热至160℃。蔬菜洗净去皮。纵向切开胡萝卜和欧防风。将甜菜和球萝卜切成四瓣。将蔬菜和蒜瓣混合。加入适量盐和胡椒调味。倒入橄榄油、白葡萄酒、蜂蜜，加入少许百里香和迷迭香。将处理好的食材倒在铺有硫酸纸的烤盘上。入烤箱烤制40分钟，其间不时翻动蔬菜。最后以190℃再烤制10分钟。

牛肋肉

3. 提前1小时将牛肉从冰箱中取出，双面抹盐。平底锅烧热，加入20克黄油。将牛肉煎至金黄色（平均每面煎3～4分钟）。最后放入预热至200℃的烤箱中烤制10～15分钟。烤制后的牛肉放在锡纸上静置15分钟。可用探针查看肉的熟度：肉中央温度约为54℃，略微带血。
4. 将蔬菜和牛肉切片装盘，浇上红酒酱汁。

主厨履历

戈登·拉姆齐（GORDON RAMSAY）

摇滚厨神

苏格兰人戈登·拉姆齐是英国美食界的厨神，他既是个有天分的孩子，也是个坏脾气的孩子。他以其自由的表达和在媒体上引发的话题而闻名，他在世界各地开设的众多餐厅也取得了巨大成功。

戈登·拉姆齐很有头脑。他的发型凌乱、额头上遍布深深的表情纹，还曾经拥有足球运动员的身材。他有张“大嘴巴”，这一点在《地狱厨房》（*Hell's Kitchen*）节目中已得到展现，该节目曾在120个国家播出。在节目中，他进驻无能老板濒临倒闭的餐厅，彻底革新餐厅的装修和菜单，对经营者进行魔鬼训练，充分调动人员积极性，将餐厅从危机中解救出来。

该节目使其成为全球最知名的厨师。他在Instagram上有600多万粉丝，在推特上的粉丝数量也差不多，他不顾情面、又略带幽默地点评那些骄傲地将自己可怜的烹饪作品发给他的用户……他在某些程度上具备摇滚精神，有着好莱坞明星的派头。一些人觉得他是恶魔，另一些则认为他是完美主义者。他工作十分勤勉，自称每天工作16个小时，每周6天。他在全球开设了35家餐厅，有些是授予专营权，有些餐厅则直接以他本人的名字命名。

戈登·拉姆齐在媒体上高谈阔论、引起话题之前，时常会因为自己的咄咄逼人而吓倒别人。他现年52岁，生于一个普通的家庭，曾在法国学习厨艺，并将全部热情投入自己的事业。如今的他比引导其入行的导师古伊·萨沃伊（Guy Savoy）更出名，且他早于自己的导师摘得米其林三星。他还曾在乔尔·卢布松（Joël Robuchon）的餐厅工作，26岁那年他开设了自己的第一家餐厅，不久之后便摘得米其林二星。2001年，他在伦敦切尔西区的第一家餐厅被授予米其林三星。他与法国料理界关系密切，曾参与凡尔赛特里亚农宫酒店（Trianon Palace）和波尔多洲际酒店银榨场餐厅（Le Pressoir d'Argent）的管理工作。他似乎永不疲倦，不断开拓自己的事业。他也曾因为自己的直言不讳和粗暴的方式遭受非议。但无论如何，这位全能厨师总会凭借自己高质量的料理重回巅峰，特里亚农宫酒店的菜单上便有几道他的原创代表菜品，包括科隆纳塔猪油炒野生蝾螺、圣乔治伞菇、豌豆通心粉、旺代烤乳鸽、车厘子配冰镇萝卜、凉拌酢浆草、波特酱汁、柠檬草巧克力冰激凌、可可脆饼等。

特里亚农宫酒店（Trianon Palace，米其林一星）/银榨场餐厅（Le Pressoir d'Argent，米其林二星）

苏格兰

哈吉斯（Haggis）及其他苏格兰特产

苏格兰的国菜非常特别，它从未真正地被传播到其他国家。

哈吉斯这道羊肚料理是苏格兰必不可少的美食，全年都可以吃到，通常搭配土豆泥和白萝卜泥（neeps and tatties）。哈吉斯已有几个世纪的历史，由苏格兰高地的女性牧民们创作，她们发现用这种方式制作的食物容易运输。制作哈吉斯需将羊的内脏混合切碎，加入洋葱、燕麦粉、肾脏的脂肪和各种香料。将混合好的食材装入羊肚，在沸水中煮几个小时，用刀切成薄片后食用，通常还会浇上一层威士忌酱汁。这便是哈吉斯的传统制作方法。但大厨们也在不断对哈吉斯进行再创作，其中最著名的要数汤姆·基钦（Tom Kitchin）的版本。他是苏格兰美食的忠实捍卫者，倡导亲近自然的料理。他出生于爱丁堡，曾在伦敦的餐厅、古伊·萨沃伊（Guy Savoy）位于巴黎的餐厅和阿兰·杜卡斯（Alain Ducasse）位于摩纳哥的餐厅学艺。2007年，基钦餐厅（The Kitchin）仅在爱丁堡开业数月，便摘得了第一颗米其林星星。餐厅的菜品以优雅而纯粹的方式诠释当地出产的食材，比如苏格兰高地羊脊肉配怀伊谷芦笋、橡木熏比目鱼、猪头肉及烤托伯莫里龙虾尾。

基钦餐厅（The Kitchin，米其林一星）

观察员评论

当我吃到哈吉斯时，我便会想起诗人罗伯特·伯恩斯（Robert Burns）写的《哈吉斯颂》（*Ode au Haggis*）："美味又漂亮的哈吉斯，你是统领布丁军团的最高指挥官！"

猎捕松鸡

人们穿着高筒靴和巴伯尔牌外套，肩上扛着步枪，走过欧石楠丛生的小山坡和石子铺成的小径，密切观察走在前面的猎犬的踪迹。人们在海拔300～600米的崎岖道路上行走数小时，随时准备射击随风飞起的松鸡，它们的低空快速飞行加大了射击的难度。松鸡是苏格兰和英格兰北部的特色野味，每年8月12日至12月10日，人们会在这片遍布河流、蕨类、苔藓和草丛的广袤沼泽地区猎捕松鸡。但猎捕这种野生红棕色羽毛野鸡的成本很高，捕猎的收费不菲，只有狩猎爱好者和上流人士才会参与其中。每天最多允许猎捕5只松鸡。这种野味非常受欢迎，它的肉质细腻紧实，带有微微的树脂香气，依据肉的部位不同，厨师们会以烤或炖的方式进行烹饪。如果想品尝松鸡，又不愿踏足泥泞的沼泽、承受高原的冷风，创立于1798年的伦敦历史最悠久的餐厅——儒勒餐厅（Rules）是个不错的选择，餐厅供应烤松鸡和腌松鸡，但只有在狩猎季才能吃到。野味是餐厅的特色，餐厅在杜伦郡的蒂斯代尔有专属狩猎场，以保证食材的供应。菜单上甚至还有一条给顾客的提示：禽类的肉中可能藏有铅弹碎片……

哈吉斯

4～6人份所需食材

羊肺 1个

羊肚 1个

羊心 1个

羊肝 1个

牛油 225克

燕麦粉 ¾杯

2个洋葱 切碎

盐 1汤匙

手磨胡椒 1咖啡匙

卡宴胡椒粉 ½咖啡匙

肉豆蔻 ½咖啡匙

肉汤 ¾杯

1. 将羊肺和羊肚洗净，涂抹一层盐后漂洗。去除筋膜和多余的脂肪，在冷盐水中浸泡数小时。翻转羊肚，使其完全浸入盐水中。
2. 将羊心和羊肝放入锅中，倒入冷水。煮沸后转小火。盖上锅盖，小火煮30分钟。将羊心切碎，羊肝随意掰碎。用平底锅烤燕麦粉，不时翻炒至燕麦粉变为褐色。加入除了羊肚之外的所有食材，混合均匀。
3. 将混合好的食材松散地装入羊肚至¾满（燕麦煮熟后会膨大）。排去羊肚中的空气，用细线缝合。将羊肚在沸水中煮3小时，不要盖锅盖。若水减少，可加入适量水，以保持水位。
4. 用细针在膨胀的羊肚上扎几下，防止羊肚爆裂。将煮好的羊肚放在热盘子上，拆掉细线。搭配白萝卜泥和土豆泥一起食用。

威尔士制造！

请不要对着一个加的夫居民说他是英格兰人！
在威尔士，就连日常饮食都与别处不同。

威尔士公国位于英格兰西侧，那里坚守着自己的文化。说到文化，就不得不提起美食！这个小小的公国在饮食上有着专属的特点。当地的特色食材包括高尔半岛小羊肉、绵羊肉、黑牛肉以及以清蒸烹饪的贝类、三文鱼、鳟鱼等海鲜，此外还有代表性的韭葱和卡菲利奶酪（caerphilly）。在威尔士的菜单上，保留了很多传统菜肴：必不可少的便是韭葱汤，以及介于清汤和炖菜之间、用肉和蔬菜制成的威尔士炖汤（cawl）；人们还能吃到用猪肝和洋葱制成的威尔士肉丸（faggot）；用切达奶酪、芥末酱和啤酒制成的干酪面包——威尔士兔子（welsh rarebit）；还有不用肉，而是用奶酪、面包屑、鸡蛋、韭葱、洋葱和香料制成的格拉摩根香肠（Glamorgan sausages）……威尔士也有一些特色的甜食：除了司康饼的姐妹版——威尔士蛋糕（welsh cake），还有下午茶必吃的葡萄干面包（bara brith）。威尔士最具特色的食品要数莱佛面包（laverbread），它曾是矿工们的早餐。将黑燕麦和海藻混合，在沸水中煮数小时后切碎，做成黑色的泥状，可摊成煎饼搭配培根食用，或涂抹于烤面包上品尝。威尔士的特产如此丰富，烹饪界自然也不甘落后。位于奥克斯威奇海滩之家餐厅（Beach House）的主厨海威尔·格里夫斯（Hywel Griffith）便是一位代表性的厨师。餐厅位于一个以龙虾闻名的海湾。餐厅的菜单上只有5道菜品，但厨师也会制作慢烤猪胸肉配茄子、生菜、小扁豆，以及意式水管面配炖菜、土豆和柠檬百里香。

“这个小小的公国在饮食上有着专属的特点。”

威尔士兔子及其衍生菜品

介绍威尔士兔子的食谱之前，首先要向大家强调，18世纪时，它还被称作“rabbit”，而不是“rarebit”（威尔士语的兔子）。后者其实并不准确，因为这道菜的食材不包含兔肉。威尔士兔子还有两个衍生版本——苏格兰兔子和英格兰兔子，但它们的由来尚未明确。可能是因为威尔士人非常喜欢烤成焦黄色的奶酪，也可能是因为过去的狩猎活动中禁止猎捕野兔，所以威尔士人只能用奶酪代替。

无论是苏格兰兔子、威尔士兔子还是英格兰兔子，它们都有着奢华的外观。制作它需要最好的切达奶酪、一瓶好酒和最细腻的黄油，加一点芥末酱也不错。后来，它逐渐演变成现在的样子：吐司表面覆盖着流动的奶酪，中间加入了啤酒和香料，有时还会加入面粉、芥末酱和伍斯特郡酱汁，再抹一层番茄酱，就做成了脸红兔子（blushing bunny），如果加个鸡蛋，则是巴克兔子（buck rabbit）。

法式火腿奶酪三明治（croque-monsieur）的起源似乎与威尔士兔子无关，但我们可以在法国的北方滨海地区找到威尔士兔子的衍生版本：由一片面包、一片火腿和一层流动的啤酒芥末切达奶酪组成的威尔士三明治。它的做法与英国原版十分接近，而大气的北方人会加入更多配料，厚厚的一层奶酪几乎盖住了其他所有食材。据说在1544年，亨利八世命令威尔士的军队包围滨海布洛涅，威尔士兔子的做法由此传到当地。这应该算是亨利八世给他的六位王后留下的甜蜜回忆……

“法式火腿奶酪三明治的起源似乎与威尔士兔子无关……”

咖喱威尔士兔子

准备时间：15分钟

烹饪时间：8～10分钟

4人份所需食材

新鲜的去皮面包 30克

切达农场奶酪碎 300克

面粉 15克

精酿啤酒（推荐使用英国艾尔啤酒或比利时修道院啤酒）100毫升

辣芥末酱 1满咖啡匙

伍斯特郡酱汁 酱汁瓶挤2下

咖喱粉 2平咖啡匙

手磨白胡椒 适量

鸡蛋 1个

蛋黄 1个

中等大小的发酵面包 8片

1. 将去皮面包放入搅拌机中，打成细腻的面包屑。放好备用。将啤酒倒入锅中，加入切达奶酪，小火融化，其间不时搅拌，但不要煮沸。加热至锅中食材质地光滑，加入面粉、面包屑、咖喱粉和芥末酱。将火微微调大，加热5分钟，直至锅中液体浓稠且不粘锅。加入伍斯特郡酱汁和大量胡椒粉。关火。烤箱预热。将锅中食材倒入电动搅拌桶中，加入鸡蛋和蛋黄，搅拌数秒。将面包片烤热，然后将混合好的食材倒在面包片表面。在烤箱中烤至表面呈金黄色。

2. 搭配瓶中剩余的啤酒食用。

食谱摘自索菲·布里索（Sophie Brissaud）《在炉边》（*Au coin du feu*，La Martinière出版社，2018年出版）。

经典美食

下午茶的礼仪

贝福德福女公爵安娜·罗素（Anna Russell）首创了下午茶这种形式的休闲活动。在19世纪的英格兰，人们一天只吃两餐，分别是早餐和晚餐。下午茶的主要目的是弥补午后的饥饿感。下午茶从诞生起，就由若干小糕点、咸味小三明治和茶组成。下午茶的礼仪也延续至今。如今下午茶是英格兰的传统活动，但这一风俗也传到了其他国家。无论在过去还是现在，下午茶都是一种十分优雅的存在。大吉岭茶和伯爵红茶是最经典的下午茶饮品，此外也会有一些比较不常见的日本茶叶或中国茶叶。司康饼也是下午茶的重要组成部分。司康饼发源于苏格兰，是一种质地紧实的小饼干，通常搭配厚奶油和果酱食用。其他点心也会出现在下午茶的糕点组合中，传统下午茶会包含维多利亚海绵蛋糕，如今它已被蛋挞、闪电泡芙或奶油泡芙取代。下午茶中还能吃到咸味三明治组合！如今，在全世界的大酒店里，下午茶都是糕点师大显身手的时刻。他们可以趁此机会将自己的大部分作品展示给顾客。他们既可以坚守经典，也可以发挥创意，但无论如何，都需保持对下午茶礼仪的尊重。

无酒精鸡尾酒（Mocktail）的风行

无酒精的鸡尾酒如今越来越流行……调酒师们尽情发挥着想象力，满足人们的渴望。

在禁酒令执行期间，无酒精鸡尾酒得以存续，并成为新的风潮。“无酒精鸡尾酒”一词由“mock”和“cocktail”（鸡尾酒）组合而成，其中“mock”意为模仿。近几年，无酒精鸡尾酒在纽约、巴黎和伦敦等大城市风靡。它风靡的原因是什么？首先是为了满足人们对“不含酒精”饮品日益增长的需求。世界各地最著名的酒吧调酒师们都在制作无酒精鸡尾酒，比如位于英国首都的萨沃伊饭店（Savoy Hotel）的美式酒吧（American Bar），酒单上便有好几种无酒精鸡尾酒可供选择。无酒精鸡尾酒并不是含酒精鸡尾酒的寡淡版本，也不是传统意义上几种普通果汁的混合物。这是一个有着无限可能的全新领域，是一个让调酒师们进行重新创作的学科门类，它的风味、口感甚至成分都与传统鸡尾酒完全不同。例如大受欢迎的希蒂力鸡尾酒（Seedlip），这种无酒精烈酒经蒸馏制成，未经发酵，味道与杜松子酒很像，但却完全不含杜松子，其配方中的一些草药还有滋补功效。有人说无酒精鸡尾酒很俗气？恰恰相反，无酒精鸡尾酒正风靡！

单一麦芽

威士忌是一门艺术！

如今很多国家和地区都出产威士忌，
包括日本、印度、美国等。
然而，最正统的威士忌产自苏格兰和爱尔兰，
两地都自称是威士忌的发源地，为此争论不休！

观察员评论

威士忌要加冰吗？

饮用高品质的威士忌不应该添加冰块，冰块会麻痹味觉，影响口味。威士忌爱好者和专业品酒师对是否应该加水的看法也有分歧。总而言之，这是两种完全不同的品酒方式，您可以选择更适合自己的！

威士忌本身是一个内涵丰富的品类，无法简单概括。表面上看，威士忌的基础成分似乎很简单，只有谷物、水和酵母！但事实并非如此。单以大麦为例，就有很多个不同的品种，每种大麦的酿酒工序各异，香味特点也有区别。水也是一样的情况。根据水源地的不同，每种水都有各自的地理特性。水作为威士忌酿造中最重要的成分，是每家酒厂的特殊保护对象。比如艾雷岛的每家酒厂都有专属的水源地。

此外还有各种形式的蒸馏器，以及将威士忌缓慢酿制成熟的各式酒桶，还有单一麦芽与混合麦芽的区别……

从酒的成分到蒸馏技术，再到每家酿酒厂的风格，威士忌的种类十分多样，生产威士忌的酒厂也很多。苏格兰是威士忌酒厂最多的地区，有上百家仍在运营中的酒厂，它们主要分布在五个产区：苏格兰低地（Lowlands）、苏格兰高地（Highlands）、斯佩塞（Speyside）、坎贝尔顿（Campbeltown）和艾雷岛（île d'Islay）。以北部的高地为例，格兰杰（Glenmorangie）便是当地的一家传奇酿酒厂，它从1880年开始就以蒸汽加热方式酿酒，是较早使用这种酿酒方式的酒厂之一。它拥有苏格兰地区最高的罐式蒸馏器（超过5米），以单一麦芽威士忌和酒桶精酿闻名。酒厂还以距离泰恩镇不远的精美酒庄旅馆闻名。格兰杰旅馆私密性很强，有9间客房，配有1家高级餐厅，主厨是约翰·威尔逊（John Wilson）。格兰杰旅馆位于宁静而愉悦的大自然环境里，展现着苏格兰的生活艺术。

“水作为威士忌酿造中最重要的成分，是每家酒厂的特殊保护对象。”

Whisky还是whiskey?

在世界上的大多数国家，威士忌都被称作“whisky”，但在美国和爱尔兰，这个词的拼写要加入字母“e”。爱尔兰威士忌通常要经过3次蒸馏，而在苏格兰一般进行2次蒸馏。

三文鱼

苏格兰三文鱼 VS 爱尔兰三文鱼

法国有着悠久的熏鱼制作传统，是欧洲第二大烟熏三文鱼生产国，2017年产量达28400吨，仅次于波兰，第三名是英国。在法国，人们专注于制作烟熏三文鱼，而不是养殖三文鱼。大西洋三文鱼与其他三文鱼并不只是产地上的区别，它是一个不同的品种，最大产区是挪威，其次是智利。英国、澳大利亚、加拿大和法罗群岛也是大西洋三文鱼的主要产地。19世纪时，英国最早开始尝试三文鱼的淡水养殖，但在当时这种养殖方式主要在河流中进行。直到1960年，挪威出现了最早的海水网箱养殖，之后包括苏格兰和爱尔兰在内的一些国家和地区也纷纷效仿这种做法。

红标与有机标

苏格兰的人工养殖三文鱼历史已有40年，1992年，苏格兰三文鱼成为最早取得红标的非法国产品。2004年，苏格兰三文鱼取得了地理保护标志（IGP），它的养殖需遵循严格的规范，首先需在苏格兰高地和岛屿地区水流湍急的淡水环境中养殖约15个月，随后在低温的盐水湖中养殖12～36个月，三文鱼的养殖密度需控制在1.5%的鱼配98.5%的水。随着网箱养殖的发展，爱尔兰面临着两个问题：水深不够，以及民众对安装大型养殖装置的强烈反对，这种反对情绪至今仍然存在。这使得爱尔兰当地的三文鱼养殖业无法与邻国相提并论，更比不上挪威。爱尔兰于是将发展重心转移到有机养殖上，如今有机三文鱼已占该国三文鱼总产量的70%，养殖过程中对药物的使用有严格限制，并要求用富含谷物的有机饲料进行喂养，以更好地保护海洋资源。

顶级的笼捕大虾!

苏格兰人会用这种生态友好型的特色笼捕方式捕捞海螯虾。
也难怪那些严苛的大厨们一再要求使用笼捕大虾烹饪。

在甲壳类家族中,以“挪威龙虾”闻名、昵称为“虾小姐”的挪威海螯虾是一种生活在不同深度海域的海洋动物,它们会在海底的沙地上挖洞,将自己隐藏其中,外界环境黑暗时才会小心翼翼地离开洞穴。它们是海鲜料理界的大明星,主要由沿海小船或近海船只拖网捕捞。在法国布列塔尼的比格登小镇,人们便采取这种捕捞方式,挪威海螯虾也是英国勒古拉威尼克港口和洛克蒂迪港口最重要的渔获资源。在法国和其他国家,另一种捕捞方式正在逐步发展:设饵虾笼捕捞。苏格兰是第一个真正在近海地区进行大规模设饵虾笼捕捞的地区,当地沿海地区的不同海域都在进行这种方式的捕捞活动。

设饵虾笼捕捞有哪些优点呢?首先,笼捕的捕虾量比拖网捕捞小得多,从而使我们能够更好地保护海洋资源;其次,用这种方式通常能够捕获最大体积的海螯虾;最后,这种捕捞方式对海螯虾更加友好,使其不至于被拖网中成吨的同类压碎或窒息。近几年,笼捕已成为捕捞海螯虾的必要方式,最好的鱼贩和大厨只选购笼捕大虾。苏格兰捕捞的海螯虾也因此成为尊贵的出口产品。

“近几年,笼捕已成为捕捞海螯虾的必要方式。”

马萨拉鸡

（Chicken Tikka Massala）

4人份所需食材

鸡胸肉 2块	丁香 4粒
去骨鸡腿 2个	小豆蔻 6颗
2个柠檬 榨汁	去皮番茄 400克
酸奶 150毫升	水 300毫升
大蒜 3瓣	奶油 50毫升
姜蓉 1汤匙	青椒碎 2个青椒
孜然 1咖啡匙	辣椒粉 1撮
马萨拉综合香料 1汤匙	糖 2撮
辣椒粉 1汤匙	马萨拉综合香料 1汤匙
盐 适量	

用于收尾和装饰

香菜叶 若干

印度馕饼 适量

用于制作马萨拉酱汁

洋葱 2个

酥油 2汤匙

大蒜 4瓣

姜蓉 2汤匙

2厘米长的肉桂 1根

1. 在柠檬汁中加入少许盐、酸奶、大蒜片、姜蓉、孜然、马萨拉综合香料和辣椒粉，将切成块的鸡胸肉和鸡腿肉放入其中腌制一夜。将腌制后的肉块用签子串起，在烤架上烤制15分钟，其间翻面一次。腌肉的酱汁放好备用。
2. 洋葱去皮切碎。将洋葱与酥油、大蒜、姜蓉、肉桂、丁香和磨成粉的小豆蔻混合。倒入去皮番茄和水。煮熟后打成酱汁。加入奶油、青椒碎、辣椒粉、少许糖、腌肉的酱汁、烤熟的鸡肉块和马萨拉综合香料。
3. 表面撒一层香菜叶，搭配印度馕饼食用。

美食融合

格拉斯哥的马萨拉鸡

马萨拉鸡是英式融合美食的代表，可能是由印度咖喱黄油鸡（murgh makhani）发展而来，鸡肉先腌后烤，再用印度风味酱汁浸泡。关于马萨拉鸡的起源有多个说法，有人说这道菜由一位在格拉斯哥的巴基斯坦厨师为一名饥肠辘辘的公交车司机创作，他将干巴巴的咖喱鸡肉浸泡在司机自带的番茄汤、酸奶和香料中。英国人本身在烹饪上不具备优势，于是广泛接纳了殖民地国家的美食，且由于本国条件的限制及运输原因，在外国菜品中加入了各式调味品进行改良，英国酸辣酱和IPA啤酒便是这样诞生的。最终做出的菜肴并不能代表来源国的美食特点，但却非常受欢迎，经过精心烹制的菜肴味道很棒。

伦敦的印度风味美食

1750年至1947年，英国王室统治印度地区，该地区涵盖了如今的印度、巴基斯坦和孟加拉国。难怪伦敦会拥有几家世界上最好的印度餐厅。当我们想到印度菜，经常会想到一个形容词——辛辣。尽管印度菜是世界上内涵颇丰富、香料颇多的菜系之一，但对于很多人而言，第一次品尝印度菜是一种辣到痛苦的回忆。

想要了解南亚次大陆的各种菜系的精妙之处，并获得令人难忘的印度美食体验，伦敦是一个理想的地点。英国首都伦敦拥有众多供应印度不同地区美食的餐厅，比如位于马里波恩街区的特莉萨娜餐厅（Trishna）。餐厅供应印度西南沿海地区的美食，包括芥末唐杜里烤虾、红胡椒味海鲜及海鱼等。在有着15年历史的阿玛雅餐厅（Amaya），人们可以见识到铁板烤（tawa）、唐杜里（tandoor）、炭炉烤（sigri）等多种烹饪方式。位于梅费尔区的吉姆卡纳餐厅（Gymkhana）制作印度北部的美食，例如香料酸辣酱羊肉卷、马萨拉香料炖蟹及龙虾烩鹌鹑蛋等。

—

特莉萨娜餐厅（Trishna，米其林一星）/阿玛雅餐厅（Amaya，米其林一星）/吉姆卡纳餐厅（Gymkhana，米其林一星）

饮品

啤酒的饮用方法！

IPA 啤酒（印度淡色艾尔啤酒）与世涛啤酒（stout）的区别在哪？
为了避免盲目选择，接下来向大家提供几个线索。

您懂得啤酒的英文术语吗？

啤酒酿造的历史表明，一直以来啤酒都有很多种类，风格也非常多样。啤酒的类型取决于其生产方式，特别是发酵方式的不同，比如顶部发酵的艾尔啤酒（ales）、底部发酵的淡味啤酒（lagers）和自主发酵的兰比克啤酒（lambics）。但如果仅以此标准进行区分，就过于简单了。这三种啤酒大类下又分出很多小的啤酒家族，其涵盖大量啤酒种类，此外还有很多难以划分到特定家族的啤酒。同东欧地区和比利时一样，英国也是啤酒酿造的大国，有多种啤酒类型起源于英国。

您懂得啤酒的英文术语吗？阅读酒标时，您可能会看到一些有价值的词汇。“Bitter”（苦味啤酒）是英吉利海峡地区最常见的啤酒类型，是一种通过啤酒花进行顶部发酵的啤酒。苦味啤酒的种类也有很多，它们的共同点是保留了或浓或淡的苦味。在英国艾尔啤酒家族，淡色艾尔啤酒（pale ale）是一种非常受欢迎的啤酒花酿制酒，酒体呈琥珀色，有浓郁的麦芽风味。如今，印度艾尔啤酒（IPA）获得了巨大的成功。根据用到啤酒花的类型不同，这种啤酒也涵盖了众多种类。艾尔啤酒还有很多衍生品种，如浅棕色且低酒精度的淡味艾尔（mild ale）、带焦糖味的棕色艾尔（brown ale）、酒劲更大的红色艾尔（red ale）以及被啤酒专家伊丽莎白·皮埃尔（Élisabeth Pierre）描述为“比淡味艾尔更浓郁、酒精度更高，低温发酵，带有麦芽和焦糖的香气，苦味更淡”的苏格兰艾尔（scotch ale）。在英国啤酒的酒标上，我们有时也会看到“stout”（世涛啤酒）的字样，这是一种顶部发酵、颜色很深、味道浓郁、加入很多啤酒花的啤酒。世涛啤酒的种类也有很多，其中不乏优质品种。而以上只是对英国啤酒众多精妙之处的小小一瞥。

上帝保佑蓝纹奶酪！

距离热闹的伦敦波罗食品市场（Borough Market）有一定距离的尼尔庭院乳制品厂（Neal's Yard Dairy）是一个美食天堂。

20年来，尼尔庭院乳制品厂的厂长道夫·霍奇森（Randolph Hodgson）一直积极维护英国农场奶酪，推动生牛乳奶酪的生产。大批量圆盘形的切达奶酪和各种带霉点的干酪让广大奶酪爱好者十分着迷。在用目光搜寻斯提尔顿奶酪（Stilton）时，您有可能会看到斯提车尔顿奶酪（Stichelton），后者是前者的复制品，但由生牛乳制成。斯提尔顿奶酪是英国蓝纹奶酪的代表之一，由巴氏灭菌牛奶制作。这种重达6千克的车轮形奶酪呈象牙色，表面遍布蓝色的大理石纹路，其中一些产地已取得地理保护标志，包括德比郡、莱斯特郡和诺丁汉郡。有趣的是，斯提尔顿镇并不位于这三个产地之中。太年轻或年份太久的蓝纹奶酪质地易碎，带有微酸。经过熟成，奶酪的质地会变得光滑，味道稍显辛辣，在口中回味悠长。最好的斯提尔顿奶酪由夏季出产的牛乳制成，因为奶牛在夏季能吃到最肥沃的牧草。经过3～4个月的发酵，11月至次年2月是奶酪的最佳品尝时间。热爱蓝纹奶酪的英国人有些选择困难，因为仅在斯提尔顿就有约15种蓝纹奶酪。一些品种在几近消失之后又重获新生，比如温斯利代尔奶酪（wensleydale）。有些品种诞生自农场奶酪生产者的奇思妙想，例如爱尔兰北部的迈克尔·汤姆森（Michael Thomson）创作的杨巴克奶酪（Young Buck）、罗宾·康登（Robin Congdon）创作的山羊蓝纹奶酪——蓝哈布尔奶酪（Harbourne Blue），以及罗宾·康登根据罗克福奶酪（roquefort）配方创作的蓝德文奶酪（Devon Blue）和比雷青丝奶酪（Beenleigh Blue）。

切达啤酒浓汤

准备时间：20分钟
烹饪时间：10分钟

4人份所需食材

烟熏五花肉丁 50克
新鲜青椒1个或墨西哥辣椒圈若干
小洋葱头 2个
面粉 1汤匙
金色啤酒 300毫升
无盐鸡汤 500毫升
黄油 适量
切达奶酪 125克
手磨胡椒 适量

1. 在一只足够大的平底锅中，放入黄油，小火炒五花肉丁，直至肉丁变成金黄，质地酥脆。炒好的肉丁放好备用，炒出的猪油留在锅内。

2. 小洋葱头切碎，辣椒切片。切好后将其倒入留有猪油的锅内，小火翻炒5分钟。若油不够可加入少许黄油，将锅内食材炒成褐色。加入面粉，用铲子搅拌1分钟。关火后用余热继续加热1分钟。

3. 加入啤酒，搅拌均匀。中火加热至质地浓稠，其间不停搅拌。边搅拌边逐步加入鸡汤，煮沸后继续小火加热10分钟，其间不停搅拌。品尝并调味。

4. 关火，加入切达奶酪，轻轻搅拌。当奶酪完全融化后加入胡椒和炒好的五花肉丁，即可上桌。若想继续加工，可将汤装入碗中，盖一片烤过的面包，表面撒一层切达奶酪碎，入烤箱烤制5分钟。

5. 搭配啤酒一起食用。

食谱摘自索菲·布里索（Sophie Brissaud）《在炉边》（*Au coin du feu*，La Martinière出版社，2018年出版）。

尽管很多开餐厅的夫妻档都采用丈夫担任主厨、妻子负责大堂的传统组合方式，也有小部分夫妻档选择两个人都在厨房工作。

厨房夫妻档

“我当时一点也不喜欢这位男士！”当神崎千穗（Chiho Kanzaki）回忆起十多年前在芒通奇迹海岸餐厅（Mirazur）与毛洛·科拉格雷科（Mauro Colagreco）的初遇时，不禁噗嗤一声笑了出来。但这并不妨碍这位勤奋好学的日本女士和开朗热情的阿根廷男士携手开拓共同的事业，并在位于巴黎的维尔图斯餐厅（Virtus）为顾客提供融合了千穗的谨慎和毛洛的创新的优雅料理。两个人都非常了解对方的味觉偏好。热爱糕点制作的毛洛说：“我从来不会制作不符合千穗口味的甜品。”在厨房里，他们从不会让自己的观点凌驾于其他人之上，也不会做出任何亲昵的举动：“为了集中精力，也出于对在场的五人厨师团队的尊重，我们在厨房里只是同事关系。”但只需交换一个眼神，两个人便能够互相理解、互相倾听、做出决定。“知道他在那里很让我安心。”千穗笑着说。“两个人一起在厨房工作能让人精力满满。”毛洛说道。

在昂热的牛奶、百里香和盐餐厅（Lait Thym Sel），范妮（Fanny）和加坦·莫凡（Gaëtan Morvan）用手和感官，每周六、日为16位幸运儿制作美味的晚餐。“我们计划好了什么都要一起做”，范尼表示，“我们一起见生产商，一起挑选食材，一起交流我们的味觉记忆。然后我们会研究烹饪与技巧，不断试验、品尝、精进……”这对年轻的夫妇一肩挑，不聘用任何员工。他们认为自己成功的关键在于精准的执行和严密的组织。

“我们经常争吵！”藤隆之介（Ryunosuke Naito）与刘凯雯（Kwen Liew）一齐笑着说道。这对三十来岁的小夫妻在巴黎创立了关联餐厅（Pertinence），分别来自日本和马来西亚的夫妻俩包揽了这家充满禅意、灯光明亮的小餐厅的全部业务，包括进货、菜品构思，餐厅服务、餐具洗刷、行政工作等。“我们什么都做，什么都一起做！”这对小夫妻表示。每天邻居们都亲切地向他们打招呼：“你们好，恋爱中的人儿！”藤隆之介与刘凯雯总是知道对方在做什么，这种精巧的双人协作方式，使他们创作的菜品融合了两种完全不同文化背景，也融入了两人的优雅与才华。他们的秘诀是什么？“我们对彼此有着100%的信任，每天晚上洗完餐具，我们都会坐在一起交谈45分钟，来化解分歧、进行调整修正，以实现进步。”这三对夫妻的例子证明，两个人比一个人更好。

“我们什么都做，什么都一起做！”

藤隆之介&刘凯雯

奇迹海岸餐厅（Mirazur，米其林三星）/维尔图斯餐厅（Virtus，米其林一星）/牛奶、百里香和盐餐厅（Lait Thym Sel，米其林一星）/关联餐厅（Pertinence，米其林一星）

我们能吃蓝色的食物吗？

蓝色的食物在餐盘上极为罕见，甚至完全不存在，蓝色似乎与食物毫无关联。我们真的能吃蓝色的食物吗？

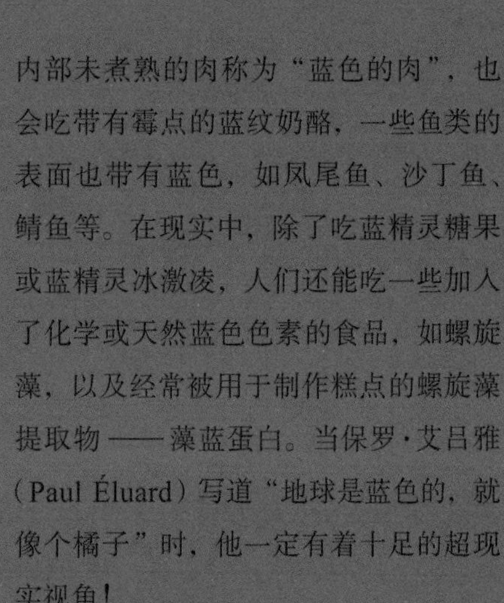

仔细想来，蓝色不符合我们对食物的预期，也不会成为食品营销的卖点。它与半脱脂牛奶一样，带给人清淡的感觉，但却并不符合消费者的需求，让人感到冷淡，无法带来欢乐。而造成这一局面的原因很简单：自然界中并没有一种食物天然就是蓝色，我们的大脑也没有做好眼前出现一个纯蓝番茄的准备。以蓝莓为例，蓝莓其实是紫色的，颜色和紫薯或无花果的果皮差不多。植物和花朵有蓝色的，如迷迭香和牛膝草，但人们很难将其视为食物。我们通常会将内部未煮熟的肉称为“蓝色的肉”，也会吃带有霉点的蓝纹奶酪，一些鱼类的表面也带有蓝色，如凤尾鱼、沙丁鱼、鲭鱼等。在现实中，除了吃蓝精灵糖果或蓝精灵冰激凌，人们还能吃一些加入了化学或天然蓝色色素的食品，如螺旋藻，以及经常被用于制作糕点的螺旋藻提取物——藻蓝蛋白。当保罗·艾吕雅（Paul Éluard）写道“地球是蓝色的，就像个橘子”时，他一定有着十足的超现实视角！

M

欧洲其他国家

Reste de L'Europe

克里特岛的饮食

20世纪中期的多项研究证实，尽管克里特岛的卫生系统较为落后，但克里特岛人的预期寿命要长于欧洲其他地区，这归功于当地低动物蛋白的饮食体系。

克里特岛的饮食已被证实与当地人较少罹患心血管疾病、癌症或糖尿病相关。当地饮食建立在简单准则的基础之上，“克里特岛饮食”是长寿的代名词，其适应了克里特岛的特点和农耕文化，当地居民主要食用富含维生素、矿物质和抗氧化剂的食材。当地饮食以蔬菜、水果、干果、豆类和谷物为主，人们也会将谷物做成面包。与此同时，这种饮食体系限制了精制糖的摄入，倡导食用富含维生素C的水果。当地人只愿意食用源自植物的油脂，如橄榄油或干果中的脂肪。葡萄酒是唯一被允许偶尔饮用的酒类，因为它富含抗氧化剂，可以延缓细胞衰老。动物蛋白的直接摄取则来自捕获的鱼类或海鲜，当地人不常食用肉类蛋白。人们也会通过用绵羊奶或山羊奶做成的乳制品摄入蛋白质。最近还出现了另一种地中海地区的饮食体系——皮奥皮饮食（Pioppi）。皮奥皮是意大利坎帕尼亚大区的一个小村庄，当地除了推崇与克里特岛相似的饮食体系，还提倡共同生活的艺术和共同用餐的欢乐。

“……克里特岛的饮食建立在简单准则的基础之上。”

克里特岛

章鱼的烹饪

章鱼美味，但做起来也很麻烦！至少对于大个的章鱼而言是这样，体型较小的则不太费事。在擅长烹饪章鱼的欧洲南部，人们会采取各种方式让章鱼易于烹饪。希腊的渔民会将章鱼在岩石上摔打40次。人们完全没有必要用擀面杖锤打章鱼，因为它们一被捕捞就会被立即处理妥当。您还可以将章鱼冷冻2天以上，自然解冻后整只煮熟，然后再切开，这也是个不错的办法！

在希腊，人们会将章鱼摊开，放在大街上晒太阳，章鱼的味道在风干过程中得以浓缩；章鱼用炭火炙烤后再涂抹一层橄榄油和醋，味道会非常棒；也可以用红酒蒸熟，或加入醋味清汤制成凉菜。有人说在汤中加入少许红酒味道会更好。但最美味的烹饪方式是用红酒番茄酱汁将章鱼煮熟，最后配上短意面食用。

捷克共和国

街头甜品——捷克甜甜圈（Trdelník）

只要步行走过布拉格市区的街道，就一定会闻到捷克甜甜圈的香味。在所有大街小巷都能看到它的身影，特别是在那些人流量大的街上。捷克甜甜圈被叫作“trdelník”或“trdlo”，是一种由面粉、牛奶、黄油、糖、鸡蛋和酵母制成的发酵糕点。制作时需将面团绕成螺旋形，烤制约20分钟后再裹一层糖霜、肉桂粉、榛子粉或杏仁粉。

尽管捷克甜甜圈已成为布拉格的象征，正如华夫饼代表了比利时、可丽饼代表了布列塔尼一样，但它其实并不是真正的当地美食。据说匈牙利人曾于16—17世纪定居在罗马尼亚的特兰西瓦尼亚地区，他们在那个时期创作出这种甜品。几十年过后的1867年，奥匈帝国诞生，领土涵盖了包括捷克和斯洛伐克在内的众多少数民族地区。捷克甜甜圈因此被传播到前捷克斯洛伐克的史卡利卡地区。1993年，捷克斯洛伐克解体为捷克和斯洛伐克两个国家，捷克甜甜圈一方面在斯洛伐克的史卡利卡得以存续，另一方面也成为捷克首都布拉格一道不可错过的甜品，让包括游客在内的所有人为之着迷。

波兰

波兰伏特加

如果说墨西哥人爱喝龙舌兰，苏格兰人沉醉于威士忌，那么波兰称得上是伏特加的故乡……俄罗斯人一直对此表示不服。

几个世纪以来，伏特加一直是波兰历史的一部分。在物资匮乏的年代，人们通过伏特加逃避现实。第一次世界大战之后，伏特加产业被国家垄断，占政府总收入的10%至15%。伏特加由各种谷物（小麦、黑麦等）蒸馏制成，有时也会用到土豆、甜菜糖浆或其他农作物。蒸馏得到的纯酒需要过滤，并加水稀释，以降低酒精度数。波兰每年生产约1亿升伏特加纯酒，位居世界第一，纯伏特加主要用于制作鸡尾酒，其中最受欢迎的是各种加入了不同香味的酒，如出口量最大的朱波罗夫卡（Żubrówka），每瓶酒中都装有一片摘自比亚沃维耶扎森林（Białowieża）的叶子。克鲁普尼克伏特加（Krupnik）中添加了蜂蜜和各种草本植物，味道非常香甜。产自卢布林省的左拉德科瓦高斯卡伏特加（Żołądkowa Gorzka）呈琥珀色，加入了各式香草、香料和干果，最适合作为消化酒冰饮。2018年6月起，华沙的游客们可以参观首家波兰伏特加博物馆。游览结束后，您还可以在多姆·沃德基的灵丹妙药餐厅（Elixir by Dom Wódki）用餐，餐厅供应各式充满创意的当代美食，如鲱鱼、意式饺子、鞑靼牛肉等，并搭配数百种伏特加。

沉醉于托卡伊葡萄酒的人们！

匈牙利的托卡伊葡萄酒（tokay）非常特别，一生一定要尝一回！让我们一起探索它的神秘产区。

托卡伊葡萄酒（tokay或tokaji）产自匈牙利北部，主要由富尔民特葡萄（furmint）和哈斯莱威路葡萄（harslevelu）酿制而成，历史十分悠久。1737年，查理三世颁布皇家法令，划定了托卡伊的产区，路易十四将托卡伊认证为“国王之酒和酒中之王”。如今托卡伊的产区面积超过5000公顷，其种植情况与地区小气候紧密相关，也与火山岩的坡地和潮湿的土壤有关，当地有着种植贵腐葡萄的理想环境（易于灰葡萄孢菌繁殖），有利于葡萄的自然风干。葡萄的收获时节较晚，人们会将其放在容量20～25升的普东尼奥筐子（puttonyos）中，做成甜度很高的浓汁（aszù），随后与干白葡萄酒混合。充分浸透之后将混合物过滤，再灌入桶内开始发酵。人们在火山岩上挖出酒窖，将酒装在一个个小酒桶中慢慢酿制。为了区分托卡伊葡萄酒的类型，人们用“筐”（puttonyos）作为计量单位。“筐”介于3～6之间，数值越高代表酒的含糖量越高。作为一种甜利口酒，托卡伊尽管糖分很高，却充满活力，让每个葡萄酒爱好者都能为之一振。它混合了水果蜜饯、蜂蜜和香料的味道，适合搭配蓝纹奶酪和杏子甜品。您还可以品尝十分优雅的干型托卡伊，它适合作为开胃酒或搭配禽类和蘑菇饮用。

土豆炖牛肉（Gulyas）& 红辣椒粉

除了土豆炖牛肉，人们对匈牙利美食知之甚少。红辣椒粉是匈牙利菜的主线。红辣椒粉于16世纪由土耳其人传入匈牙利，并开始在塞格德和考洛乔地区生产，这使匈牙利成为东欧饮食最辣的国家。它为所有菜品调味，让鲤鱼汤（halászlé）变为砖红色，让奶油芝士（körözött）变成粉红色。在餐桌上，辣椒罐取代了胡椒罐，和盐罐并排站在一起。根据辣椒的辣度以及肉质和籽的比例不同，辣椒有的带甜味、有的带果味（édes）、有的很辛辣（erös）。奇怪的是，由曼加利察猪肉碎制成的美味冬季萨拉米香肠（téliszalámi）的原始版本中不含红辣椒粉，但之后演变出了多个含有辣椒的版本。

土豆炖牛肉菜谱（Gulyas）

1. 想要做出正宗的土豆炖牛肉（是浓汤而不是炖菜），请拿出您的铸铁锅。将切碎的洋葱、少许胡椒粒和一撮葛缕子倒入猪油中翻炒。
2. 关火，加入切成小块的牛肩肉和微辣型红辣椒粉（édesnemes）。搅拌均匀，开火继续翻炒，注意别将辣椒粉炒煳。一些人会加入切碎的番茄。倒入大量的热水，加盐，小火煮2小时左右，直至牛肉质地软烂。
3. 烹饪结束前半小时，加入大块的土豆和少许辣椒粉，使汤的颜色鲜亮。
4. 上桌前，将75克面粉、1个鸡蛋、20克黄油和少许盐揉成面团。将面团揉成细条，揪成小块，放入土豆炖牛肉中煮1分钟。
5. 搭配用卡达卡葡萄（kadarka）或弗朗可喜葡萄（kékfrankos）酿制的优质葡萄酒食用。

HUNGARY
I. OSZTÁLYÚ FŰSZER-
PAPRIKA
ŐRLEMÉNY

瑞士

安德里亚斯·卡米纳达（Andreas Caminada）

瑞士美食的领军人物

安德里亚斯·卡米纳达是一位才华横溢的厨师，他在瑞士最小的一个村庄——菲尔斯特瑙（Fürstenau）的小城堡里，开拓了一条不同寻常的职业道路。

我们在瑞士驾车驶离A3高速1千米。如果我们继续前行50千米，便会来到达沃斯。但我们来这不是为了见一些亿万富翁，而是前往位于格劳宾登州的小村庄菲尔斯特瑙。在这个自称为世界最小村落的宁静村庄，矗立着舒恩施泰因城堡（Schauenstein）。2003年，26岁的安德里亚斯·卡米纳达决定在这里落脚。在此之前，他曾广泛涉猎甜味和咸味料理，并在德国拜尔斯布隆的巴雷斯酒店（Bareiss）师从克劳斯-彼得·隆普（Claus-Peter Lumpp）。很快，他便作为舒恩施泰因城堡餐厅的主人初露锋芒。2004年，餐厅被授予米其林一星，2007年二星，2010年三星。33岁的他成了当时全世界最年轻的米其林三星主厨。他将自己的快速崭露头角归功于极其精巧的料理，他制作的菜品以大家熟悉的食材为基础，细心挖掘食材的细微特性，以不同形式对菜品的精髓进行重塑。他善于在口感上下功夫，营造出酥脆、柔软、蓬松的口感；也善于塑造味觉，将酸味和苦味融入料理。他用真空技法烹制章鱼、番茄奶油土豆，用香葱醋制成的简单沙拉非常令人惊艳，他还将柠檬演变成各种形式的菜品，比如腌柠檬、什锦柠檬丸子、柠檬果冻、柠檬粉或柠檬酸奶。42岁的他还有很多作品希望展示给大家，此外他也参与到优赛琳基金会（Fondation Uccelin）的工作中，以培养餐饮业的青年人才。

“他将自己的快速崭露头角归功于极其精巧的料理。”

——

巴雷斯酒店（Bareiss，米其林三星）/舒恩施泰因城堡餐厅（Schloss Schauenstein，米其林三星）

卢森堡

雷雅·林斯特（Léa Linster）——母子传承

当我们审视每两年一届在里昂举行的博古斯世界烹饪大赛获奖名单时，我们惊讶地发现，雷雅·林斯特是唯一的女性，1989年她代表卢森堡参赛并摘得金奖，排在获得银奖的比利时大厨皮埃尔·保卢斯（Pierre Paulus）和获得铜奖的新加坡大厨万威廉（William Wai）之前。

雷雅·林斯特在卢森堡烹饪界的地位，等同于平奇奥里葡萄酒体验店（Enoteca Pinchiorri）的主厨安妮·费尔德（Annie Féolde）在意大利烹饪界的地位。过去，法语中"厨师"（cuisinier）一词只有阳性形式。女性主厨们更喜欢用其衍生出的阴性名词"女厨师"（cuisinières）形容自己。

自1987年以来，雷雅·林斯特位于弗里桑日的餐厅每年都获得了米其林星级，从未间断。她的父母于1950年创立了集咖啡、餐厅、停车、休息于一体的酒店。但她却完全没有遵循父母设定的道路，而是前往梅斯学习法律。直到父亲去世，她才决定回到父母创办的餐厅工作。她专注于经营餐厅，并将其做到最好。赢得博古斯世界烹饪大赛后，这位前程一片大好的主厨踏上事业发展的快车道，不仅是电视明星，还曾出版大量烹饪书籍，并于20世纪90年代在她的乡村饭馆旁开设了一家名叫卡施豪斯（Kaschthaus）的小酒馆，如今已经停业。最近她又在卢森堡的市中心创立了一间茶室和一家售卖玛德琳蛋糕的精品店。她引导自己的儿子开启烹饪事业，如今这名三十多岁的小伙子领导着整个厨师团队，并与雷雅·林斯特一起创作了众多让人无法抗拒的菜品，包括大菱鲆配小豌豆、羊肚菌配黄葡萄酒酱汁、金橘鹅肝面包、龙虾配黄瓜和鱼子酱、鲷鱼配豌豆和酢浆草等。

雷雅·林斯特餐厅（Léa Linster，米其林一星）/平奇奥里葡萄酒体验店（Enoteca Pinchiorri，米其林三星）

美食云集、群星荟萃的欧洲地区

尽管《米其林指南》在1900年诞生于法国，但很快欧洲其他国家也都有了自己的指南。1904年比利时指南诞生，1910年西班牙和德国指南诞生，1956年意大利指南诞生。接下来为大家列举一些2019年除法国之外获得米其林星级最多的国家。

卢森堡是人均拥有米其林星级最多的国家，共有10家米其林星级餐厅，平均每59066个居民拥有一家，紧随其后的是瑞士，平均每65781个居民拥有一家米其林星级餐厅。但瑞士的美食品质一直保持稳定增长，过去10年，该国的米其林星级餐厅数量增加了40%。

意大利拥有最多数量的米其林星级餐厅——367家，排在德国之前（309家），同时意大利还是仅次于法国的全球米其林星级餐厅第二多的国家。

西班牙是欧洲除法国外拥有米其林三星餐厅最多的国家，共有11家三星餐厅，排在德国与意大利之前（两国均有10家米其林三星餐厅）。

意大利拥有39家米其林二星餐厅，数量位居第一，略微领先于拥有38家二星餐厅的德国，西班牙和葡萄牙两国共拥有31家二星餐厅。一星餐厅数量的排名与二星餐厅一致。意大利拥有318家米其林一星餐厅，德国拥有261家，西班牙和葡萄牙共拥有190家。

冰岛和法罗群岛于2017年首次被纳入《米其林指南：北欧国家》，位于雷克雅未克的迪尔餐厅（Dill）成为该国历史上首家被米其林指南收录的餐厅。

列支敦士登是位于瑞士和奥地利之间的内陆国，有两家餐厅被《米其林指南》评选为二星餐厅，分别是托克尔餐厅（Torkel）和浪潮餐厅（Marée），均位于首都瓦杜兹。

托克尔餐厅（Torkel，米其林一星）/浪潮餐厅（Marée，米其林一星）

奥地利

萨赫蛋糕（Sachertorte）的历史与传说

外形浑圆而有光泽、包裹一层光滑巧克力淋面的萨赫蛋糕由2层丰盈的海绵蛋糕组成，中间夹有一层杏子酱。这道甜品由维也纳糕点师弗朗兹·萨赫（Franz Sacher）在1832年为梅特涅尼亲王（Metternich）创作，当时他年仅16岁，是一名糕点学徒。亲王曾说："我对甜品的唯一要求就是别让我丢脸。"萨赫的这道即兴创作甜品将不同风味进行创新组合，让亲王的宾客们十分满意。在他做出这道甜品后，亲王立即让他顶替糕点主厨的位置。品尝萨赫蛋糕最好的去处是维也纳的萨赫酒店（Hotel Sacher），该酒店由爱德华·萨赫（Eduard Sacher）于1876年创立。萨赫蛋糕通常与不加糖的鲜奶油（Schlagobers）搭配食用。爱德华与德梅尔（Demel）就萨赫蛋糕的发明权争夺不休甚至诉诸法律，而它的原始版本食谱已被列为国家机密，保存在保险柜里。

奥地利

维也纳的葡萄种植

维也纳的葡萄园通常位于城区，而不是周边地区，这是奥地利的一大特色。当地从中世纪开始种植葡萄，如今多瑙河两岸的葡萄种植面积已超过700公顷，约有50个酒庄。奥地利用于酿制高品质葡萄酒的葡萄品种众多，其中最广为人知的红葡萄品种包括带有车厘子和蓝莓香气的蓝弗朗克（blaufränkisch）及茨威格（zweigelt），白葡萄品种包括富含矿物质味道的绿维特利纳（grüner veltliner）、回味悠长的威斯堡格德（weissburgunder）和味道持久的雷司令（riesling）。近年来，维也纳混酿葡萄酒（Wiener Gemischter Satz）掀起了热潮。这是一款由3～20种葡萄品种混合种植、混合酿造而成的葡萄酒。维也纳混酿葡萄酒已被国际慢食协会列入“味觉方舟”名录并加以保护。

德国

拜尔斯布隆——星光之城

拜尔斯布隆位于黑森林腹地的巴登-符腾堡州。若不是两个家族创立的餐厅改变了拜尔斯布隆的命运，它对于很多人而言应该只是一个有着新鲜空气、适合郊游的田园小镇。

1789年，芬克拜纳（Finkbeiner）家族创立了塔奥贝桐巴斯酒店（Le Traube Tonbach）。233年后的今天，酒店已传承至家族的第八代。酒店共有150间客房和4家餐厅。巴雷斯酒店（Bareiss）诞生于一段悲剧结局的爱情。第二次世界大战结束前不久，雅各布·巴雷斯（Jakob Bareiss）被杀害，留下了悲痛欲绝的妻子赫尔米纳（Hermine）和几个月大的儿子赫尔曼（Hermann）。为了养活儿子，赫尔米纳创立了一家小吃店，之后将其扩大为酒馆、酒店和餐厅。

如今两家酒店都拥有一家米其林三星餐厅。对于一个仅有16000个居民的小镇而言，这种情形并不常见。塔奥贝桐巴斯酒店旗下的黑森林餐厅（Schwarzwaldstube）于1993年被授予米其林三星。这一成就要归功于才华横溢的哈拉德·沃尔法特（Harald Wohlfahrt），他担任该餐厅主厨直至2017年。他的代表菜品包括小牛头肉配牛舌米饭，以及脸颊肉配洋蓟、刺山柑、番茄干和蛋黄奶油。卸任之后，他的副手托尔斯腾·米歇尔（Torsten Michel）接替了他的位置，在不对菜品做太多改变的前提下进行美食冒险，因为餐厅的很多顾客都是家族世代在此用餐的常客。1992年，克劳斯-彼得·隆普（Claus-Peter Lumpp）在巴雷斯酒店创立高档餐厅，并于2007年获得米其林三星。大厨弗洛里安·斯托尔特（Florian Stolte）在同一家酒店创立克莱施塔布餐厅（Köhlerstube），在这家田园风格餐厅里制作火焰梭鲈配蘑菇奶油、焦糖布里亚萨瓦兰蛋糕、香芹果汁等菜品。

一直以来，两个家族之间保持友好的良性竞争，产生了积极影响，使拜尔斯布隆拥有众多知名餐厅。上述几家餐厅同乔尔赫·萨克曼（Jorg Sackmann）的施洛斯伯格餐厅（Schlossberg）一起，共为拜尔斯布隆摘得8颗米其林星星。

黑森林餐厅（米其林三星）/巴雷斯酒店（米其林三星）/克莱施塔布餐厅（米其林一星）/施洛斯伯格餐厅（米其林一星）

德国

胡安·阿马多尔（Juan Amador）

西班牙人的个性和德国人的严谨

胡安·阿马多尔原名胡安·德·拉克鲁兹·阿马多尔·佩雷斯（Juan de la Cruz Amador Perez），1968年生于德国，父母都是西班牙人。青少年时期的他对烹饪并不感兴趣。他当时希望从事酒店管理工作。之后他确实在酒店开启学徒生涯，但与自己的期待不同，他的工作地点是厨房。这段经历让他发掘出自己真实的天性，那便是对食材和烹饪的热爱。在多家餐厅接受训练之后，他加入了已故名厨阿尔伯特·布雷（Albert Bouley）在沃尔德霍恩餐厅（Waldhorn）的厨师团队，之后他来到德国北部距离丹麦边境不远的叙耳特岛。他选择以厨师的身份在这个格林兄弟的童话乐园落脚，并就职于黑森州韦贝尔霍夫城堡酒店（Schlosshotel Die Weyberhöfe）。

“创意是可遇而不可求的。”

2005年，他在黑森州的朗根市创办了自己的第一家餐厅——阿马多尔餐厅（L' Amador），后来他将餐厅搬迁至位于法兰克福和斯图加特之间的曼海姆，一段时间之后又搬迁至奥地利维也纳哈斯赞酒庄（Hajszan）的拱形酒窖里。长期以来，他一直被看作是与西班牙主厨费朗·亚德里亚（Ferran Adrià）相同风格的前卫厨师，但他其实在某种程度上摒弃了这种表演式的烹饪。如今，他眼中最重要、也是唯一重要的东西是菜品的味道，他为此付出了大量努力，并表示“创意是可遇而不可求的”。他的菜品名称与菜品本身一样清楚而准确：牡蛎配榛子牛奶和鱼子酱、龙虾配特制酱料和小牛头肉、海鲂配凤尾鱼和鸡架、香料甜菜覆盆子冰激凌。他的严谨和自律令人钦佩。

——

阿马多尔餐厅（Amador，米其林三星）

慕尼黑啤酒节

若有人在9月底初次前往慕尼黑，一定会被这座城市成千上万身着传统服装的男男女女从下午便开始畅饮啤酒的情景震住。25年来，每年此时巴伐利亚人都会找出巴伐利亚裙（Dirndl）——颜色鲜艳的紧身连衫裙，以及贴身的阿尔卑斯皮短裤（Lederhosen）。在约700万名参加慕尼黑啤酒节的狂欢者中，巴伐利亚人占70%以上，而其中50%都会身着这种传统服饰，因此您不可能不注意到他们。

但在1810年10月12日，当地还没有啤酒节的习俗。那一天慕尼黑王储与泰蕾兹·夏洛特·露易丝·萨克森-希尔德堡豪森（Thérèse de Saxe-Hildburghausen）喜结连理，慕尼黑的居民们受邀参加婚礼。大家都聚集在城外的泰蕾兹草原观看赛马比赛。2个世纪过去，啤酒商搭起的大帐篷取代了草原上的马匹。每年10月的慕尼黑啤酒节大获成功，啤酒商们也将这一传统带到法国、意大利、西班牙甚至澳大利亚。人们在慕尼黑啤酒节的2周内喝掉德国啤酒年产量的30%也不足为奇！

华夫饼

列日 Vs 布鲁塞尔

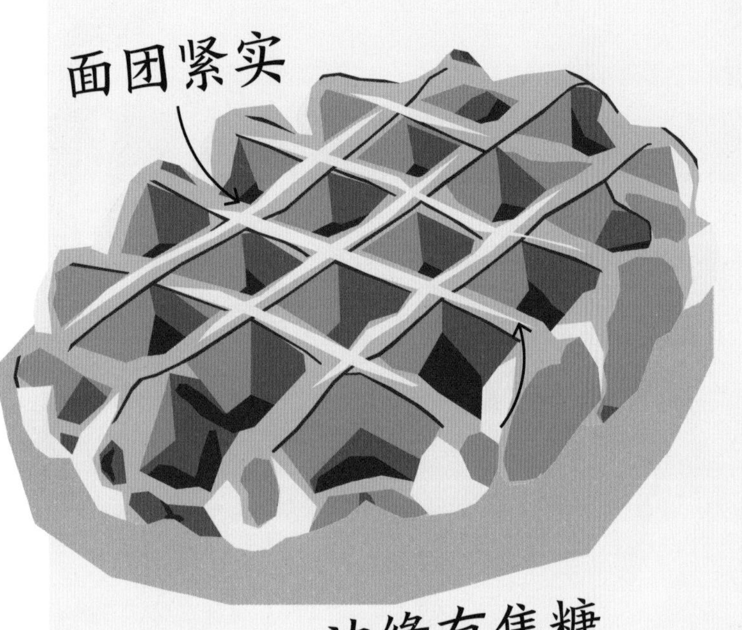

这两种华夫饼的相同之处只有名称和网格状的外形，其余所有方面都不一样。布鲁塞尔华夫饼的外壳酥脆，内部绵软甚至呈流动状。列日华夫饼的质地则紧实得多，且由于面团中的糖分较高，烤好后饼的边缘会有焦糖凝结。需要注意的是，正宗的列日华夫饼边缘必须是焦糖，而不是那种烧煳的糖，否则会有令人不愉快的苦味。列日华夫饼的面团是发酵面团，有些类似于布里欧修面团，质地都比较紧实。我们通常在集市或家附近的面包店和糕点店里购买列日华夫饼，一些大型餐厅也会制作自己的列日华夫饼。著名巧克力商家皮埃尔·马克里尼（Pierre Marcolini）在制作列日华夫饼时会配上特级巧克力块，让巧克力在华夫饼的高温下融化，从而带给食客更多享受。布鲁塞尔的丹多依餐厅（Dandoy）遵循工艺准则，制作两种华夫饼的传统版本。华夫饼虽然起源于比利时，但在法国北部也一直畅销。

比利时

布鲁塞尔抱子甘蓝真的起源于布鲁塞尔吗？

体型迷你的布鲁塞尔抱子甘蓝！身材娇小但体质强壮，可以扛住霜冻。这种十字花科的甘蓝蔬菜以迷你的果实和巨大的植株著称。布鲁塞尔抱子甘蓝植株的枝干可长达1米以上，叶片下面密密麻麻长满了个头很小、糖分很高的抱子甘蓝。它们在比利时的历史可追溯至13世纪，但直到17世纪，布鲁塞尔圣吉尔镇的居民才开始对其进行大规模的杂交培育，这种垂直型的种植方式产出很高，每条枝干可以出产70～80个抱子甘蓝，能够满足大城市不断增长的人口的需求。圣吉尔镇至今仍保留了“kuulkappers”（抱子甘蓝杀手）的绰号。布鲁塞尔抱子甘蓝在比利时以外的地区也得到广泛种植，它在加拿大和英国都很受欢迎，并已成为当地圣诞节餐桌上必不可少的美食。

法国北部的薯条

土豆——一种已不那么流行的食物又重返舞台中央

已故名厨乔尔·卢布松（Joël Robuchon）的著名土豆泥料理收获了众多赞誉，如今土豆已成为一代厨师大展身手的媒介，他们用本土种植的土豆挑战各式料理，让土豆重现往日的荣光。为了让土豆变得诱人，首先必须充分了解土豆。我们可以去往法国北部，寻找擅长制作土豆料理的大厨。第一位是法国法兰德斯博舍普市的维特山间旅馆（Auberge du Vert Mont）的主厨弗洛朗·拉德恩（Florent Ladeyn）。他将土豆做出了奶酪的味道，让所有品尝它的人都获得难以置信的体验。他用牛油将薯条进行两次炸制，搭配乳液状的马卢瓦耶奶酪（maroilles）。这道菜品做法简单，但技术独到，是大厨向法国北方炸薯条小吃摊的致敬之作。在法国国境线的另一侧，塞尔吉奥·赫尔曼大厨（Sergio Herman）领导着包括简餐厅（The Jane）在内的多家餐厅，他决定以更加多元的方式制作薯条，加入一些新花样。他在自己的薯条工坊餐厅（Frites Atelier）用盛放弗拉芒烤肉的船形食品盒装薯条，配上柏图斯啤酒（Petrus）炖牛肉、水芹菜和腌芥末籽，或搭配夏树卡煎蛋（shashouka），薯条表面撒一层菲达奶酪（féta）或扎阿塔香料（zaatar），配以哈里撒辣酱和酥脆的中东面包食用。

维特山间旅馆（Auberge du Vert Mont，米其林一星）/简餐厅（The Jane，米其林二星）

比利时

比利时除了菊苣，就是菊苣！

这种蔬菜是比利时的明星物产。
想要品尝最好的比利时菊苣，您需要选购土培种植的品种！

法国人将比利时菊苣称作“endive”。它在比利时被叫作“chicon”，而在弗拉芒地区被称作“witloof”。这种常见作物的最高标准是土培种植。但同工业化蔬菜生产相比，土培种植的菊苣产量很低，难以推广。菊苣的传统种植分为两个阶段。首先要在春天栽种菊苣菜根，10月收获。随后在冬季采用名为“催熟”的传统技术避光种植菜根，该技术起源于19世纪中期。6周之后便可以收获菊苣。工业化种植户会采用水培方式种植菊苣，菊苣被种在地面上方加入营养液的水箱里，生长迅速且体型较大，4周之后菊苣就可以采收了。猜猜哪种方式种植的菊苣更好？当然是土培种植的！土培菊苣带有甜味、苦味和坚果味，风味和口感比水培菊苣好得多，叶片也更薄更脆。布鲁塞尔一些土培种植的菊苣已取得地理保护标志（IGP）。一些食客可能害怕菊苣的苦涩，所以会去掉底部最苦的白色部分，但比利时人坚决不加糖，因为加糖之后的味道就不再天然纯粹。

——
米歇尔餐厅（Michel，米其林一星）

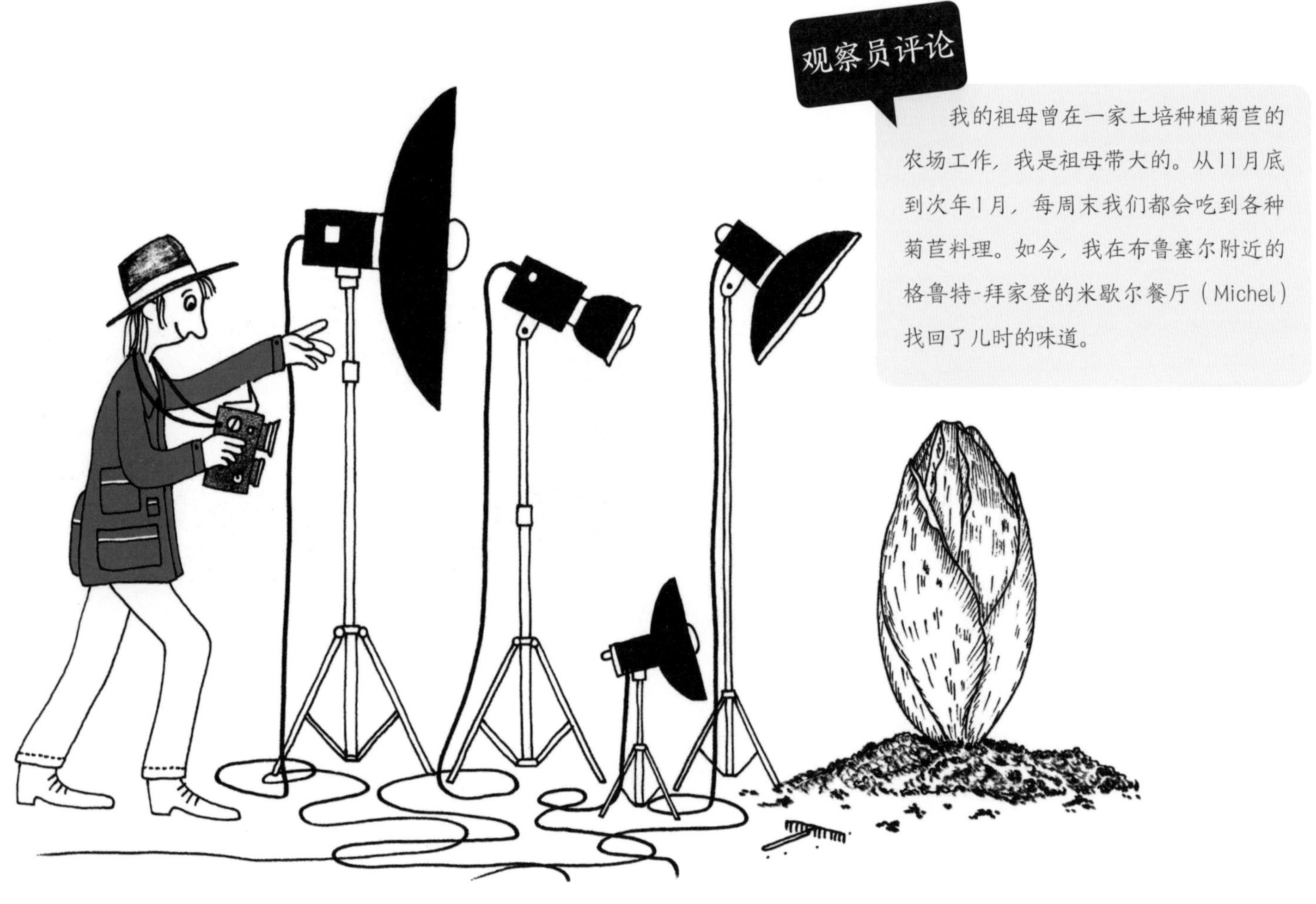

观察员评论

我的祖母曾在一家土培种植菊苣的农场工作，我是祖母带大的。从11月底到次年1月，每周末我们都会吃到各种菊苣料理。如今，我在布鲁塞尔附近的格鲁特-拜家登的米歇尔餐厅（Michel）找回了儿时的味道。

比利时

啤酒花的新芽

啤酒花新芽的命运就像一些幼年的鳗鱼，为了满足一些食客的胃口，生命不得不提前终止。

在北欧国家，特别是盛产啤酒的比利时，人们会种植啤酒花，让啤酒泡沫的香气更浓。啤酒花的藤蔓生长并攀缘，长出含有蛇麻素、富含香味的果实时，人们会将果实加入正在酿制的啤酒中。到了早春时节，啤酒花的根系像芦笋一样破土，根的表面会萌生乳白色的嫩芽。如果旁边正好走过一位像安特卫普辉煌餐厅（The Glorious）的主厨约翰·范瑞斯（Johan Van Raes）那样的美食家，那些十多厘米长的细嫩新芽就会成为盘中餐。啤酒花新芽非常鲜美多汁，融合了芦笋和婆罗门参的味道。能吃到它的时节很短暂，仅有不到4周，收获啤酒花新芽也非常困难，必须纯手工采摘，约1000根新芽才能凑够1千克！这样的低产出让人想到藏红花。啤酒花的新芽十分脆弱，收获后必须马上处理。人们会直接生吃、水煮或煎炸。约翰·范瑞斯则会用啤酒花新芽搭配荷包蛋和少许啤酒酱汁，因为啤酒花原本就是用来酿制啤酒的。

“啤酒花新芽非常鲜美多汁，融合了芦笋和婆罗门参的味道。”

——
辉煌餐厅（The Glorious，米其林一星）

比利时

巧克力果仁糖的比拼

毫无疑问，比利时是巧克力果仁糖的国度，拥有众多举世闻名的巧克力品牌，也有一些著名的巧克力大师，例如皮埃尔·马克里尼（Pierre Marcolini）和多米尼克·佩索内（Dominique Persoone），他们将巧克力果仁糖做到巧克力领域的最高水准。

我们不能将法国的糖衣坚果和比利时的巧克力果仁糖弄混淆。法国的糖衣坚果是将杏仁或烤榛子包裹在溶化的糖浆中制成。最有名、历史最悠久的糖衣坚果产自蒙塔日，里昂也出产著名的粉红糖衣坚果，当地人用它制作糖衣坚果挞，我们可以在里昂的小餐馆里尝到这种甜品，也可以去糕点店购买。

比利时的巧克力果仁糖与法国糖衣坚果毫无关联，它是一种带有巧克力涂层的糖果。在法国，巧克力商家通常会用巧克力制作糖果的内芯，然后在表面浇一层液态的巧克力。而在比利时，人们会先将巧克力倒入模具，随后翻转模具，让多余的巧克力自然滴落。在低温环境下，模具内会形成一层1～2毫米厚的坚硬的巧克力壳，这便是果仁糖的外壳部分。接下来的一步是填入内馅，然后在表面盖上另一半用同样方式制作的巧克力外壳。随后将果仁糖放入冰箱冷藏变硬，便可在大理石桌面上脱模。

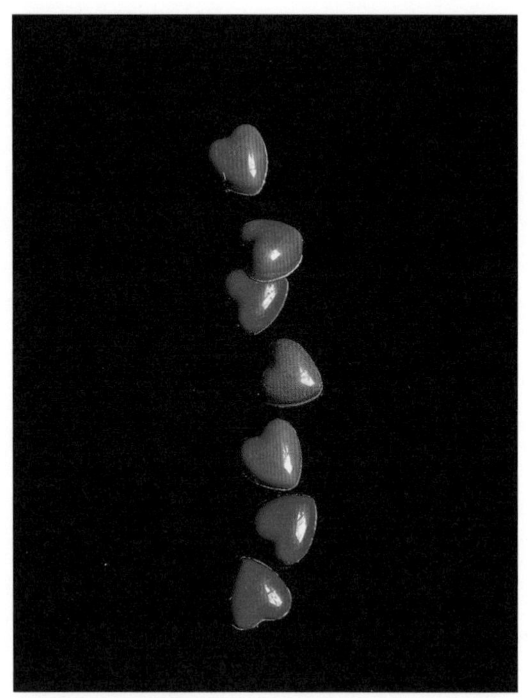

皮埃尔·马克里尼和多米尼克·佩索内是公认的比利时巧克力制作大师，他们可不止擅长制作巧克力！前者生于沙勒罗瓦，1994年创立了自己的巧克力工坊，1995年赢得糕点世界杯，2000年赢得糕点欧洲杯。后者是受过专业训练的厨师，出生于布鲁日，1992年开始在布鲁塞尔开创事业。他们俩是对手吗？是，也不是！他们年龄相仿（皮埃尔·马克里尼现年55岁，多米尼克·佩索内现年51岁），但两人的个性完全不同。皮埃尔是一位头脑睿智、条理清晰的男性，而多米尼克则被视为巧克力界最具摇滚精神的人。

在皮埃尔·马克里尼的作品中，在用自制黑巧克力、黑巧克力棉花糖、脆皮榛子、伊朗开心果棉花糖制成的外壳下，藏着百香果肉牛奶巧克力甘纳许、黑加仑果肉甘纳许、盐之花焦糖奶油或各种口味的自创夹心，包括焦糖、巧克力、青柠、覆盆子、百香果、甘纳许、牛轧糖、开心果等。多米尼克·佩索内则开创了一个全新的宇宙：他忽略了甜与咸之间的界限，创作出一些疯狂的作品，比如花椰菜巧克力、牡蛎巧克力或芥末巧克力。他用培根和藜麦制作的“佩吉小姐”（Miss Piggy）巧克力甘纳许便是他试图打破巧克力准则的代表作品，甜菜与榛子的组合也是基于这一理念。他是一位永不疲倦的创作者，曾为一个著名苏打水品牌的成立周年纪念设计巧克力果仁糖，糖果的夹心是一层脆皮碎配一层冰激凌。他还发明了可吸食巧克力粉（Chocolat Shooter），这是一种食用巧克力的全新方式，吸食的方式和我们的祖父或曾祖父抽烟的方式差不多……

“比利时的巧克力果仁糖与法国糖衣坚果毫无关联。”

比利时

北海大厨

菲利普·克莱斯（Filip Claeys）是布鲁日市辛克鲁兹的琼克曼餐厅（De Jonkman）的主厨，10年前他独自在北海地区开设了这家餐厅。如今已有约1500名大厨加入他的行列，踏上北海的冒险旅程。后来，与比利时同样环绕北海的邻国荷兰也参与到由这名弗拉芒大厨发起的运动中。北海既不是一家公司，也不是一个商标，而是一个厨师的联合团体，他们致力于推广那些产自北海的不受欢迎鱼类，渔民通常不知该如何处理它们，市场对它们也没有太大需求。2006年，菲利普·克莱斯从日本回国，日本大厨对食材特别是鱼类的精细处理给他留下了深刻印象。他和厨师鲁迪·范·贝伦（Rudi Van Beylen）意识到餐厅门前的北海并不是一片荒芜之境，而是很多被人类忽视的物种繁衍生息的家园。他将养殖三文鱼和布列塔尼大菱鱼从菜单上删去，替换成各种当时大众还不熟悉的鱼类：竹荚鱼、高眼鲽、长臂鳕鱼和各式鲂鱼。

约有40%的顾客撇了撇嘴，不再前来用餐，但厨师并没有放弃。他加快推进北海运动，向食客和渔民灌输自己的想法。这么做不仅仅是为了品尝美食，而是为了推动厨师职业和地球的可持续发展。

此外，推广这些“不高档”的鱼类也是一项富有挑战性的工作。菲利普·克莱斯与其他参与到北海运动的同行们一样，提起竹荚鱼、长臂鳕鱼和鲂鱼时就如同孩子般兴奋，他们还通过北海大厨平台分享各自充满创意的烹饪作品。

——

琼克曼餐厅（De Jonkman，米其林二星）

荷兰

印度尼西亚料理对荷兰的影响

1961年（荷兰前殖民地印度尼西亚独立12年后）出版的《荷兰烹饪艺术》（*The Art of Dutch Cooking*）一书中，有一个章节专门介绍印尼炒面（bami）、印尼炒饭（nasi goreng）、沙嗲、花生酱拌杂菜（gado-gado）和用辣椒、香料和柠檬制成的三巴酱（sambal）。殖民历史、移民潮、由印尼与欧洲混血儿带来的独特文化，以及这个群岛国家辛辣多样的口味影响了荷兰人的饮食。在荷兰，品种丰富的印尼大餐（rijsttafel）包含多道令食客印象深刻的菜品，这表明了印尼饮食的影响无处不在。印尼大餐的创作灵感来自西苏门答腊，是由殖民者发明的。C纯粹餐厅（Pure C）的主厨赛尔科·巴克（Syrco Bakker）代表着重新挖掘荷兰传统的一代厨师，如今他将殖民时期的饮食发扬光大，在餐厅制作海藻和贝类印尼炒饭。

——

C纯粹餐厅（Pure C，米其林二星）

荷兰

“新荷兰人”或新鳕鱼

这种所谓的“新荷兰人”专指捕鱼季的第一条鲱鱼。

鲱鱼在荷兰被称作“maatjesharing”或“maatje”，都是由“maagdeharing”一词演变而来，意思是“处女鲱鱼”，因为当地最爱食用尚未达到性成熟的青春期鲱鱼。这种鱼没有鱼子，也没有鱼腥味，细腻肥美的肉质让荷兰人和比利时人为之疯狂。鲱鱼季始于5月中旬，结束于6月底。每年首次出海捕鱼时，荷兰弗拉尔丁恩港和斯海弗宁恩港都会举行与鲱鱼相关的庆祝仪式。过去人们会专门预留一箱渔获献给女王，如今第一桶腌鲱鱼会被公开拍卖。

鲱鱼既是大自然的馈赠，也是人类精巧技艺的成果。冬天过去，饥饿的鲱鱼大量进食浮游生物，这时鲱鱼的脂肪含量高达16%～25%。鲱鱼被捕获后，人们会立即进行处理：将鱼放血，呈现出无瑕的肉质，去掉除胰腺的所有内脏，因为胰腺中的酶会引发脂肪的发酵。去除鱼骨、抹上盐后将鲱鱼装入木桶，鱼的味道变得更加浓郁而丰富，带有黄油和野味的香气，这便是荷兰鲱鱼的独特风味。

荷兰和比利时的鱼铺会售卖生鲱鱼，或搭配生洋葱碎出售。无论有没有洋葱，荷兰人都会用独有的方式吞食鲱鱼：用手将垂下的鱼高高拿起，将鱼整只放入张大的嘴中。不敢用这个古老姿势食用鲱鱼的人们可以将其放在盘中，搭配沙拉和蒸土豆一起食用。

“鲱鱼既是大自然的馈赠，也是人类精巧技艺的成果。”

丹麦三明治——丹麦的国菜

丹麦三明治（smørrebrø）是一种黑麦面包三明治，在丹麦语中的字面意思是“涂有黄油的面包”，是19世纪的丹麦传统午餐。过去在乡下，人们会随身带上丹麦三明治当作午餐。三明治里可加入各种现成的食材，如熏鱼、蔬菜、猪肉等。如今我们在不同的餐厅的菜单上都能找到各家专属的传统丹麦三明治，自从丹麦明星大厨亚当·阿曼（Adam Aamann）在自己的电视频道上制作这道小吃以来，电视频道已成为厨师们展示厨艺的媒介。他制作的丹麦三明治体型小巧、色彩丰富，人们在三明治中可以吃到虾仁、鞑靼牛肉、土豆、牛油果等。

体验诺玛餐厅

为了在哥本哈根的诺玛餐厅（Noma）订位，有时需要等待几个月的时间。停业一年多之后，勒内·雷泽皮（René Redzepi）的餐厅重新开业。一切改变都是为了保持不变。

2018年2月16日，诺玛餐厅2.0在哥本哈根克里斯钦街区的中心开业。餐厅被水环绕，看起来更像是校园或绿色初创企业的总部，餐厅建筑是传统的丹麦农舍风格，主要为木质结构。主厨勒内·雷泽皮将自己创立于2003年的餐厅搬迁至此，希望能为餐厅辉煌的历史书写崭新的篇章。这名四十多岁的主厨生于阿尔巴尼亚，曾就职于布塞尔兄弟（Pourcel）位于蒙彼利埃的感官花园餐厅（Jardin des Sens）、费朗·亚德里亚位于罗塞斯的斗牛犬餐厅（El Bulli）和托马斯·凯勒（Thomas Keller）位于加利福尼亚杨特维尔的法国洗衣房餐厅（The French Laundry），之后他回到丹麦开创事业。2005年，他发起“北欧美食运动”（Nordisk mad），餐厅的名字Noma也来源于此，该运动不只为了推广美食，他拒绝使用进口食材，倡导利用本地资源，崇尚美食的伦理价值。餐厅新址落成后，有30多名员工在此工作，他仍然遵循同样的发展理念。他在本地进行采摘、捕捞和捕猎，对食材进行储存和发酵，并将菜单分为三季，平均每季包含20道菜品：1月至6月供应鱼类，6月下旬至9月下旬供应蔬菜，10月至12月底供应林中野味。勒内·雷泽皮的头脑清晰而活跃，思维敏捷，成为继费朗·亚德里亚之后启发着一代厨师的名厨。

——

诺玛餐厅2.0（Noma 2.0，米其林二星）/法国洗衣房餐厅（The French Laundry，米其林一星）

瑞典

腌三文鱼的历史

这道瑞典菜诞生于中世纪，最初是出于实际需要，如今已成为一个延续下来的传统，并逐渐征服了厨师和大众。为了能在冬天获得赖以生存的食物，斯堪的纳维亚的渔民们会在夏季将三文鱼埋在峡湾岸边的土里。腌三文鱼（gravlax）一词在瑞典语中的原意便是“掩埋三文鱼”。到了20世纪40年代，大多数乡村小屋都设有冷藏室，被装入小桶的三文鱼可以在冷藏室里存放数月。腌制的过程平均需要6天，人们会用60%的盐、40%的糖、适量胡椒和小茴香腌制三文鱼。盐会将鱼腌制成熟，糖能促进发酵，三文鱼在腌制过程中散出阵阵香气。经过这样的腌制，三文鱼的肉质会变得又嫩又香。

腌三文鱼

准备时间：30分钟

腌制时间：24小时

6～8人份所需食材

1.5千克未去皮三文鱼柳 1块

小茴香 3～4束

粗海盐 600克

糖 400克

黑胡椒碎 1汤匙

用于制作芥末酱汁

室温蛋黄 2个

瑞典甜芥末酱或Savora牌芥末酱 4汤匙

液态蜂蜜 2汤匙

花生油 400毫升

白醋 140毫升

糖 2汤匙

新鲜小茴香碎 2汤匙

盐和手磨胡椒 适量

1. 用手拿着三文鱼柳，用钳子去除所有鱼骨。将小茴香切碎，与海盐、糖和黑胡椒碎混合。
2. 将三文鱼柳在一大张保鲜膜上铺平，鱼皮朝下。将混合好的调味料涂抹在鱼肉表面。让调味料完全包裹鱼肉，用保鲜膜包紧，再用一大张铝箔纸包裹，放入冰箱腌制约24小时，保持鱼肉平整且鱼皮朝下。
3. 制作芥末酱汁：在大碗中混合蛋黄、芥末酱和蜂蜜。逐步加入花生油，其间不停搅拌，直至酱汁质地像蛋黄酱般浓稠。加入白醋、糖和小茴香碎，撒盐和胡椒。装入密封罐，放入冰箱冷藏保存。
4. 擦拭三文鱼。用三文鱼刀或培根刀将三文鱼切成薄片。搭配酱汁一起食用。

——

食谱摘自雅克·勒·迪维勒克（Jacques Le Divellec）《环游世界》（*Tour du monde*，La Martinière出版社，2012年出版）。

不为人知的冰岛料理

2017年起，冰岛被收录进《米其林指南：北欧国家》。冰岛料理的内涵丰富，当地美食与其邻国丹麦、瑞典、挪威、芬兰和法罗群岛的美食一样充满魅力。

香辣猪肉、土豆泥、苹果饼干和茴香饼干；牛排、香草黄油、腌土豆和腌咸菜；白芦笋、藜麦、柠檬奶油、黑橄榄；油封鸭、小扁豆、百里香、烟熏五花肉和干浆果。上述菜品您都可以在雷克雅未克的沃克斯餐厅（Vox）、思凯乐餐厅（Skál!）或苏马克餐厅（Sümac）吃到。

尽管冰岛气候恶劣，部分农产品依赖进口，但当地的畜牧业和种植业仍显示出很强的适应能力，基本能够实现粮食独立。为了实现这一目标，一部分农作物需种在地热温室里，这得益于当地岛屿火山的自然特性。火山地热使冰岛能够出产香蕉和番茄，这十分令人惊讶。在畜牧业方面，当地较少养殖牛和家禽，但冰岛是绵羊和小羔羊的天堂，它们在冰岛已有数百年的养殖史，完全适应了当地气候。

这种农业模式造就了两种冰岛特产：用桦木或干羊粪熏制的熏羊肉（hangikjöt），通常配以冰岛本地土豆；科约普兹（kjötzupz），这是一道介于炖肉和浓汤之间的料理，由切成块的羊肉、洋葱、白菜、胡萝卜、白芸豆、燕麦片和米饭制成。

此外，冰岛是一个渔业资源丰富的岛屿，无论淡水捕捞还是海水捕捞都很发达。淡水河流里遍布鲑鱼和鳟鱼，湖泊中生活着北极红点鲑。海水捕捞方面，捕鱼是冰岛的一项重要活动，鱼类出口占冰岛出口总量的55%以上。人们最常吃到的冰岛渔获品种有鳕鱼、黑线鳕、白鲟鳕、青鳕或鲭鱼，人们会用鱼、土豆、面粉、牛奶和香草做成白色的冰岛炖鱼汤（plokkfiskur），汤里可以加入传统的无酵母黑麦面包（flatkaka）或在温泉附近的土壤中烘烤的黑裸麦面包（rúgbrauð）进行调味。

瑞典

火焰重返厨房

在尝试过分子料理后，瑞典主厨尼克拉斯·埃克斯泰特（Niklas Ekstedt）回到了火焰的时代。

在位于斯德哥尔摩的埃克斯泰特餐厅（Ekstedt），炉膛里燃烧着原木，主厨尼克拉斯用木柴加热平底锅，餐厅还配有烟熏房……火焰是所有料理的源头，主厨通过火焰烹饪龙虾、鱿鱼、生菜、牛肉、菊芋、大头菜、燕麦、草莓和栗子。天然气和电力被主厨摒弃。壁炉的味道充斥着整个房间，显得非常诱人。对于这名瑞典大厨而言，火焰是其料理的核心，这是斯堪的纳维亚古老技艺的回归。他根据时令，烹饪瑞典本土出产的食材。他的料理原始而精致，非常贴近自然，在斯堪的纳维亚美食界大放异彩。生食和发酵是他的另外两个料理准则。世界各地的高档餐厅都见证着火焰的归来。火焰为蔬菜、大块的肉类、章鱼须和整条的鱼类带来独特的感觉和风味。木炭的余烬比刚刚燃起时的烹饪效果更好。在巴黎，盎格鲁-撒克逊风格的牛排馆便是火焰料理的例证，比如让·弗朗索瓦·皮亚捷（Jean François Piège）的绿色四叶草餐厅（Clover Green）。烤肉师傅这一在烹饪界已稍显过时的职业又重返舞台中央。正如布里亚-萨瓦林（Brillat-Savarin）所说，如果我们想成为厨师，我们应该天生就会烤肉。因此我们建议那些有天赋的人从事这一职业！

——
埃克斯泰特餐厅（Ekstedt，米其林一星）

埃斯本·霍尔姆邦（Esben Holmboe Bang）

被挪威人喜爱的丹麦籍大厨

丹麦大厨埃斯本·霍尔姆邦热爱大自然、自行车和音乐，
他在挪威奥斯陆制作以保护自然为使命的料理。

在古挪威语中，“maaemo”一词的意思是“大地母亲”。这便是埃斯本·霍尔姆邦为自己在奥斯陆的餐厅起的名字。他于1982年生于哥本哈根，2001年为爱情来到挪威。他从14岁开始喜欢上烹饪，但当时只能在家庭聚餐时露上一手，为大家制作他最爱的烤牛肋排。他先在奥斯陆积累工作经验，然后于2010年在靠近鱼码头和洛桑代城市农场的比约尔维卡新区创立了马埃莫餐厅（Maaemo）。餐厅的地理位置与这位前臂布满文身的大块头厨师的使命相符，他可不是挪威的文艺青年的形象。这家现代风格的单色调餐厅只有8张餐桌和1张主厨专属餐桌，他用不到20道菜品对地道的北欧美食进行全新演绎。所有食材都是本地有机种植，种植过程符合生物动力法，白色菜单上列出的菜品有松子龙虾、鲭鱼配野蒜、黄油焦糖冰激凌等。开业仅15个月后，他便凭借严谨与精确成为首位在挪威摘得米其林二星的丹麦厨师。2016年，他成为颇年轻的米其林三星厨师之一。

马埃莫餐厅（Maaemo，米其林三星）

挪威

克拉夫卡奶酪（Kraftkar）

赢得世界最佳奶酪的挪威奶酪

2016年11月23日，星期三，世界奶酪大奖赛在圣巴斯蒂安举行，克拉夫卡奶酪出人意料地夺得世界最佳奶酪奖！2018年，世界奶酪大奖赛在挪威举行，挪威高达奶酪（fanaost）也摘得了桂冠。但这里我们还是向大家介绍奶牛乳制成的克拉夫卡奶酪，这是一种单块直径18厘米、重1.8千克的蓝纹奶酪，产自挪威西部摩尔和罗姆斯达尔郡的丁格沃镇。克拉夫卡奶酪于2004年诞生于丁格沃奶酪厂，由生牛乳和奶油制成，需加入罗克福尔蒂青霉菌熟化6个月。它是我们所熟悉的蓝纹奶酪家族的一员，拥有蓝纹奶酪的独特属性，即便它非常柔滑醇厚，也掩盖不住蓝纹奶酪的浓烈气味。

斯堪的纳维亚

阿夸维特酒（Aquavit）

斯堪的纳维亚的生命之水

尽管一些顶尖的葡萄酒商会为顾客提供较为丰富的选择，但我们很少在斯堪的纳维亚之外的地区见到阿夸维特酒。阿夸维特酒由谷物或土豆蒸馏制成，香气的主要来源是小茴香或葛缕子，也有一些酒厂会使用芫荽、柑橘类水果或肉桂酿酒。德国西部、格陵兰岛、芬兰、瑞典和挪威都出产阿夸维特酒，但它的市场由从16世纪便开始生产阿夸维特酒的丹麦主导。在北欧国家的酒吧里，人们会用一种夺人眼球的仪式饮用阿夸维特：酒被满满地装在一个冰冻的小玻璃杯里，然后被一饮而尽。在餐厅里，它的植物香味能够与熏鱼完美融合，也可以被当作鸡尾酒的优质基底，海盗鸡尾酒（Viking）由⅓的阿夸维特酒、⅓的樱桃白兰地和⅓的伏特加混合而成，再加入绿薄荷浓缩液和气泡水。

在斯堪的纳维亚半岛过冬

自大黄在市场上和甜咸料理的菜谱中出现，宣告了芬兰漫长的冬季终于结束。大黄是自然复苏时最早长出土地的一种果蔬。在赫尔辛基，格伦餐厅（Grön）的主厨托尼·科斯蒂安（Toni Kostian）和奥拉餐厅（Ora）的主厨萨苏·劳科宁（Sasu Laukkonen）都将大黄的出现视作与时间赛跑的开始。从6月中旬到8月中旬，芬兰物产丰富的乡村和森林提供着大量食材，包括野生浆果、根茎类蔬菜、草本香料、蘑菇、水果、鱼类、野味等。在此期间，两位星级大厨都只用本地物产制作料理，并承担着为现在和未来准备食材的双重使命。为了能在万物凋零的季节供应餐食，他们会利用夏季的三个月囤积食物。食物的贮存手段非常古老。首先是冷藏。萨苏·劳科宁认为被土壤保护的精细种植的根茎类蔬菜，能够在冰箱中长时间存储。我们还可以通过盐腌储存食物（烟熏或不烟熏皆可）。芬兰人是处理鱼类的行家，擅长加工鲭鱼、鲱鱼和三文鱼。盐还可用于制作圣诞节的驯鹿肉和火腿，一般会进行烟熏。蔬菜罐头也会用到盐，由于用到了采自森林的香草，蔬菜在乳酸发酵的过程中能够产生神奇的香味变化。此外，糖也有助于果酱和冰激凌的长期储存。在冬季的芬兰，人们无法想象吃饭不搭配冰激凌。

——

格伦餐厅（Grön，米其林一星）/奥拉餐厅（Ora，米其林一星）

世界各地的生蚝

全世界共有超过100种生蚝

史前人类已经开始大量食用生蚝。5000多年前，中国人在日本海域首创生蚝养殖。

直至今日，全球仍有超过80%的生蚝产自中国，中国人一般喜欢以油炸或清蒸的方式烹饪生蚝。直到近些年，他们才生吃生蚝，这与罗马人不同。高卢被罗马征服后，从大西洋海岸收获的生蚝被源源不断地运往罗马。为了使生蚝保持最好的状态，人们开辟了从桑特到罗马的“生蚝之路”，将鲜活的生蚝装入缸中运输。

如今全世界共有超过100种生蚝。它们在咸水、淡水或半咸水中生长着。生活在水底的生蚝只在水底活动，身体完全被水浸透。生活在海岸的生蚝随着潮汐运动，时而被水覆盖，时而露出水面。无论是野生还是养殖，世界各地的人们都在品尝生蚝。在加拿大，空心的美洲生蚝生长在圣劳伦斯河口，扁平的太平洋生蚝生长在西海岸。爱尔兰的水域富含营养和矿物质，没有受到污染，出产着欧洲最好的生蚝，西班牙加利西亚的水域也很适合生蚝生长。在位于地球另一端的新西兰，人们在南部岛屿养殖扁平的生蚝。在日本也是一样的情况。3个世纪以来，日本宫岛生蚝被视为最精致的生蚝品种，特别适合烧烤。20世纪70年代日本生蚝的流行风潮，拯救了法国的生蚝养殖业。19世纪中叶，葡萄牙的生蚝取代了法国海岸出产的扁平生蚝，在法国海域大规模繁殖。

现在，著名的无污染三倍体生蚝吸引了所有人的注意。它的奶味更浓，受到更多人喜爱，出产的季节也更长。当全世界一半以上的生蚝都在实验室里出产，我们也许会觉得，只有马莱内-奥伦盆地（Marennes-Oléron）的生蚝才能带来真正的乐趣！

不同类型的刀具

大厨说，好的工具能造就卓越。如果说烹饪和调味的方式有上千种，但切割食材只需要一把称手的刀。最常见的钢制刀具有备餐刀、实用刀具和厨师刀。

备餐刀有着厚、短、尖的刀片，刀片长度为7～11厘米。它的用途很广泛，可用于给水果和蔬菜去皮、切洋葱和小葱，剔除肉的筋膜……

实用刀具长10～16厘米，也可以用于给水果削皮、切蔬菜、切奶酪、切蒜瓣。

厨师刀是一种长14～30厘米的刀具，刀片又厚又长。最初的用途是切片和切碎块，如今人们会用它处理蔬菜和肉类，是一种多功能刀具。

日本厨刀（santoku）的刀片上有凹陷，顶端尖而弯曲，刀刃带有弧度，方便在食材上滑动，能够更好地切割鱼、蔬菜或肉。

切菜刀（Nakiri）、出刃刀（deba）、牛刀（gyuto）……无论在专业人士当中还是普通家庭，日本刀都越来越流行。它们都由手工锻造，刀片由多层钢材压制而成，刀柄由玉兰木或乌木等名贵木材制成。刀片在磨刀石上打磨锋利，而西方刀具通常用传统的锉棒磨刀。近年来，陶瓷刀具凭借出色的切割能力越来越受欢迎，它们几乎不怎么需要维护，好几年才需磨一次刀片。

M

美国
États-Unis

There's no way like the American Way
EAT
BEST
MILKSHAKES
IN TOWN
HOT DOGS
BURGERS

汉堡包

“汉堡包不仅对于美国总统而言很重要，对于美国人也非常重要。”

美国文化的两个分层

2009年，奥巴马总统表示自己很偏爱一个高级品牌的汉堡，如今该品牌的汉堡在法国也有售。2019年，特朗普总统在空军一号上吃掉一个全球知名品牌的汉堡。汉堡包不仅对于美国总统而言很重要，对于美国人也非常重要，美国人每年要吃掉500亿个汉堡，平均每人每周吃3个。

汉堡包是美国大众文化的支柱。汉堡代表了一种随意而快捷的进餐方式，人们可以像吃比萨一样，直接用手拿着汉堡啃。2001年，在纽约的法国籍大厨丹尼尔·布卢德（Daniel Boulud）往汉堡里加入鹅肝，以此赋予了汉堡更多小资属性。此举取得了巨大的成功！从那时起，这种与三明治类似的快餐进军高端市场，努力追赶潮流。最近人们发起了一项名为“不可能的汉堡”的挑战，汉堡中不含任何肉类和奶酪，但要保留其特有的香气和味道。这一风潮在纽约兴起，如今已传遍整个美国。

美食融合

移民的饮食

在移民潮的推动下，几个世纪以来，
每个国家都构建了独特的饮食特点，并随着新移民的到来不断发生衍化。
如果要选出一个能够很好地通过料理体现这种融合性的国家，那肯定是美国。

最早抵达美国的是17世纪初的英国人，他们在如今的美国东部建立了新英格兰。在该地区，特别是在波士顿，极具代表性的菜品之一是蛤蜊浓汤（clam chowder）：汤汁的质地浓稠，土豆与蛤蜊和加入了新鲜香草的浓郁鲜奶油融合在一起。在波士顿，人们习惯加入牡蛎饼干调味。

这道菜源自英国吗？并非如此。它的创作灵感更多地来自法国滨海夏朗德省和旺代省饮食传统的结合。在前法国殖民地路易斯安那州，秋葵汤（“gombo”或“gombu”）是一种由多种蔬菜制成的炖菜，菜品的烹饪方式同时受到欧洲和非洲的影响。在奴隶制时期的克里奥尔食谱中，人们会用番茄制作汤底，而卡津人（Cajun）或阿卡迪亚人（Acandien）制作的秋葵汤会用棕色的肉汤做汤底，这与法国料理比较相似。沿着美国南部国界线往西，得克萨斯州餐厅的热门料理是辣豆酱（chili con carne）。但令人惊讶的是，这种辛辣的红豆炖肉并非起源于邻国墨西哥，它最初的菜谱要追溯到19世纪，当时一名德国人在得克萨斯州的圣安东尼奥落脚，并创作了这道菜品。用于制作辣豆酱的豆子和辣椒均产自南美洲。

——

本食谱由丹尼尔·布卢德（Daniel Boulud）&阿龙·布鲁多尔（Aaron Bludorn）创作

新英格兰的海鲜浓汤

所需食材

高汤 8升
700克的鲜活龙虾 1只
烟熏大比目鱼 300克
黄油 60克
熏猪肉 60克
2个洋葱（切碎）
2根韭葱的葱白，切碎
芹菜碎 100克
茴香 100克
土豆（去皮切块）1个
白葡萄酒 200毫升
百里香 1束
月桂叶 1片
鱼汤 2升
鲜奶油 2升
蒜末 适量

用于菜品装饰

去皮婆罗门参 200克
韭葱的葱绿 200克
切块土豆 200克
宝塔菜 200克

1. 将8升高汤倒入锅中煮开，放入龙虾。再次沸腾后继续加热5分钟。捞出龙虾，浸入冰水。放好备用。

2. 取一口大锅，在锅中融化黄油，加入韭葱的葱白碎、芹菜碎、茴香、土豆、洋葱碎和熏猪肉。小火翻炒，直至锅中食材变软，但不要上色。加入白葡萄酒，煮至液体减少至一半。加入鱼汤、百里香和月桂叶，继续小火加热45分钟。其间另取一口锅，小火煮奶油直至其体积减小至¼，煮成质地非常浓稠的奶油。将奶油倒入第一口锅中，继续加热30分钟。过筛后自然冷却。

3. 将韭葱的葱绿焯水，用盐水将土豆煮熟，宝塔菜和婆罗门参蒸熟。将所有蔬菜放入平底锅中，加入少许黄油和蒜末翻炒约3分钟。

4. 龙虾去壳，切片，装入4个汤盘。周围摆放切成块的烟熏大比目鱼和炒好的蔬菜。倒入煮好的浓汤。

来自亚洲、东欧和南美洲的移民抵达美国，社区料理开始出现。在唐人街、小东京、韩国城、小俄罗斯和小哈瓦那，居民们保留了故土的烹饪和饮食习惯。这一现象在纽约、洛杉矶和旧金山等大城市尤为突出。最后我们讲一下夏威夷州的饮食，该州成立于1959年，是波奇饭（poke bowl）的发源地，它在欧洲也非常流行。夏威夷岛居住着很多日本移民，这道菜由夏威夷渔夫在日本移民的影响下创作，主料是生腌鱼肉。

近似路易斯安那风格的秋葵汤

所需食材

熏肠 4根
鸡腿 2个
芹菜 1根
胡萝卜 3个
洋葱 2个
大蒜瓣 2瓣
卡津混合香料 3汤匙
黄油 50克
面粉 5克
鸡汤 1升
葵花籽油 适量
盐 适量

1. 胡萝卜和芹菜洗净切块。大蒜和洋葱去皮切碎。将2汤匙葵花籽油倒入铸铁锅中加热，将所有蔬菜、配菜和香料倒入锅中翻炒。
2. 加入黄油，融化后加入面粉，快速搅拌制成棕色的汤汁。倒入鸡汤。加入鸡腿和熏肠。
3. 盖上锅盖煮45分钟。将刀尖插入鸡腿，确认是否煮熟。加入适量盐调味。配白米饭食用。

每次提到汉堡，人们都会提到德国。德国的确是这种美国代表性美食的发源地之一。1758年，英国女作家汉娜·格拉斯（Hannah Glasse）在她的畅销书《简单易懂的烹饪艺术》（*The Art of Cookery, Made Plain and Easy*）中提到一种香肠汉堡。据说在德国，工人阶级爱吃“汉堡牛排”，这种用肉和布里欧修面包做成的三明治类点心之后跟随移民一起，从德国港口城市汉堡出发穿越大西洋。犹太人抵达美国后，以纽约人为代表的美国人吃到了来自东欧的贝果面包。在犹太熟食店里，这种质地坚硬的环形小面包被涂上奶油、搭配熏鱼或五香熏牛肉（牛肉抹盐熏制后蒸熟）食用，五香熏牛肉也是一种由东欧犹太人传入美国的美食。比萨与来自那不勒斯的意大利人一起，征服了美洲大陆。超大号的比萨被切成薄片出售，人们可以用手抓着吃。我们要告诉大家一个真实的故事，这可不是开玩笑：现任纽约市长白思豪（Bill de Blasio）竞选期间，因为用刀叉吃比萨被大众吐槽，最后不得不在记者面前对此做出解释。随着大量

一个汇聚了
全球美食的国家

在美国大城市的街头，我们会很容易地发现，这里汇集了全世界不同国家的美食。在沿海地区，这种现象尤为明显。从古至今的移民潮造就了这一局面，移民们与美国历史密不可分。

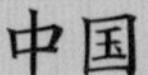

中国

如今，在纽约或旧金山等美国大城市，唐人街的一些摊位、杂货铺和超市即便放在中国也能吸引很多食客。唐人街的一些餐厅会向顾客供应中国的地方料理，如粤菜、川菜或北京菜，菜品的味道和在中国吃到的没有任何差别。

日本

虽然如今在美国到处都是日料店，但美国只有一个州的饮食真正受到了日本的影响。夏威夷位于美洲和日本之间，当地菜品会用到多种日本食材，比如生鱼、午餐肉（日本人喜爱的罐头猪肉）、照烧酱和山葵。

意大利

来自意大利的大量移民让美国的美食更加多元。意大利传统料理在横渡大西洋之后，发生了一些改变。在美国很难见到博洛尼亚肉酱意面，却可以吃到肉丸意面。美国比萨也与意大利本土不同。以芝加哥为例，当地会用一个比较深的模具制作比萨，这样可以加更多料。

法国

美国东北沿海地区很多菜品的雏形诞生于法国沿海。用蛤蜊、土豆、奶油和猪肉制成的著名蛤蜊浓汤便是与法式浓汤类似的菜品，法式浓汤是一种质地浓稠的鱼汤，是滨海夏朗德省和旺代省的著名特产。

俄罗斯

纽约布莱顿滩，又名小奥德萨，是众多俄罗斯餐厅和小摊贩的聚集地。和唐人街一样，20世纪初有很多俄罗斯人把这里视作聚集地。

荷兰

在美国东海岸的宾夕法尼亚州，我们能发现很多荷兰美食的踪迹。但如果要选出一种源自荷兰、但能真正代表美国饮食的美食，那便是甜甜圈！17世纪，甜甜圈跟随第一批荷兰移民抵达美国。

非洲

奴隶制时期，很多西非地区的菜品被带到路易斯安那州。秋葵汤（gumbo）和什锦饭（jambalaya）已成为这个美国南部州的代表性料理。

酒的混合

明星鸡尾酒

曼哈顿鸡尾酒（Manhattan）、大都会鸡尾酒（cosmopolitan）、薄荷朱莉普（mint julep）、干型马天尼（dry martini）等传奇鸡尾酒都诞生在美国！

将各种饮品混合在一起的做法已经在欧洲风行多年……但鸡尾酒艺术诞生于19世纪的美国，并在接下来的一个世纪不断发展。如今以旧金山真月桂酒吧（True Laurel）调酒师为代表的调酒师们创意无限，这非常令人兴奋，但我们也不应遗忘过去诞生于美国的各种著名鸡尾酒，一些传奇鸡尾酒曾被电影或电视的主角在剧中饮用。同其他很多领域一样，鸡尾酒也流行起了复古风！在众多鸡尾酒之中，国际调酒师协会将部分鸡尾酒纳入“令人难忘的鸡尾酒”或“当代经典鸡尾酒”清单，曼哈顿鸡尾酒便位列其中。这种酒由黑麦威士忌、红色苦艾酒、安格斯图那苦酒调制而成，于1874年诞生于纽约曼哈顿的一家俱乐部，当时这里正在举办总统候选人塞缪尔·蒂尔登（Samuel J. Tilden）的晚宴。古典鸡尾酒（old fashioned）由波旁威士忌、糖、安格斯图那苦酒和清水组成，1881年它诞生于肯塔基州路易斯维尔的一家俱乐部。大都会鸡尾酒的味道是甜与酸的微妙结合，由柠檬伏特加、金银花、蔓越莓汁和青柠汁调制而成，如今我们还能在酒吧的酒单上找到大都会鸡尾酒和薄荷朱莉普。最早出于药用目的创作的弗吉尼亚鸡尾酒（from Virginia）将威士忌、糖、薄荷和安格斯图那苦酒组合在一起。著名的鸡尾酒还有很多，其中最负盛名的无疑是曾被希区柯克（Alfred Hitchcock）和詹姆斯·邦德（James Bond）在大银幕上饮用过的干型马天尼。

观察员评论

在旧金山品尝优质鸡尾酒的最佳去处：真月桂酒吧。

可颂甜甜圈（cronut）

一道法式与美式的混搭点心

可颂甜甜圈同它的创作者——生于法国皮卡第的美国籍糕点师多米尼克·安塞尔（Dominique Ansel）一样，也在国际上享有盛誉，但它在法国几乎无人知晓。多米尼克说：“那时我刚在纽约开店，需要为母亲节创作新品，于是我将可颂和甜甜圈进行混搭，创作出可颂甜甜圈。”一名博主将作品上传，收获了145000次浏览量，这家糕点店一炮而红。顾客们争相抢购可颂甜甜圈，一些人在街头倒卖，推高了这种甜品的价格。奎斯特洛夫（Questlove）是吉米·法伦（Jimmy Fallon）主持的美国全国广播公司《今夜秀》栏目的一名音乐人，他说自己曾花2000美元买2个可颂甜甜圈！头脑冷静的多米尼克·安塞尔实施了限购措施：每人每天最多买2个。为了留住顾客，店里每个月都会更换甜甜圈的口味，但价格始终保持在5美元1个。

熟食店（delicatessen）是真正的保守派，它们保留着人们正在消失的美食记忆。

这些在餐馆菜单上非常受欢迎、代表着纽约饮食文化的菜品，其实起源于东欧地区，很多都带有犹太背景。大多数菜品都是随着19世纪末的第一批移民潮横渡大西洋。五香熏牛肉（pastrami）等熟食肉类和熏鱼，以及德系犹太人最常吃的切肝、油炸土豆饼（latkes）和鱼饼冻（gefiltefish）等美食得以在美国普及，很大程度上是因为纽约犹太人的散居，以及鲁斯和女儿们的咖啡（Russ and Daughters Cafe）和凯兹熟食店（Katz’s Delicatessen）等餐厅的出现。在熟食店里，我们甚至能吃到不少欧洲地区不存在的菜品，比如豆面丸子汤（matzo balls soup），还有用波兰比亚韦斯托克洋葱制作的葱花面包卷（bialies）。它们在纽约得到了全新的演绎与诠释。正是由于熟食店的存在，热衷打破条条框框的新一代厨师还能够尊重传统。位于布鲁克林的英里尽头熟食店（Mile End Deli）便是这样一家店，餐厅的菜单上列有不少东欧的特色菜，比如波兰水饺（pierogies）以及用现代方式烹制的切肝。

纽约熟食店，保留人们的美食记忆

路易斯安那

卡津料理

卡津人（Cajun）是曾居住于加拿大阿卡迪亚的法国后裔，17世纪移民至路易斯安那州。他们的料理是不同移民潮融合的成果，带有西班牙、法国、非洲各国、德国等多国特点。

卡津人会制作炸鳄鱼、焖乌龟、炸生蚝、穷汉三明治（po-boy，一种烤牛肉法棍三明治）、海鲜炸糕，以及用香肠和棕色汤底制作的秋葵汤（gumbo）。什锦饭（jambalaya）是卡津人的另一种代表性美食，这是一种用虾和肉做成的炒饭，加入少许被称作“易洛魁月桂”的本地擦木粉调味。路易斯安那州的水资源丰富，卡津人擅长烹饪淡水小龙虾，他们会把虾肉加入秋葵汤，但最常见的吃法是用味道浓郁、热气腾腾的汤汁煮虾，或用胡椒浓汤煮虾。卡津人对自己的故乡感到骄傲，他们特别爱吃各种猪肉制品，比如猪肉碎、香肠、奶酪肠，并喜欢加入大量辣椒，别忘了路易斯安那州可是著名的塔巴斯科辣酱（Tabasco）的诞生地。

街头美食

遍布全美的流动餐车

在美国，流动餐车是一种重要的用餐方式。
尽管大多数流动餐车都出现在公司密集的街区，
但如今美国人已经将其视为一种功能齐全的移动餐厅，经常前去用餐。

每当有体育比赛、音乐会等露天活动举行，我们都能看到流动餐车的身影。甚至有些公司专门经营流动餐车，管理着上百辆小卡车，比如旧金山的断电公司（Off the Grid）。流动餐车有很多不同的版本。甜食餐车涵盖了我们能在纽约街头看到的传统冰激凌车，以及洛杉矶酷豪斯公司（Coolhaus）经营的售卖各种口味冰三明治的餐车，人们甚至能吃到蜜饯巧克力培根口味或鹅肝口味的冰三明治。一些著名厨师也加入流动餐车的队伍中，丹尼尔·赫姆（Daniel Humm）用他的游牧餐车（NoMad）为顾客提供新鲜美味的街头食品，他将鹅肝或涂有松露蛋黄酱的热狗加入鸡肉汉堡中。流动餐车也能代表各地的美食特点，每个州的小卡车都会售卖有代表性的地方特色美食。迈阿密的贝丽螃蟹角餐车（Belly's Crab Corner）售卖用本地香料烹制的螯虾、蟹爪和大虾。得克萨斯州达拉斯地区的不仅是Q餐车（Not Just Q）售卖烟熏烤肉。但如果有一个城市能够真正代表美国的流动餐车文化，那必须是举办餐车美食节（food carts）的波特兰，这个当地节日将汇集众多美食小卡车和薯条小摊。超过600个色彩缤纷、主题鲜明的摊位会参加美食节，人们在这里可以完成世界美食之旅。流动餐车是一片有着无限可能性的领域，我们在这里只能讲到其中的一小部分。

主厨履历

丹尼尔·赫姆（Daniel Humm）

从鱼子酱到炸鸡，涉足各领域的大厨

纽约给人的第一印象很难与美食联系到一起，但大厨丹尼尔·赫姆却将纽约视为美食之城。他在距离曼哈顿几千米的地方找到了一些城区附近的小供应商。他知晓如何让自己适应这种都市环境，创造出带有自身特色的料理。他成功地摸清诀窍，很快成为纽约美食界著名的厨师之一。麦迪逊公园十一号餐厅（Eleven Madison Park）的前老板丹尼·梅耶（Danny Meyer）认为，丹尼尔·赫姆不仅是一位出色的指挥者，也是一个非凡的创作者。在他的餐厅，每道菜都被赋予意义，并为当今料理界增添新意。他的座右铭是“把事情做好”（Make it nice），这句话是从另一家完全不同风格的纽约餐厅——麦迪逊公园十一号餐厅的格言“做好了”（Made Nice）演变而来。餐厅供应不拘一格的菜品，比如咖喱烤花椰菜沙拉、拉面和诱人的冰激凌。他在自己担任总厨的游牧餐厅（NoMad）制作令人意想不到、却引人注意的菜品，如美味的鹅肝黑松露烤鸡。丹尼尔·赫姆无疑是位特立独行的厨师，是当代厨师的领军人物。

“他知晓如何让自己适应这种都市环境，创造出带有自身特色的料理。”

—

麦迪逊公园十一号餐厅（Eleven Madison Park，米其林三星）/游牧餐厅（NoMad，米其林一星）

佛罗里达

佛罗里达群岛的美食

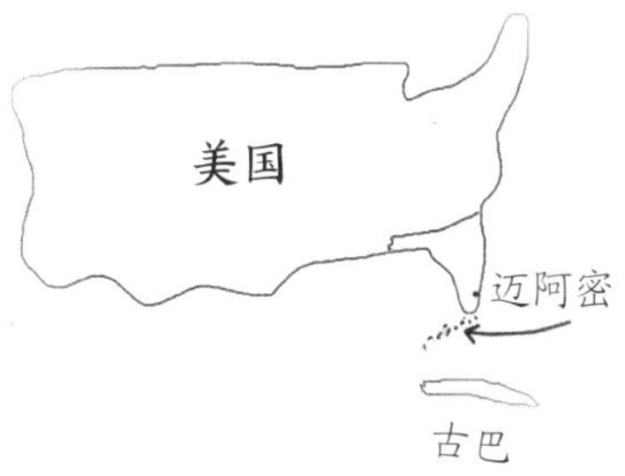

传统的佛罗里达群岛美食有两个主要特点。第一个特点与群岛的地理位置相关，当地料理推崇使用岛上的本地食材。

群岛青柠派（Key lime pie）是体现这一特点的美食之一。这种水果挞起源于佛罗里达群岛，如今已成为全球著名的美食，它的底部用全麦饼干（美式曲奇）做成，蛋挞液由炼乳和本地的圆形酸味青柠制成。鱼类和海鲜也是岛上的常用烹饪食材。海螺（conch）是一种蜗牛形的大型贝类，在法属安的列斯群岛被称作“lambi”，佛罗里达群岛的居民会将其做成沙拉、浓汤或按照非洲加纳阿克拉的方式油炸。鲯鳅（mahi-mahi）等鱼类会以烧烤或炖汤的方式烹制。当地料理的第二个主要特点是与邻国的紧密融合。墨西哥对当地料理有着很深的影响，辣椒调味料、用大块番茄和辣番茄酱做成的沙拉、辣肉馅玉米卷（enchiladas）都源于墨西哥。安的列斯群岛的饮食特点在这里也得到了体现，当地的炸香蕉和炖汤都与安的列斯群岛的菜品很相似。古巴美食的影响也值得一提，因为正是这些前来工作的古巴移民将他们用火腿和奶酪制作的古巴三明治带到了美国岛屿。

当地美食

“从事奶酪生产的厂家已超过100个。”

美国奶酪

红酒在美国的50个州都有出产。和红酒一样，用生牛乳制成的农场奶酪也在大西洋彼岸的美国遍地开花。

美国到处都是农贸市场，纽约就有60来个，我们可以在市场里发现并品尝更多当地特产。长期以来，美国的奶酪都采用工业化的生产方式，主要用于搭配比萨、三明治、汉堡或芝士蛋糕。17世纪，随着欧洲移民的涌入，奶酪的制作技术也越过大西洋，开始在美国本土扎根。当地人受帕尔马干酪的启发，创作出干杰克奶酪（Dry Jack），还按照德国林堡干酪的制作方式创作出砖状干酪（Brick Cheese）。19世纪末，巴氏灭菌技术和工业化的发展敲响了原始农业生产的丧钟。农场的复兴始于19世纪90年代后期，复兴的先驱是位于加利福尼亚北部雷斯岬的女牛仔。曾就职于帕里斯餐厅（Panisse）的佩吉（Peggy）和苏（Sue）开始用当地农场的牛奶制作真正的奶酪。20年过后，从事奶酪生产的厂家已超过100个。在威斯康星州，高地奶酪公司（Uplands Cheese Company）生产阿邦当斯奶酪（abondance）和蒙多尔奶酪（mont-d' or）。在犹他州，蜂箱奶酪厂（Beehive Cheese）将新泽西牛乳制成的切达奶酪裹上咖啡或薰衣草口味的脆皮，口味令人惊喜。美国奶酪协会汇集了这些新兴的奶酪生产商，并制定了有些愚蠢的60天准则，即所有用生牛乳制成的奶酪必须经过至少两个月的熟化才能上市销售，这让人们失去了享用很多专业奶酪的乐趣，包括生牛乳酪（raw milk）、软奶酪、脆皮软奶酪、山羊奶酪和所有新鲜奶酪。

夏威夷群岛

菠萝农场

据说在1778年，当西方人首次来到这个遍布细沙滩、火山、珊瑚礁和热带森林的群岛时，当地并没有种植菠萝。而如今，即使菠萝早已成为这个天堂岛屿的象征，人们刚登上这个位于太平洋中央的群岛时，会很惊讶地发现，岛上似乎看不到什么菠萝。夏威夷群岛刚被发现时，人们主要种植香蕉、甘蔗、椰子和红薯，之后又开始种植檀香树。直到1813年，当地才开始引入异国的水果。到了20世纪60年代，夏威夷已成为世界最大的菠萝产地，其中80%的市场份额由20世纪初在岛上成立的几家大公司占有，包括戴尔蒙特新鲜制造（Del Monte Fresh Produce）、都乐食品公司（Dole Food Company）和毛伊岛本地菠萝公司（Maui Land and Pineapple）。如今，大规模的商业开发已被禁止，菠萝农场主要集中在巴西、泰国、菲律宾和哥斯达黎加等国。但当地仍保留了一些进行混合种植或鱼菜共生的小型有机菠萝农场。农场的经营由夏威夷本地烹饪协会的成员资助，主要包括山口罗伊（Roy Yamaguchi）、阿兰·王（Alan Wong）、大田艾美（Amy Ferguson Ota）等厨师，协会致力于推动多民族的美食融合，提倡以负责任的态度使用当地农产品。毛伊岛上出产菠萝酒，其甜度没有人们想象的高，人们喜欢在食用捞捞鸡（chicken laulau，加入椰奶后用芋头叶包裹烹制）、叉烧或阿多博卤鸡（chicken adobo，用醋和大蒜腌制的鸡肉）后饮用菠萝酒。

“菠萝早已成为这个天堂岛屿的象征。”

视野绝佳的餐厅

若您希望在用餐时，能将曼哈顿下城的摩天大楼尽收眼底，远处能看到自由女神像，还要同时窥见布鲁克林的一角，您必须登上曼哈塔的60层。您在这里能品尝到杰森·菲佛（Jason Pfeifer）制作的时令美食，他曾在托马斯·凯勒（Thomas Keller）的餐厅工作。托马斯·凯勒的本身餐厅（Per Se）位于纽约，它并不是全市最高的餐厅。它位于中央公园的一角，地处一个时尚购物中心的四层。然而，透过餐厅宽敞明亮的窗户，人们可以欣赏到曼哈顿上城令人惊叹的美景，餐厅内的氛围十分安静庄重。从餐厅向下看，可以看到哥伦布广场中央装饰花坛里种植的菜花，大厨托马斯·凯勒受到启发，制作了一道素食三明治。纽约市处处可以感受到大自然的气息。在中央公园里，人们在湖边漫步，享受片刻的浪漫闲适。大自然的元素延伸至湖岸一侧的船屋餐厅（Loeb Boathouse），餐厅融合了欧洲和美国的精致料理。如果您希望在纽约的桥下用餐，您可以去供应东地中海料理的塞莱斯廷餐厅（Celestine）。从房间看出去，我们几乎在曼哈顿桥的下方，曼哈顿桥在纽约桥梁中的地位几乎等同于帝国大厦在摩天大楼中的地位。为了欣赏曼哈顿的天际线，在日落时分眺望自由女神像，人们会前往漂浮在布鲁克林东河两岸的河面咖啡（The River Café）。

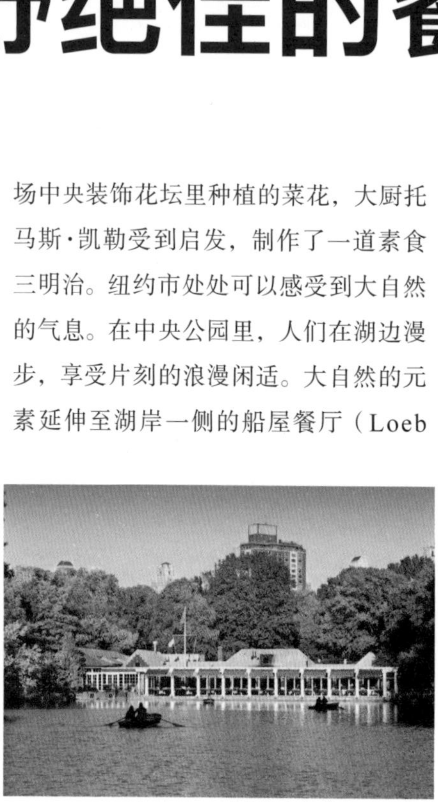

本身餐厅（Per Se，米其林三星）/河面咖啡（The River Café，米其林一星）

洛杉矶的上流餐桌

洛杉矶是每平方千米拥有最多明星和名人的城市。名人们成就了很多著名餐厅，仅仅因为他们曾在此用餐。到哪里可能见到布拉德·皮特或朱莉娅·罗伯茨？那必然是比弗利山庄，沃夫冈·帕克（Wolfgang Puck）在那里开设了两家餐厅，分别是斯帕戈餐厅（Spago）和CUT餐厅，每个明星都有自己专属的餐巾环；或者您可以前往位于拉布雷亚的共和国法餐厅（République），餐厅所在地曾是卓别林的住所；在西好莱坞，销售有机葡萄酒或生物动力法葡萄酒的A.O.C.酒吧吸引众多明星前来品尝各种产地的葡萄酒；喜欢墨西哥美食的人们可以去好莱坞的谢谢妈妈餐厅（Gracias Madre）；想吃加利福尼亚地道健康料理的可以去威尼斯海滩的杰林娜餐厅（Gjelina）。在位于日落大道的塔楼酒吧（Tower Bar），人们可以边用餐边欣赏城市美景；在美人与艾塞克斯餐厅（Beauty & Essex），顾客在好莱坞的装饰氛围中，品尝克里斯·桑托斯（Chris Santos）制作的多民族料理；在时髦的洛杉矶市中心，人们还可以去贝斯蒂亚餐厅（Bestia）品尝现代意大利料理。

主厨履历

沃夫冈·帕克（Wolfgang Puck）

明星们的厨师，厨师中的明星

大厨沃夫冈·帕克与阿诺德·施瓦辛格是同乡，都生于奥地利，且两人都是奥斯卡颁奖典礼上的常客。尽管好莱坞的壮汉施瓦辛格从未夺取小金人，但这名主厨已在美国各地开设了多家餐厅，25年来凭借招牌料理吸引了众多明星顾客，包括用烟熏三文鱼和鱼子酱制作的传统吐司、豌豆黑松露意式饺子及各式颇具文化内涵和个人风格的小菜。明星们也给他带来了回馈。从史泰龙到丹泽尔·华盛顿，再到碧昂斯，很多明星都曾推开比弗利山庄斯帕戈餐厅（Spago）的大门。汤姆·克鲁斯最爱他制作的蛇河农场牛排（Snake River Farm），这种牛是法国牛与日本牛的杂交品种。为麦当娜和西恩·潘的婚宴担任主厨后，他向《巴黎竞赛画报》的记者吹嘘："除了教皇，所有人都来过我的餐厅。"14岁那年，他为了远离有暴力倾向的父亲，选择离开奥地利，之后走过了非凡的旅程。他曾在法国的乌斯托德保玛尼耶餐厅（L' Oustau de Baumanière）学习厨艺，师从雷蒙德·图伊里尔（Raymond Thuilier），当时餐厅已摘得米其林三星。26岁那年，他在洛杉矶开设了自己的第一家餐厅。他是美国向大厅开放厨房的主厨之一，他提倡以"简单的方式在餐厅烹饪市面上最好的食材"。有一天，里根总统戴的帽子上写着斯帕戈餐厅的名字。媒体争相拍照，沃夫冈·帕克声名远播。直至四十多年后的今天，他已为七任美国总统制作料理，并领导着一个在全球拥有一百多家餐厅的餐饮帝国。

当地特产

波旁小镇的特产

波旁威士忌是普通威士忌的远亲，但也仅仅是远亲。尽管两者的生产方式相似，但从酿酒原材料开始就已存在区别。

尽管苏格兰或爱尔兰继续就威士忌的发源地争论不休，或者更确切地说，“whiskey”发源于苏格兰，“whiskey”发源于爱尔兰，但他们并不是威士忌的唯一产地，出产威士忌的国家还有很多，其中就有美国。美国也是威士忌的重要产地之一，并选用了拼写更俏皮的“whiskey”一词。19世纪，经济危机席卷苏格兰和爱尔兰，当地很多人移民到大西洋彼岸的美国，他们随身带了几升威士忌，也带去了成熟的蒸馏技术。在新大陆，他们基于当地条件应用威士忌的酿造技术，特别是在广泛种植玉米的肯塔基州。他们用小镇的名字为这种酒命名，波旁威士忌由此诞生。欧洲威士忌主要由大麦发酵蒸馏制成，会加入适量小麦或玉米作为补充，而波旁威士忌的原材料中至少需包含51%的玉米。大多数制作波旁威士忌的蒸馏酒厂甚至会用到70%左右的玉米。波旁威士忌需在新橡木桶中陈酿2年以上，而普通威士忌需陈酿3年，因此波旁威士忌的口感更加柔滑，甜度更高。与既定观念不同，波旁威士忌在美国各地均有出产，而不止是在肯塔基州。

“波旁威士忌的原材料中至少需包含51%的玉米。”

波特兰的农夫市场

波特兰是美国西北部俄勒冈州的重要城市，也是美国美食丰富的城市之一。这里摒弃了快餐食品，推崇食用本地食材，每年早春至深秋，除了周一，当地的几家农夫市场将轮流开门迎客，每周一天。最著名的农夫市场位于文化区，主要集中在波特兰州立大学附近。一百余个摊位售卖从100千米以内的农场采摘的食材。市场里氛围亲切，绿意蔓延，人们可以一边听着爵士乐、蓝调音乐或摇滚乐，一边品尝美味的熟食。沿路的小摊售卖白松露、猪肉制品、奶酪、自制糕点、新鲜蔓越莓汁、香气四溢且色彩缤纷的水果蔬菜，以及俄勒冈州盛产的榛子。水果和蔬菜的摊位非常受欢迎，因为很多波特兰的居民都是素食主义者，我们经常能在当地的房地产信息中看到“寻找友好的素食房客”字样。

得克萨斯料理

受德国人、英国人、非裔美国人、卡津人、墨西哥人、美洲印第安人和亚洲人的影响，
得克萨斯州的料理是不断融合的产物。

得克萨斯州聚集了包括非裔美国人在内的至少27个民族或文化群体，他们通过猪肉与甜椒和香料的组合，掌握了将绿色蔬菜和豆类变为烹饪杰作的方式。辣豆酱（chili con carne）发源于墨西哥群体，且已迅速成为能够代表得克萨斯州的美食。辣豆酱由牛肉、辣椒粉、洋葱、大蒜、黄灯笼椒、青椒、番茄丁、无糖可可粉、少许肉桂粉、香菜和¼个柠檬制成。得克萨斯州比其他任何州都更钟爱烤肉，特别是在奥斯丁市，当地的烤肉料理于19世纪由德国和捷克移民传入。当地的肉铺会将鲜肉进行熏制，以延长保存时间，让肉更具风味。当地制作烤肉并不是将肉放在铁架子上烤，更像是烟熏。他们用柴火在烟熏烤炉中间熏制肉块，低温慢烤2～3小时，通常的烤肉温度是120℃。最受欢迎的是烤牛胸肉（brisket），当地人用加入了卡宴胡椒粉的混合香料包裹牛肉，熏烤2～4小时，搭配豆类和玉米食用。

“当地制作烤肉并不是将肉放在铁架子上烤，更像是烟熏。”

美食建议

做出好牛排的秘诀

每个品种、每个产地的牛肉都有不同的口味和特色。

请咨询肉店的伙计，特别要问清楚与牛肉有关的各项信息。牛肉产自哪个地区？是怎样的养殖方式？被宰杀时多大？是一般用途的牛还是专门养殖的肉牛？以什么作为饲料？这些信息都很重要。如果一些肉店伙计把您当疯子，您可以告诉他们，自己不希望被他们当成傻瓜。做出好牛排的第一步由此开启。您在餐馆吃牛排时，也可以询问服务生同样的问题。他们应当熟知餐厅供应的牛排的特点。

请咨询肉店的伙计，如何选择肉块和肉碎。牛排的柔软程度取决于牛肉的部位。牛身上几乎任何地方的肉都可以拿来做牛排，人们通常会选取牛最少用到的肌肉区域。这些部位的牛肉最稀有，也最昂贵，但它们的确与众不同。您最好挑选那些肌肉中脂肪密布、纹理清晰的肉块，这种牛肉被称作雪花牛肉。与普遍的看法不同，这种渗入了肌肉纤维的脂肪不包含任何有害物质，对健康有益。烹饪时，脂肪会融化并增添肉的风味，减少煎肉时所用的油脂。牛排中75%都是水，20%是蛋白质，它的味道取决于剩下的5%，因此请对这5%严格把关。

请选择已经达到足够熟成的牛肉。牛排的熟成决定了它的味道。熟成的方式分两种：干式熟成，即将整块带骨牛肉或牛的某一部分裸露放在低温空间里进行熟成；湿式熟成，即将已经切好的牛排装入真空袋后进行熟成。两种熟成方式皆可，每一种都有其独特的风味。熟成的时长根据牛的品种、屠宰的年龄和屠夫使用的熟成方式而定。20天的熟成时长比较理想。如果不是出自专业人士之手，则最短不要低于10天，最长不要多于40天。熟成能帮助牛肉中的酶和酸转化为脂肪和糖。肉在熟成的过程中会损失水分（最多损失原重量的50%），但味道和质地会得到优化。

烹饪之前，先让牛肉在室温下静置。通常需静置2小时以上。对于厚切牛排，您可先将其低温预煮（低于50℃加热，不超过2小时，时间不能延长）。这一过程能让肌肉变得松弛，更容易释放出肉的味道。

“牛身上几乎任何地方的肉
都可以拿来做牛排。”

阿拉斯加的海鲜料理

阿拉斯加是美国第49个州，这里有个奇怪的现象：美食很丰富，但人口很稀少。

在阿拉斯加，尽管我们能吃到野牛汉堡、驯鹿香肠、北美驼鹿肉甚至熊肉，但当地的食材主要还是来自海洋。寒冷的冬季会让深层的土壤冰冻，这阻碍了农业发展，迫使当地最早的居民从事捕捞。北太平洋和白令海寒冷纯净的海水孕育了帝王蟹和各种海虾，同时也盛产各种野生鱼类，特别是三文鱼、鳕鱼和大比目鱼。在大多数餐厅的菜单上，三文鱼可以拿来熏制、烤制、腌制，或切成薄片、撒上海盐后烟熏。受美国本土影响，当地大量制作烤三文鱼，但阿拉斯加最有特色的菜品仍是黄油帝王蟹腿，烤制后的黄油会融化并包裹住蟹腿。高档餐厅的大厨们研发出更加讲究的做法，比如三文鱼蛋糕、炖比目鱼、青口汤和蟹肉汤……一些颇具冒险精神的餐厅延续了爱斯基摩人的饮食传统，制作臭鱼头（stinkheads）和臭鱼卵（stinkeggs），即加入油脂腌制了几个星期的三文鱼头和三文鱼卵。

“受美国本土影响，当地大量制作烤三文鱼。”

主厨履历

多米尼克·克伦（Dominique Crenn）

第一位在美国获得米其林三星的女性厨师

2018年，这位摇滚随性风格的法国女厨师为自己位于旧金山的克伦工坊餐厅（Atelier Crenn）摘得米其林三星，她的成功在全球引起强烈反响。原因在于，她是第一位在美国获得米其林三星的女性厨师。1998年，她带着打破法餐严苛准则的想法，独自一人来到旧金山。她同发起“农场到餐桌”运动的爱丽丝·沃特斯（Alice Waters）一起，任职于加利福尼亚的先锋餐厅——耶利米大厦餐厅（Jeremiah Tower）。2011年，她从餐厅辞职，并创办了自己的第一家餐厅——克伦工坊餐厅，餐厅的菜单以诗歌形式呈现。2015年，餐厅摘得米其林二星之后，为纪念生于布列塔尼的祖母，她创办了供应海鲜的小克伦餐厅（Petit Crenn）。2018年，她决定在克伦酒吧（Bar Crenn）推出脆皮冰生蚝啫喱配波尔多可露丽，以发扬法餐。主厨的风格十分个性、有诗意且开放。比起厨师，她更愿意将自己定义为艺术家，她的菜品也证明了这一点。以海鲜料理为例，她用紫菜包裹烟熏鲍鱼，再用日式烤架烘烤；她还用蘑菇和果仁糖制成森林巴拉德甜品，这道甜品是为了纪念她的父亲。她十分注重环保，推动有机种植，并使用本地食材。她并不是素食主义者，却提倡少用肉类，多用海鲜或自家农场出产的食材制作料理。

克伦酒吧（Bar Crenn，米其林一星）/克伦工坊餐厅（Atelier Crenn，米其林三星）

龙虾卷

龙虾卷是一种三明治，20世纪30年代诞生于缅因州，一家餐厅老板突发奇想，用海边新鲜捕获的龙虾替代热狗香肠。珍珠生蚝酒吧（Pearl Oyster Bar）的主厨丽贝卡·查尔斯（Rebecca Charles）让龙虾卷征服了纽约人的胃。1997年，她在格林威治村开设餐厅，成为首位用独创方式让龙虾卷成为高档料理的厨师。在一小块黄油烤制的面包中，填入大量涂有蛋黄酱的龙虾肉。后来，龙虾卷的风潮蔓延至曼哈顿，从第一会馆餐厅（Maison Première）、玛丽鱼馆（Mary's Fish Camp）等高档餐厅，到著名的卢克龙虾（Luke's Lobster）等街头小摊，人们都能吃到龙虾卷。如今的龙虾卷与缅因州关系不大，它已成为真正的纽约特色，并传遍全球。

葡萄园

加利福尼亚葡萄酒

加利福尼亚可不止一种葡萄酒，而是出产多种葡萄酒。有些葡萄酒的品质上乘，期待您的发掘。

1976年5月24日之后，加利福尼亚葡萄酒的名气大涨。那一天，世界知名的英国葡萄酒专家史蒂芬·斯普里耶尔（Steven Spurrier）举办巴黎品酒会，进行法国葡萄酒和加利福尼亚葡萄酒的盲品。不论是红葡萄酒还是白葡萄酒，加利福尼亚的葡萄酒均取得优胜！从这一天开始，美国最大的葡萄酒产区再没有嫉妒其他产区的必要了。

加利福尼亚州的面积比法国更大，风光多样，坐拥山地，濒临太平洋，超过22.1万公顷的土地汇集了不同的气候特点和风土人情。葡萄园主要集中在4个区域的15个市镇，最著名的几个产区位于北部海岸地区：知名的纳帕谷汇集了一批设计精巧的大型酒庄，每年都有数百万游客前去参观用生物动力法酿酒的神秘的作品一号酒庄（Opus One）。加利福尼亚的主要葡萄酒产区还有南部海岸地区、中部海岸地区、中部山谷地区和西拉山地区。加利福尼亚的葡萄酒等级划分标准与欧洲不同。在加州，人们更重视葡萄品种，而不是产地名称，市场上会将葡萄酒划分为5个简单的等级，从最基本的入门级葡萄酒（basic wine）到最高级的图标酒（icon）。

当地种植的葡萄品种主要有霞多丽、梅洛、赤霞珠、灰皮诺、黑皮诺、苏维翁（sauvignon），还有可用于酿造各种颜色葡萄酒和起泡酒的仙粉黛（zinfandel）。如今也有很多葡萄酒用西拉（Syrah）或歌海娜（Grenache）酿造，它们大多是按照罗纳河谷的酿酒方式酿制的红葡萄酒。

美式糕点中不容错过的曲奇

正宗的美式曲奇由一些最基本的食材制成，是甜食的完美代表。但为了维持它在全世界甜食爱好者心目中的地位，制作美式曲奇必须遵守一些准则。其中一条重要标准便是，曲奇的外壳必须口感松脆，但最中心要保留少许生面团，让它保持恰到好处的流动感。曲奇没有烤透并不是大问题，因为曲奇冷却后，里面的黄油能帮助其保持口感。曲奇面团的味道至关重要，在美国一些大城市的商店，商家甚至会把生曲奇面团装入圆锥筒或放在小盘子里，卖给顾客享用。

曲奇

所需食材

颗粒状黑巧克力 350克

半盐黄油 225克

面粉 300克

化学酵母（或泡打粉）1撮

红糖 200克

白砂糖 115克

鸡蛋 2个

香草精 50毫升

细盐 1撮

1. 提前20分钟将黄油从冰箱中取出。

2. 烤箱预热至150℃。

3. 取一个中等大小的碗，倒入面粉和化学酵母并搅拌均匀，放好备用。

4. 用电动打蛋器混合红糖和白砂糖，中速搅拌5分钟。加入软化的黄油，再次搅拌直至食材质地均匀。

5. 加入鸡蛋和香草精。继续中速搅拌，直至食材质地均匀。注意不要过度搅拌。

6. 加入面粉和化学酵母的混合物，再加入颗粒状巧克力和盐。搅拌均匀，放入冰箱冷藏30分钟。

7. 将面团整理成曲奇的形状。将曲奇面团放在铺有烘焙纸的烤盘上，留出足够间距。入烤箱烤制18分钟。出烤箱后，用刮刀移除曲奇，并将烤好的曲奇放在低温或室温的平面上。

开席了

在66号公路上

从芝加哥到圣塔莫妮卡的66号公路既是自由的象征和重要的旅行目的地，
也是前往美国西部的必经之路。

66号公路是第一条横穿美洲大陆的柏油马路，20世纪50年代起，驿站餐厅在公路沿途慢慢发展起来，很多餐厅都设立了显眼的“diners”标志。有些餐厅为驾车人士提供得来速（drive-thru）服务，还会设立售卖冰激凌和苏打水的冷饮柜台。沿路的加油站、商店、汽车旅馆和咖啡馆装点着旅程，构成了66号公路的历史。66号公路穿过8个州，全长3670千米，沿途的饮食十分多样，其中的一些餐厅很值得一去。经过伊利诺伊州的斯普林菲尔德时，您将有机会品尝当地众多农场出产的美食，比如奶油南瓜猪肉饺子，以及搭配炒土豆食用的波兰基尔巴萨香肠（kielbasa）。密苏里州以烤肉闻名，特别是烤烟熏牛肋排和烤香料腌制的猪五花肉（burnt ends）。得克萨斯州居民的主要食物也是烤肉，但由于受到墨西哥饮食的影响，辣豆酱（chili con carne）在当地十分流行。66号公路得克萨斯段的大多数餐馆都会供应墨西哥煎蛋（huevos rancheros）——一种搭配番茄酱的煎鸡蛋，以及玉米饼和山核桃挞。横穿新墨西哥州时，您可以品尝到青辣椒，当地人用它制作辣椒油糕、炖辣椒和酿辣椒。在相邻的亚利桑那州，菲力牛排和T骨牛排是当地特色，当地还有著名的焦皮牛排（charred steak），牛排半生不熟，但表皮被烤至焦脆。来到加利福尼亚州，穿过莫哈韦沙漠后，圣塔莫妮卡的码头是66号公路的终点，您可以在太平洋海岸吃顿海鲜庆祝一下。

千岛酱

尽管人们对于千岛酱的名称来源说法不一，但大家都一致认同，千岛酱起源于美国与加拿大之间的圣劳伦斯河流域的千岛湖。千岛酱可被用作海鲜菜肴或生拌蔬菜的调味料，由蛋黄酱、番茄浓缩汁、伍斯特郡调味酱、芥末酱、醋、塔巴斯科辣椒酱、柑橘汁、番茄酱组成，其中还加入了切碎的酸黄瓜、洋葱、甜椒、青橄榄、鸡蛋、欧芹、辣椒、细香葱和大蒜。很多汉堡的酱汁都用到了千岛酱。

烧烤酱

克里斯托弗·哥伦布从加勒比地区航行归来，带回了烧烤酱的最初版本。人们通常用烧烤酱搭配肉类，也可用于腌制即将烤制的食材。它由番茄酱、红葡萄酒、香醋、芥末酱、蜂蜜和大蒜制成，也可加入烟熏辣椒粉，为烧烤酱增添烟熏的风味。

美国的特色酱汁

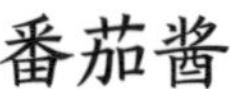

番茄酱

尽管番茄酱起源于亚洲，但在德裔美国商人亨利·约翰·亨氏（Henry John Heinz）的影响下，番茄酱已成为全球知名、消耗量极大的酱汁之一。番茄酱的主要成分是番茄。人们将香料、糖、洋葱、大蒜和醋加入番茄中一同炖煮，直至食材变为浓稠的液态，从而让酱汁浓缩，增添风味。

牧场沙拉酱

牧场沙拉酱于20世纪50年代在一个乳制品农场诞生，通常被用于制作沙拉。它的质地浓稠，特别适合搭配蔬菜。它由蛋黄酱、鲜奶油、芥末酱、细香葱、欧芹、小茴香、洋葱粉、大蒜、辣椒粉和柠檬汁制成。

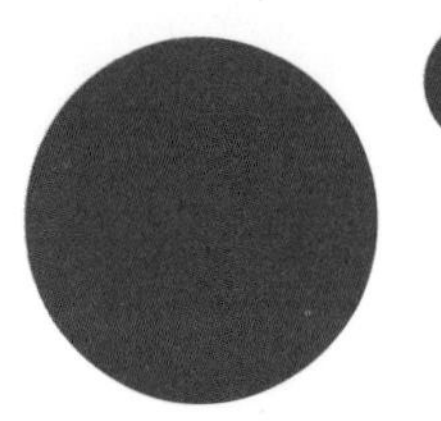

重新诠释本国传统料理的墨西哥厨师们

一些墨西哥厨师选择扎根美国，将本国最受欢迎的菜品变为真正令人赞叹的美食。大厨恩里克·奥尔维拉（Enrique Olvera）在他位于纽约的科斯美餐厅（Cosme），对墨西哥的代表性菜肴进行再创作，并赋予它们不同的意义。他用全新的方式运用调味料，重新演绎在墨西哥非常流行的牧师烤肉（al pastor）。按照传统做法，人们会用辣椒、香料和红酱（用胭脂树的果实制成，可用于上色）腌制猪肉，而恩里克·奥尔维拉选择将猪肉替换为鱼肉，并将鱼肉烤至焦脆，使其看起来和原始版本差不多（人们通常用制作土耳其烤肉的方式，用铁钎烤制牧师烤肉）。他还将美学意义和几何图形融入墨西哥很受欢迎的菜肴之一——摩尔炖菜（mole）。盘中只有由棕色和深红色汤料组成的圆形，再无其他。但与原始版本相似的是，入口后各种味道交织在一起，在味蕾上爆开。而大厨卡洛斯·萨尔加多（Carlos Salgado）最擅长制作墨西哥塔可饼（tacos）。他曾在多家米其林星级餐厅就职，在他位于洛杉矶南郊科斯塔梅萨的塔科玛利亚餐厅（Taco Maria）中，他将高级的烹饪技术融入这道墨西哥的街头特色小吃。他为顾客制作鲜鱼塔可饼，加入卷心菜和用洋葱蒜泥酱腌制的金橘，搭配上好的年份葡萄酒食用。

人道主义大厨何塞·安德烈斯（José Andrés）的美国梦

西班牙人发现了美洲大陆。与19世纪移民的爱尔兰人、意大利人或德国人不同，那时的西班牙人选在拉丁美洲安家。因此，在很长一段时间里，美国没有西班牙菜的踪影……直到大厨何塞·安德烈斯来到美国，掀起了塔帕斯的风潮。

五十多年前，何塞·安德烈斯生于阿斯图里亚斯，他在巴塞罗那周边长大，通过在西班牙多家米其林星级餐厅的任职经历开启了厨师生涯。在费朗·亚德里亚的斗牛犬餐厅的工作经历对其影响深远。之后他飞往美国，任职于哈雷奥餐厅（Jaleo），并参与创立了美国第一家塔帕斯吧。他的创造力得到媒体赞扬，被各家媒体誉为“西班牙的革命英雄”，之后又被视为“华盛顿的美食天才”。他先后在迈阿密、拉斯维加斯、洛杉矶和华盛顿开设餐厅，他创办的迷你小吃吧（Minibar）凭借绝妙的塔帕斯体验摘得米其林二星。

何塞·安德烈斯的作品十分前卫，例如液态橄榄配蜗牛，但这只是菜品的外观，菜品的实质内容是一块伊比利亚火腿肉冻，配以兔肉汤和形似蜗牛卵的肉冻……这位大厨制作的塔帕斯也非常符合21世纪的时代特点，融合了艺术、科学、传统与技术。顾客们在厨师及其团队的工作空间内品尝美食，感受无与伦比的美味成就。

如今，何塞·安德烈斯管理着31家餐厅，活跃于各个领域。他出版了多本食谱书籍，在哈佛大学任教，还担任电视节目主持人。他履历中的高光时刻是在2010年，他成立了非政府组织“世界中央食堂”（World Central Kitchen），组织的主要使命是为灾害中的受害者提供食物。他同团队和志愿者一起，在玛丽亚飓风灾害后前往波多黎各救灾，在迈克尔飓风过境后的佛罗里达州分发了30万份餐食，还在加州北部发生美国历史上造成最多人死亡的山火之后前往当地进行救助。

正是因为何塞·安德烈斯所做的贡献，2018年，他获得了2019年度诺贝尔和平奖的提名。

——
迷你小吃吧（Minibar，米其林二星）

豪华版 墨西哥塔可饼

20世纪60年代，墨西哥塔可饼（tacos）从墨西哥的街头和快餐店来到美国，并很快传遍美国各大城市，成为常见的街头小吃之一。

随着时间的流逝，墨西哥塔可饼已脱离了最初的历史渊源和地理环境。据说从前墨西哥塔可饼是当地矿工的口粮。矿工们将牛肉、猪肉、鸡肉或动物肝脏和各种蔬菜、调味料混合在一起，用弯折的玉米饼或小麦饼包住。墨西哥塔可饼跟随迁移的居民传入墨西哥城，城市的街头出现了第一批专卖塔可饼的快餐店，之后又传到美国。在加利福尼亚州，墨西哥塔可饼甚至成为洛杉矶的象征之一，越来越多的时尚餐厅开始制作墨西哥塔可饼，并推出素食版本。在洛杉矶南边的橘子郡，大厨卡洛斯·萨尔加多（Carlos Salgado）在他于2013年开业的玛丽亚塔可饼餐厅（Taco María）发扬创新精神，通过四道小菜和一份玉米饼专属菜单，为顾客制作进行了结构重组的墨西哥塔可饼。

“据说从前墨西哥塔可饼是当地矿工的口粮。”

在纽约，墨西哥塔可饼真正摆脱了快餐标签，很多高级厨师开始制作这种小吃，比如在2014年为卡萨恩里克餐厅（Casa Enrique）摘得米其林一星的科斯梅·阿吉拉（Cosme Aguila），他在这家位于长岛的餐厅，将墨西哥菜提升为高档料理。克拉罗餐厅（Claro）的主厨TJ. 斯蒂尔（TJ Steel）将美国菜与墨西哥瓦哈卡地区的美食融合在一起，该地区料理以摩尔炖菜（mole）为代表，炖菜中的辣酱有200多种不同的做法。

奥科索莫克餐厅（Oxomoco）是墨西哥塔可饼复兴的象征，主厨贾斯汀·巴兹达里奇（Justin Bazdarich）于2018年在布鲁克林的绿点社区新创办了这家餐厅。餐厅环境别具一格，柴火烤制的精致墨西哥塔可饼是特色，塔可饼的口味有很多不常见的组合：鸡肉配烤菠萝、天妇罗配软壳蟹、黄鳍金枪鱼配红洋葱、墨西哥牛排配烟熏奶酪等。用料很高级，制作方式也很正宗，厨师用阿兹台克人的传统工艺——尼克斯塔马尔法（nixtamalisation）制作塔可饼，即将玉米粒浸泡在石灰水等碱性溶液中，以去除玉米粒的外壳，提高营养价值。

玛丽亚塔可饼餐厅（Taco María，米其林一星）/卡萨恩里克餐厅（Casa Enrique，米其林一星）/克拉罗餐厅（Claro，米其林一星）/奥科索莫克餐厅（Oxomoco，米其林一星）

感恩节

感恩节是11月的第四个星期四，
习惯了忙碌的美国人永远不会停下来，
但感恩节是个例外。

在感恩节这一天，所有人都利用假期与家人共进晚餐，大多数商店也都会关门，但也只会关几个小时而已！次日便是黑色星期五，即所有商铺营业时间全年最早的日子，天刚亮商家就会大张旗鼓地再次开门迎客，进行年度大促。黑色星期五是一个商业传统，如今全世界都在效仿，包括网络商家。但感恩节似乎是美国人的专属节日。在美国，没有任何一个节日会如此尊重传统。所有社区的教会都会制作烤火鸡。感恩节的传统与美国建国的历史有关。1620年，移民们搭乘五月花号在美国马萨诸塞州海岸登陆。在旅途幸存下来的102名先驱者中，有一半没能活过第一个饥饿的冬天。一名叫斯框托（Squanto）的印第安人和他的部落为幸存者们提供食物，教会他们捕鱼、狩猎和种植玉米。第二年秋天，他们欢庆第一次的丰收，并用野火鸡和鸽子宴请印第安人。如今人们习惯用南瓜片、蔓越莓酱、土豆泥或红薯搭配这种巨大的禽类。感恩节期间，美国的很多电视台都会连续几个小时介绍火鸡填充物（stuffing）的制作方法，因为填充物没有官方的食谱，每个州、每个家庭都有自己的独门秘方，但通常都会包含一块硬面包、坚果、胡萝卜、洋葱、青苹果、蔓越莓、芹菜、黄油、葡萄干、鼠尾草、百里香、橄榄和高汤。在这个传统节日，人们一般不会乱开玩笑。

“在美国，没有任何一个节日如此尊重传统。”

世界各地的传统酱汁

尝试去列出近代或历史上的所有酱汁，就如同想要穷尽所有奶酪。这是一个不可能完成的任务。但有些酱汁已经传遍全球，很多已有数百年的历史。

日本——照烧酱

照烧酱诞生于17世纪，是一种加入了甜料酒的甜味酱汁，主要目的是掩盖食材的异味。酱汁的质地厚重，适合涂抹准备用于烤制的食材（肉类、鱼类等）。

墨西哥——摩尔酱汁

摩尔酱汁起源于哥伦布发现美洲大陆之前，是墨西哥的代表菜品——摩尔炖菜（mole poblano）中必备的酱汁。它的口味柔滑微甜，由辣椒、可可、花生、芝麻、番茄和玉米饼制成。

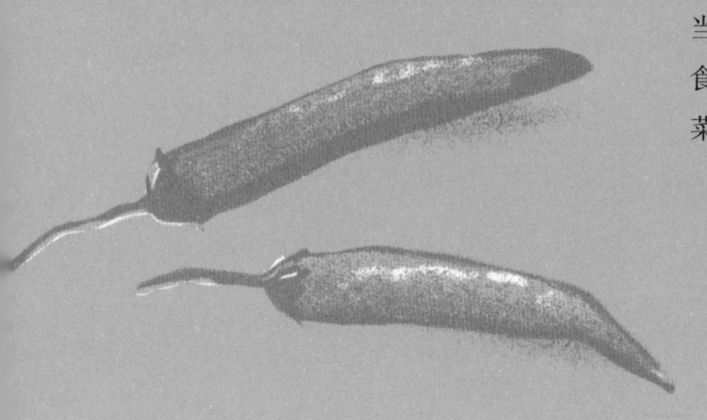

意大利——博洛尼亚酱汁

顾名思义，博洛尼亚酱汁起源于博洛尼亚地区，是一种历史悠久的酱汁，由牛肉、培根、番茄酱、洋葱、胡萝卜、芹菜和少许白葡萄酒经过长时间炖煮制成。这种酱汁可用于搭配意面，特别是意式扁面条，也可搭配玉米粥。

西班牙——红椒杏仁酱（romesco）

红椒杏仁酱最早诞生在加泰罗尼亚的渔船上，由番茄、甜椒、干面包、橄榄油、杏仁和大蒜制成。渔民们会制作炖鱼，他们将所有食材捣碎，用来腌制当天的渔获。如今，这种酱料既可以冷食，也可以加热后搭配肉类、鱼类、蔬菜或豆类食用。

中国——酸梅酱

酸梅酱与沙嗲酱和糖醋酱一样，是油炸食品、蒸菜或贝类烧烤中必不可少的搭配。它的味道稍微有点辛辣，但在家自制时，我们可以自主调整辣椒酱的用量，酸梅酱中还包含梅子、醋、糖、淀粉和生姜。

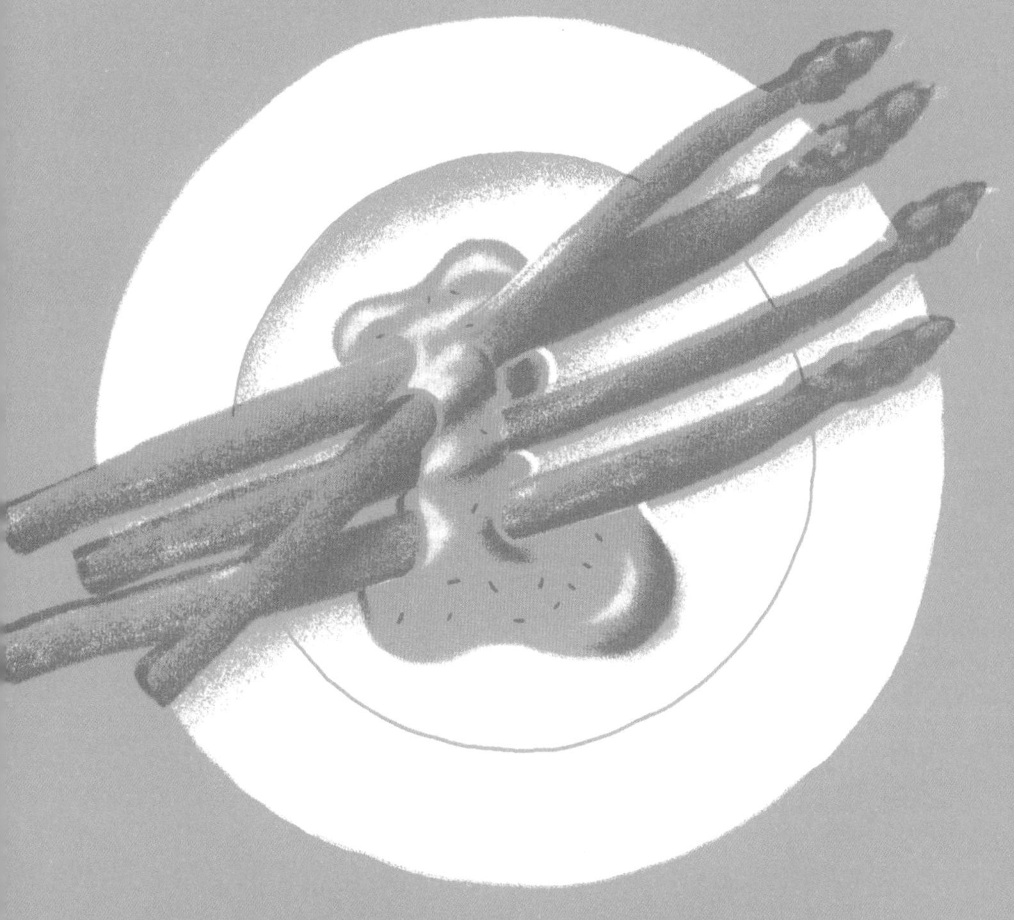

法国——荷兰酱

荷兰酱诞生于路易十四统治时期，因荷兰战争（1672—1678年）而得名。它由黄油、蛋黄和柠檬汁制成，是一种热酱汁，通常搭配芦笋、大比目鱼、三文鱼或鸡蛋食用。

法国——白酱（sauce Béchamel）

白酱由路易十四国王的酒店经理路易·德·贝夏梅尔（Louis de Béchameil）创作。白酱的基底是用黄油和面粉制成的热乎乎，之后再加入牛奶、盐和胡椒，也可以加入少许肉豆蔻。如果再加入奶酪碎和蛋黄，白酱就变成了法式奶酪酱（sauce Mornay）。

法国——南投酱（sauce Nantua）

南投酱是里昂美食的招牌，得名于盛产小龙虾的南投-布伊湖（Nantua-Bugey），小龙虾是酱汁的主要成分之一。按照传统做法，人们会用它涂抹肉丸，再将肉丸放入烤箱烤成金黄色。

法国——白黄油酱汁

卢瓦尔河流域的女厨师克莱蒙斯·勒夫沃（Clémence Lefeuvre）于1890年用半盐黄油和白葡萄酒、醋、小洋葱头创作了这种酱汁，以搭配卢瓦尔河的鱼类食用。

美国——烧烤酱

虽然直到1923年美国商家才开始售卖烧烤，但一些历史学者认为，烧烤酱早在18世纪就已在美国诞生。它的基础成分有番茄酱、醋、香料、辣椒和蜂蜜（或糖浆），但并没有固定配方，每个州的做法都不同。

英国——坎伯兰酱汁

坎伯兰酱汁诞生于18世纪，得名于坎伯兰公爵——大不列颠乔治二世的小儿子公爵威廉·奥古斯都亲王（William Augustus）。它以波尔图葡萄酒为基底，趁热加入黑醋栗果酱。关火后加入柑橘果汁、芥末酱和香料的混合物。坎伯兰酱汁通常被用于搭配野味或冷肉。

M

巴西

Brésil

凯匹林纳鸡尾酒的艺术

凯匹林纳鸡尾酒（caïpirinha）诞生于巴西，1993年被国际侍酒师协会（IBA）列入官方鸡尾酒清单，如今这种鸡尾酒已征服了全世界！凯匹林纳鸡尾酒融合了甘蔗酒的甜和青柠檬的酸，人们不只在节庆时饮用它。历史学者认为，研发这种鸡尾酒最早是出于药用目的。也有人说，奴隶们为了治疗流感，于17世纪创作了它。还有人认为，凯匹林纳鸡尾酒最初加入了蜂蜜和大蒜，20世纪20年代，人们饮用这种鸡尾酒以治疗西班牙流感。

凯匹林纳鸡尾酒配方

1人份所需配料

50毫升甘蔗酒，1汤匙蔗糖，1个青柠檬和3个冰块

1. 将青柠切成4块，去籽，去掉中央带苦味的白色筋膜。
2. 将蔗糖倒入玻璃杯，挤入青柠汁。搅拌均匀，加入冰块，倒入甘蔗酒。
3. 低温饮用。

圣保罗的日本厨师的崛起

圣保罗是一个拥有1200多万人口的大城市，居住着很多国家的侨民，
其中大部分来自葡萄牙、玻利维亚、意大利和日本等国。
在日本侨民中，很多厨师都展现出制作融合料理的愿景。

在《米其林指南2019》中，圣保罗和里约热内卢共有18家星级餐厅和32家必比登推介餐厅，星级餐厅中有⅓由日本厨师经营。尽管勘餐厅（Kan Suke）的主厨江头惠介（Keisuke Egashira）和木下餐厅（Kinoshita）的主厨田中健（Ken Tanaka）等日本厨师，坚决捍卫以刺身、手卷、寿司和烧物为代表的日本料理，但他们仍然在创作食谱的过程中融入了巴西的传统文化。在小寿司餐厅（Kosushi），菜单被分为手卷、沙拉、饭团和刺身四类。而通过仔细研究生于圣保罗、在日本接受厨艺培训的主厨乔治·小庄司（George Koshoji）的料理，我们会清楚地看到本地食材在他的料理中所扮演的重要角色，他将蟹肉和加入了山葵、柚子醋的牛油果融合，将杧果加入米饭三文鱼黄瓜沙拉，还将山药炸成薯条，配以三文鱼和柠檬。其他厨师在两种文化的美食融合道路上走得更远，比如胡托餐厅（Huto）的法比奥·本田（Fábio Honda）。他用酱油、柠檬、生姜、芝麻搭配生牛肉片，用味噌搭配金枪鱼刺身，也会用荔枝等当地食材制作料理，他将鹅肝填入荔枝中，配以香菇酱，还在干金枪鱼汤中加入虾仁、炸豆腐和煎芦笋。近年来，在里约热内卢乃至整个巴西，有越来越多的日本厨师致力于发展融合料理。

勘餐厅（Kan Suke，米其林一星）/木下餐厅（Kinoshita，米其林一星）/小寿司（Kosushi，米其林一星）/胡托餐厅（Huto，米其林一星）

美食文化

美食与足球

在巴西有两种信仰——宗教和足球。前者崇尚节俭，而后者倡导贪婪。

巴黎藤佩洛餐厅（Tempero）的巴西籍主厨亚历桑德拉·蒙塔涅（Alessandra Montagne）对贝洛奥里藏特米内朗体育场的足球比赛记忆犹新。“我们会在那里吃一种名叫特罗佩拉（tropeirão）的小吃，非常美味，那是一种用豆子、大米、脆皮猪肉、辣椒、香菜和鸡蛋做成的沙拉。”甚至在没有比赛的日子，人们也会来到这里，因为那是全市最好的体育场馆。在里约热内卢富有传奇色彩的马拉卡纳球场，人们会畅饮啤酒，品尝各式用肉或奶酪制成的丸子（salgadinhos）：炸鸡肉丸（coxinha）、肉挞（empadinha）、咸味肉饺（pastisis）或奶酪包（pão de queijo）。有一种食物没有任何里约人能够拒绝，那便是搭配著名Globo牌饼干的热狗（cachorro quente），人们喜欢在科帕卡巴纳海滩上享用它。跳起桑巴舞吧！

美食与狂欢节

每年2月，即复活节前47天，狂欢节都会引爆里约热内卢。游行队伍色彩缤纷、激情四射，街头小吃也融入了狂欢的氛围。

狂欢节的所有活动于下午6:30在桑巴舞的圣殿——桑巴舞赛场（Sambodromo）开启。巴西最好的桑巴舞学校会在这个巨大的竞技场上进行比拼。来到这里的观众可以在周围的小酒馆里，站着或坐着品尝巴西的经典美食，包括用黑豆、熏肠、腌猪肉、烟熏猪胸肉、猪蹄、猪耳朵制成的巴西国菜黑豆餐（feijoada），通常搭配白米饭食用。还有一道不能错过的美食是混合肉派（empadão），那是一种用虾和肉做内馅的肉饼，以及库斯库斯（cuscús），一种用虾、沙丁鱼和蔬菜做成的点心。除了桑巴舞赛场，在里约热内卢的大街小巷也会进行小型桑巴舞学校的游行，这些学校都梦想着有一天能在桑巴舞的圣地登台。游行沿途的路两边聚集着成千上万的狂欢者、游客和本地居民，每个人都可以品尝各个摊位售卖的街头小吃。其中包括新鲜整只烤制的火腿（pernil assado），以木薯粉或玉米粉为基底，用大蒜、洋葱、鸡蛋、香料或培根调味的炸木薯粉（farofa），奶酪包（pão de queijo），用肉、鱼或蔬菜制成的炸糕（salgado）。喜欢甜食的人可以尝试用番石榴制成的甜品罗密欧与朱丽叶（Romeo e Julieta），与牛轧糖口味相似的花生黑糖（pé de moleque），以及用木薯粉制成的巴西煎饼（tapioca），人们会往煎饼中加入炼乳和椰肉，也可以做成咸味煎饼。

烤肉餐厅（rodizios）

烧烤餐厅和烤肉餐厅不能混为一谈，虽然对于很多巴西人和路过的游客而言，两者指的是同一个东西。

事实上，烧烤餐厅（churrascarias）是品尝巴西烤肉的场所，而烤肉餐厅（rodizios）侧重于供应不同部位的肉类。里约热内卢的博塔弗戈餐厅（Fogo de Chão-Botafog）、圣保罗的哈拉加洛餐厅（Ventor Haragano）和NB牛排馆（NB Steak）既可以被认定为烧烤餐厅，也可以被称作烤肉餐厅，因为这些餐厅都供应在炭火边串起并旋转烤制的肉类。“Rodizio”一词来源于动词“rodar”，意思是“旋转”。显然，这些餐厅不只供应一种肉，而是各种肉，包括牛心肉、牛臀肉、羊后腿肉、香肠、鸡肉……串在大铁钎上的肉被直接拿到桌边，当着顾客的面切成薄片。有时同一个铁钎上会串着好几种不同的肉，但不管是哪种肉类，人们一般都会搭配米饭、薯条、黑豆、沙拉或香蕉食用。盛宴的最后，服务员会端来烤菠萝等甜食，有时菠萝还燃着火焰，然后在顾客面前被切成片……如果您还有胃口不妨一尝。但不幸的是，吃完烤肉和配菜的客人们通常在甜点上桌之前就缴械投降了。

烧烤餐厅（churrascarias）

烧烤是根植于巴西南部家庭的传统之一。不同大小的肉块被串在长长的铁钎上烤制。加乌乔人创造了这一欢乐的传统，结束了一天的工作后，他们会坐在篝火旁分享烤肉。他们持有著名巴西烧烤的专营权。巴西烧烤餐厅（Fogo de Chão）是位于圣保罗的一家注册机构。在这里，巴西最好的农场出产的15种不同的牛肉被烤至完美状态。另一家著名的烤肉餐厅——NB牛排馆制作全熟鲜嫩的牛肉，牛排按照阿根廷的方式进行切割。多汁美味的羊肋排和猪排也是餐厅的特色菜。哈拉加洛餐厅是烧烤金字塔顶端的餐厅，它也位于圣保罗，餐厅的装饰十分精致和舒适，令人惊叹。美食家们此生一定要去品尝一次这家餐厅制作的烤肉。

代表性美食

完整的黑豆餐

“让我们在黑豆中加水。”

“让我们在黑豆中加水”，巴西的荣耀——音乐家、小说家、政治家希科·布阿尔克（Chico Buarque）在名为《完整的黑豆餐》（*Feijoada completa*）的歌曲中这样唱道。

希科·布阿尔克的歌曲讲述了丈夫在未提前通知的情况下带朋友回家的故事。他对妻子说：“别客气，把菜摆在地板上，就这样开吃吧。”诗人描述了这样的场景：《完整的黑豆餐》既是宴席，也是穷人的饮食，既是国菜也是美味。在位于圣保罗的星期四餐厅（Tordesilhas）、达尔瓦与迪多餐厅（Dalva e Dito）和鲁拜餐厅（Rubaiyat），人们都可以品尝到黑豆餐。黑豆餐起源于圣保罗，但已传遍整个巴西，每周六的家庭和朋友聚会上，人们都会配着冰啤酒和凯匹林纳鸡尾酒享用黑豆餐。

黑豆餐不是简单的炖豆，需要的原材料很多。我们可以将其简化，但那就不再是“完整的黑豆餐”了。这里向大家提供一个由巴拉那州库里提巴的大厨朱里奥·杜尔斯基（Júnior Durski）创作的豪华版菜谱。

黑豆餐食谱

6人份

1. 将1千克黑豆、腌猪肉、熏猪耳朵、熏猪尾巴、熏猪蹄、风干牛肉分别浸泡6小时。取一口大锅，将沥干水分的黑豆、2个橙子放入锅中，每个橙子表面插入5粒丁香和10片月桂叶。将猪肉和牛肉铺在锅中，随后依次加入半盐培根、牛肩肉、牛舌和香肠。加入1杯甘蔗酒和大量的水。煮沸后捞去浮沫，盖上锅盖继续小火煮2小时30分钟左右。肉煮熟后捞出。黑豆中需有足够汤汁。取出橙子和月桂叶，橙子去皮切片，牛舌切片。所有其他肉类切块。
2. 将3个洋葱切碎，3头蒜切碎，加入烟熏培根，用猪油炒至上色。将炒好的食材加入黑豆中，再加入所有切好的肉（牛舌除外），最后再煮30分钟。搭配橙子片、牛舌片、青柠块、炒青菜、莎莎酱（salsa，由番茄、辣椒、洋葱和香菜制成），上桌时将黄油或红棕榈油炸制的木薯粉（farofa）撒在黑豆餐表面。

阿莱克斯·阿塔拉（Alex Atala）

从普遍意义上来说，每一位真正的厨师，无论身处何地，都在当地努力发掘食材，制作自己特有的料理。在巴西，阿莱克斯·阿塔拉无疑是按照此方式制作料理的大厨中最著名的一位。他生于巴西经济重镇——圣保罗，是一名黎巴嫩侨民，有着灰褐色的胡须和大片的文身。如今他会在自己的D.O.M.餐厅里弹奏钢琴，而从前的他曾在欧洲朋克风的夜店里打碟，还曾学习绘画、练习潜水，并在位于比利时那慕尔的烹饪学校学习厨艺。他先后任职于让-皮埃尔·布鲁诺（Jean-Pierre Bruneau）在布鲁塞尔的餐厅和贝尔纳·卢瓦索（Bernard Loiseau）在索利厄的餐厅，他掌握了法国料理的精髓，学习了各种复杂的技法和准备工作，也懂得了寻找优质食材的方式。阿兰·杜卡斯（Alain Ducasse）曾说："他有着典型的法国DNA。"临近2000年，他回到了巴西，并在圣保罗开设了自己的餐厅，将他在欧洲多年学习的成果付诸实践。相比于松露、大菱鲆和布雷斯鸡，他更偏爱各式各样的木薯、昆虫、菠萝、森林里的野味和他在遍及巴西各地的旅行中发现的众多食材。前往巴西中部旅行后，他意识到巴西人民与原始食材之间存在脱节。阿莱克斯·阿塔拉希望凭借自己的料理和名气，重新建立起两者间的紧密联系。他在D.O.M.餐厅将这一理念发挥到极致，也在圣保罗的达尔瓦与迪多餐厅（Dalva e Dito）和中央肉铺（Açougue Central）实践着这个理念。

—

D.O.M.餐厅（米其林二星）/达尔瓦与迪多餐厅（Dalva e Dito，米其林一星）

奶酪包（Pão de queijo）

在巴西籍厨师拉斐尔·戈麦斯（Rafael Gomes）位于巴黎的伊塔戈雅（Itacoa）餐厅里，每一餐开始前都会奉上奶酪包，有些人会将这种点心同法国的奶油酥饼进行比较。两者的唯一区别是用到的面粉种类不用。奶油酥饼由小麦粉制成，而奶酪包由木薯粉制成。

据说奶酪包源于里约热内卢和圣保罗北边、首都巴西利亚东边的米纳斯吉拉斯州。18世纪，这里的农民便开始用木薯粉制作面包。19世纪初，随着乳制品行业的发展，农民们产生了往木薯粉中添加奶酪的想法。从那时期，这道小点心便成为巴西的代表性美食，圣保罗甚至出现了专售奶酪包的商家。拜亚内拉餐厅（A Baianeira）曾是一家专营奶酪包的商店，餐厅从一个小车库发展而来，在成为备受推崇的餐厅之前，餐厅只售卖奶酪包。有些人喜欢在早餐时吃上刚出炉的奶酪包，也有些人更愿意把它当作小吃，在一天中的任意时间享用。奶酪包由木薯粉、美亚库拉半熟成奶酪（meia cura）、盐、牛奶、油和鸡蛋制成。牛奶和油需要加热，加热同时将木薯粉和盐在碗中混合。待牛奶和油煮沸后，将其倒入装有木薯粉和盐的碗中，混合均匀后加入粗略切碎的奶酪。揉好后加入鸡蛋，再揉制均匀。揉好的面团需放入冰箱冷藏30分钟，然后分别揉成核桃大小的球形。最后放入预热180℃的烤箱中烤制15～20分钟。

美味而具有功效的巴西水果

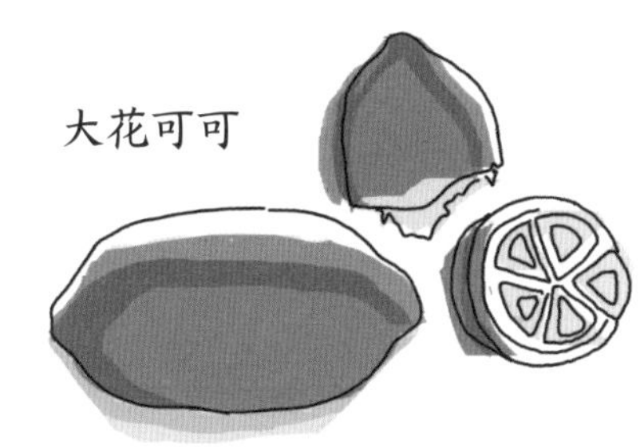

亚马孙雨林和巴西马塔亚特兰蒂卡（大西洋沿岸残余森林）生长着各种美味而罕见的水果，因其药用价值而广受赞誉。一些水果的流行是出于传统原因，也有一些则是因为当代美食家的热捧。阿萨伊浆果（Açaï）便是一个很好的例子。这种水果生长在高大而纤细的棕榈树上，形似蓝莓。它的抗氧化成分并不比与其他很多红色或紫色浆果更多，但这也不影响人们对它的喜爱。

与此类似，桃金娘科番樱桃属有二十余种水果生长于巴西各地。其中两种漂亮的亮红色浆果吸引了我们的眼球：扁樱桃（Pitanga）——又称卡宴樱桃（拉丁名*Eugenia uniflora*）、巴西番樱桃（Grumixama）——又称巴西樱桃（拉丁名*Eugenia brasiliensis*）。它们的果实多汁微酸，富含维生素C。用扁樱桃的树叶泡水饮用能缓解高血压症状。若用它泡澡，则有益于头发和皮肤。扁樱桃的果实很脆弱，无法运输。为了品尝它，必须亲手从树上直接采摘，这使其显得更加稀有而神秘。

巴古帕里梨

腰果梨（Caju）是鸡腰果树的果实，也是腰果隆起的花梗部分。它的果肉绵软，但非常美味多汁！微酸而迷人的味道令人难以形容，也让人意想不到。您可以点一杯加入了新鲜腰果梨的凯匹林纳鸡尾酒（caïpirinha），以充分感受它的味道。腰果梨富含铁质和维生素C，果实易碎，采摘后需尽快食用。将切成两半的腰果梨放在房间，可以起到驱蚊的作用，将其浸泡在水中可以杀死幼虫。鸡腰果树的叶子捣碎后可以帮助伤口愈合。

巴古帕里梨（Bacupari，拉丁名*Rheedia gardneriana*）果实呈黄色，可用于治疗伤病，有滋补和帮助病人快速康复的效用。在巴西，人们还将它用于癌症的医学研究。

芭乐果（Araça-piranga）形似小番石榴，也被称作“goiabão”，生长在一种有着红色树干和簇簇白花的漂亮果树上。它有镇定、利尿、消炎的功效，富含钙和铁，可以预防龋齿，缓解胃肠道疾病。

大花可可（Cupuaçu，拉丁名*Theobroma grandiflorum*）是可可果的近亲，有着巨大的毛茸茸的豆荚，豆荚里的白色果实味道酸甜，带有些许野果的气息。人们用它制作柔肤水、乳液或乳霜滋养皮肤和头发。传统医学认为它能缓解胃痛、促进分娩。

有没有可以催情的果实呢？有的，那便是可可果（Cacao）。可可收获后，可可豆从豆荚剥离，附着有黏液的豆荚被堆放在一个由树枝和香蕉叶做成的漏斗里。底部渗出的乳白色汁液是可可的精华，它被视为爱神维纳斯的杰作。它的味道不错，但也会引起腹泻，请不要过量食用。

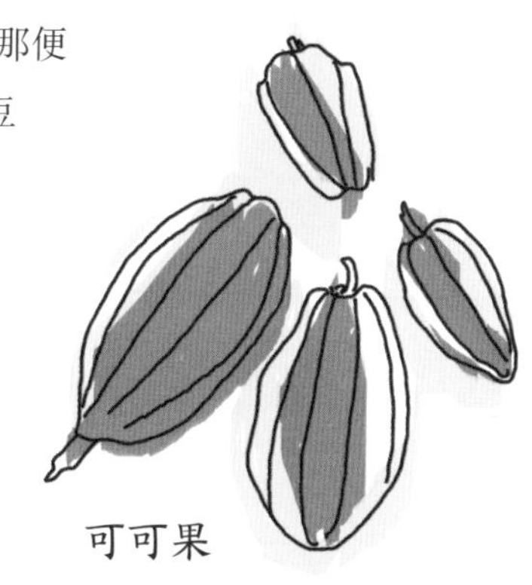
可可果

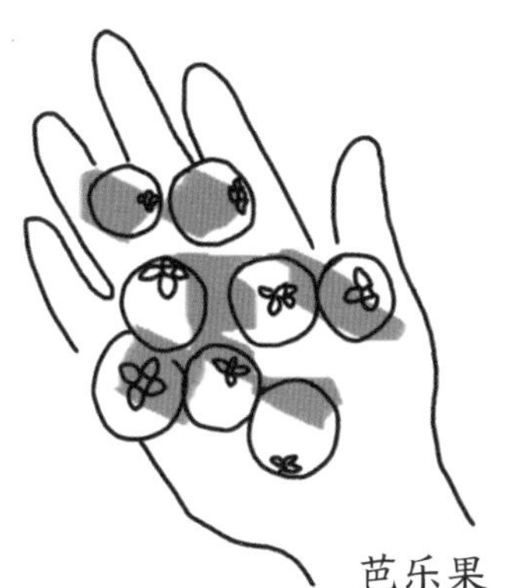
芭乐果

巴西的某种料理？巴西的各种料理！

一些国家的饮食很单一，而在巴西则恰好相反。
混搭是巴西料理的主线，每个地区基于不同的食材进行多样化的美食融合。

无须提及巴西的历史，当地料理已是无可争议的文化遗产。总的来说，巴西的饮食受到了多重文化的影响，是一种充满欢乐色彩的融合料理。首先是土著印第安人，他们习惯食用木薯、豆类、红薯和玉米。第二层影响来自欧洲人，葡萄牙殖民者并不是空手而来，他们将大米和香料带到了巴西，也将各种菜谱装入行囊，并利用当地食材进行烹饪。第三层影响来自奴隶制时期悲惨的非洲人，他们的料理中普遍使用椰奶、棕榈油、香蕉和山药。多样的传统、丰富的食材涌入巴西，大米和豆类的种植技术也在此得到传播，因此我们应当用复数形式来形容巴西的料理。在法国，阿尔萨斯的美食与巴斯克地区的饮食没有太大关联，奥弗涅地区与普罗旺斯在饮食上也没什么共同点。那么在更为广阔的拉丁美洲，饮食间的差异就更大了！诚然，当地也存在以黑豆餐为代表的著名国民料理，但即使是黑豆餐也有很多不同版本，巴西的每一个地区、产地和作物都有不同的色彩和风味。简而言之，人们在亚马孙腹地的马瑙斯和南边几千千米的里约热内卢，可以吃到完全不同的食物。在亚马孙地区，人们食用大量的水果和鱼类，木薯的消耗量也比其他地区更大。在巴西的东北部，水果也是主要食物之一，当地人还会大量食用海鲜和鱼类，炒海鲜（fritada de mariscos）和海鲜杂烩（moqueca）便是当地受欢迎的菜品。海鲜杂烩是非洲料理与巴西料理融合的典型，发源于萨尔瓦多，由海鲜搭配蔬菜、椰奶和棕榈油制成。在米纳斯吉拉斯州，猪肉和豆类无疑是当地餐厅最受欢迎的食物。在巴西的中部和南部，烧烤餐厅比其他地方更多。此类餐馆专门制作烧烤和烤肉，可选种类很多。若想将巴西的特色料理完全列举出来，可能需要厚厚的一本书才能写下，如今仍有很多来自意大利、日本和德国等地的移民不断涌入巴西，让巴西的料理更加多样。在哪里可以充分体验巴西的美食？您可以前往那些按重量计费的传统餐厅，如明码标价销售牛排的烤肉餐厅，或以低廉价格全天经营简餐的小吃店（lanchonete）。

“我们应当用复数形式来形容巴西的料理。”

里约——餐厅酒吧之都

英国有酒吧，法国有咖啡厅，西班牙有塔帕斯吧，
而巴西的特色则是街边酒吧（boteco）和餐厅酒吧（botequim）。

街边酒吧（boteco）和餐厅酒吧（botequim）之间的差异微乎其微。前者可译为“酒吧”，后者可译为“酒馆”。两者都是日常生活中常见的场所，人们在早上、晚上甚至深夜，都会去那里会友、喝点小酒、吃点小菜。街边酒吧和餐厅酒吧都出现在20世纪初的里约热内卢，它们扮演着社区杂货店的角色，类似于法国从前的乡村咖啡馆。在里约，它们并不总是有着良好的声誉。我们在那里可以见到小混混、反动分子、渴望获得灵感的艺术家，酒水从打翻的杯子里流出。如今，这里是生活中必不可少的存在，居住在附近的居民都会来这里喝杯酒、听听音乐、站在酒吧门口的人行道上或坐在酒吧里面品尝小吃。一些酒吧的环境相对高雅，更整洁、装修更豪华、布置得更考究，位于里约卢莱布隆海滩附近的加里奥卡舒适酒吧（Aconchego Carioca）便是其中之一，您可以品尝到典型的餐厅酒吧料理，如炸鳕鱼丸、黑豆餐、椰香虾、米饭团子、鸡肉丸或奶酪丸。酒吧会根据时间段推出特色菜，并配上冰啤酒或甘蔗酒。

亚马孙地区的饮食

亚马孙河总长超过尼罗河，它穿过南美洲西部，注入大西洋。河水中栖息着数百种鱼类，树林里生长着各种植物、水果和香料作物，它们共同造就了亚马孙地区的美食。

对于熟悉亚马孙地区的美食家而言，河流与森林里的丰富食材是一片隐藏了很多秘密的宝库，它们被人们发现后，巴西的美食变得更加丰富。

在当地出产的几百种特有食材中，图库马（tucuma）生长在一种棕榈树上，其果实的营养价值很高，人们从中提取油类；大花可可（cupuaçu）是一种形似可可豆荚的果实；巴西胡椒（jambu）是一种能够用于麻醉的植物；速马果（suma）被誉为巴西人参；西波洛（cipó-d'alho）的花朵能释放出强烈的大蒜味；乌鲁库（urucu）常被当作红色食用色素，与藏红花类似。据估算，河水中约有3000种生物，包括可重达15千克、以树上掉落的果实为食的大盖巨脂鲤，以及长达2米的最大淡水鱼——巨骨舌鱼。

一直以来，亚马孙流域的居民已经懂得运用这个世上独一无二的宝库，创造出一种极少受到殖民文化影响的独特料理。一些食材是我们从未见过的，厨师们自然也对它们很感兴趣，并发挥创意将它们运用到自己的烹饪中。其中最具代表性的要数圣保罗D.O.M.餐厅的阿莱克斯·阿塔拉（Alex Atala），他用巴西胡椒、巴西鱼类、棕榈果实、马齿苋和自己提取的可食用香精制作料理。在同样位于圣保罗的星期四餐厅（Tordesilhas），大厨玛拉·萨尔斯（Mara Salles）也充分利用亚马孙河的物产，用木薯汁制作酱汁，并加入巴西胡椒、干虾或鸭肉制成清汤。她在大花可可中加入煮熟的香蕉和柑橘糖浆，制成冰激凌。

——

D.O.M.餐厅（米其林二星）

主厨履历

拉斐尔·雷戈（Raphael Rego）

巴黎的巴西籍大厨

拉斐尔·雷戈在巴黎开餐厅之前，巴黎的巴西料理更多地与民间小吃和狂欢节联系在一起，人们会点一份黑豆餐（feijoada），佐以凯匹林纳鸡尾酒（caïpirinha）。而在他位于先贤祠后面的奥卡餐厅（Oka）用过餐之后，顾客的味蕾会开启一场巴西之旅，并跳起热情的桑巴舞。与他的同行阿莱克斯·阿塔拉一样，拉斐尔·雷戈也会带领顾客认识更多巴西鲜为人知的食材。19岁那年，他离开巴西，前往澳大利亚学习市场营销。他曾在悉尼的一家餐厅做兼职。在此期间，他发现了自己对烹饪的兴趣，并决定放弃商科专业。学习烹饪自然要来法国，他先在费兰迪学校学习厨艺，随后先后就职于乔尔·卢布松（Joël Robuchon）的餐厅、达伊风餐厅（Taillevent）和米歇尔·罗斯唐（Michel Rostang）的餐厅。相比于回巴西开创事业，大胆的他更愿意在巴黎创办一家巴西当代料理的餐厅。他在位于第九区的奥弗涅大道开设了第一家奥卡餐厅，制作欢乐而美味、新鲜又多彩的料理，并保留食材的原始风味。顾客能吃到木薯、腌豆子、阿萨伊浆果、甜辣椒、巴西胡椒等产自巴西的各式食材，顾客们被这位心思细腻、外表强壮的厨师深深吸引。

“顾客能吃到木薯、腌豆子、阿萨伊浆果、甜辣椒、巴西胡椒等产自巴西的各式食材。”

——

奥卡餐厅（Oka）

主厨履历

海伦娜·里索（Helena Rizzo）

从模特到星级主厨

如果按照里索家族所预设的传统道路，海伦娜应当像她的父亲或祖父一样，成为一名建筑师。然而在短暂尝试过模特道路后，海伦娜最终决定在餐厅的后厨度过一生。厨师是一个永无止境的职业，对于知晓这一点的人而言，从事这一职业需要真正的热爱。她在意大利开启学徒生涯，尝试了很多新食材和新口味，餐厅厨师团队的经历让她对这份职业有了更深刻的理解。之后她在西班牙生活了3年。赫罗纳的罗卡之家餐厅（El Celler de Can Roca）的主厨罗卡兄弟是她的导师。这家餐厅的工作经历使她真正具备了烹饪的本领，因为罗卡兄弟本身就是有着惊人天赋的厨师，他们能让顾客在不离开加泰罗尼亚地区的情况下开启味觉上的环球之旅。2006年，海伦娜决定随丈夫丹尼尔·雷东多（Daniel Redondo）一同回到圣保罗。她的丈夫也是一名厨师，曾就职于阿兰·杜卡斯（Alain Ducasse）的餐厅和费朗·亚德里亚的餐厅。他们在圣保罗的餐厅以印第安人的木薯女神玛尼（Mani）的名字命名。木薯称得上是巴西美食的象征，在传统饮食中的应用非常广泛。海伦娜·里索在餐厅的很多招牌菜中都用到了木薯：木薯根配上用木薯叶做成的杜古比酱汁（tucupi），加入椰奶、白松露油，再用烤箱烤制。但如果我们只介绍这一道菜，便是对玛尼女神的不敬了。餐厅还供应山羊奶酪口味和水果味的糖果、脆玉米、金枪鱼牛油果挞、鱿鱼、嫩豌豆、黑蒜、脆香米和火腿清汤。近年来，海伦娜·里索已成为巴西美食界的宠儿，她的名字经常被世界各地的媒体报道，但她最看重的并不是荣誉，而是在餐桌旁大快朵颐的孩子发自内心的赞赏。

> “木薯称得上是巴西美食的象征，在传统饮食中的应用非常广泛。”

罗卡之家餐厅（El Celler de Can Roca，米其林三星）/玛尼餐厅（Mani，米其林一星）

巴西东北部&巴伊亚州

木薯的多个面孔

据说在巴西，小孩子受宠爱的程度与他所拥有的昵称个数成正比。木薯便是巴西人的宠儿，它在巴西有很多不同的称呼：mandioca、cassava、aipím、maniva、macaxeira……请致电你们在巴西东北部或巴伊亚州的朋友，对他们表达爱意吧！

木薯受巴西人喜爱，并不因为它是一种简单易得的根茎类植物。根据品种的不同，新鲜木薯或多或少地含有氰化物。如果含量不高就可以照常烹饪，但如果含量较高，则应该将其切碎洗净，浸泡数天并晾干后再食用。加工完成后，我们能得到微酸的木薯粉。用红棕榈油炸制，则可以做出炸木薯粉（farofa）。在圣保罗的莫克托餐厅（Mocotó），厨师会将炸木薯粉撒在所有菜品的表面。炸木薯粉也是完整版黑豆餐的核心元素。

木薯易消化、营养丰富、无麸质，没有特殊的味道，口味清爽。木薯粉是巴伊亚早餐的主角，用木薯做成的早点包括：巴西人都喜欢的奶酪包（pão de queijo）、白色锯齿状花边的木薯可丽饼（beiju de tapioca）和木薯冻（pudim de tapioca）。木薯冻是一种质地柔软的布丁，表面撒一层椰蓉，再淋1勺新鲜的椰奶，它可以称得上是世界上最好的早餐。

杜古比酱汁（tucupi）是制作木薯粉的副产品，它是一种金黄色的调味品。制作亚马孙特色的塔卡卡（tacacá）时，您需要将木薯粉装进半边葫芦中，再倒入滚烫的杜古比酱汁，最后加入虾和新鲜香料，美味的塔卡卡汤就做好了。人们不会在喝塔卡卡汤时搭配用印第安妇女咀嚼过的木薯酿造的传统啤酒，因为塔卡卡汤都是在饭后趁热饮用。但如果您想喝工业生产、非咀嚼制成的啤酒，那么就按照您自己的意愿做吧！

承载历史的料理

1500年，尽管一度被西班牙航海家超越，葡萄牙航海家佩德罗·阿尔瓦雷斯·卡布拉尔（Pedro Alvares Cabral）成为首位发现“耶稣受难十字架之地”（Terra de Vera Cruz）的人。1822年，巴西宣布独立，在此之前的几个世纪里，巴西一直深受葡萄牙的影响。在料理方面，巴西的菜品是葡萄牙、意大利、法国、德国、黎巴嫩和非洲在历史上广泛融合的结果。

为了了解葡萄牙对巴西饮食的影响，我们需要再次提及黑豆餐（feijoada）。这道巴西国菜由葡萄牙人创作，殖民者们用自己的烹饪方式，利用豆类等手边的食材创作出新的菜品。葡萄牙人多用白芸豆烹饪，而在巴西则被替换为黑豆。在巴西有无数种黑豆餐的做法，我们仍然能从食材列表中看出不同文化对巴西料理的影响。腌肉和卷心菜来自葡萄牙，木薯粉源自美洲印第安人，橙子来自以动物内脏为主要食物的黑奴。

这些从非洲掠夺来的奴隶被安排到糖厂或钻石矿工作，与此同时，众多满载商品的船只抵达港口，其中大多数商品被运往巴伊亚州的萨尔瓦多市。当地的料理常用到香蕉、山药或秋葵。特色菜品有街头小吃的标志——油炸豆饼（acarajé），以及非常辛辣的木薯粉汤（vatapá），里面加入了椰奶、腰果和干虾。

19世纪末至20世纪初，巴西迎来了大量来自黎巴嫩和叙利亚的移民。在他们的影响下，霍姆斯酱（hommos）、塔布勒沙拉（tabbouleh）、炸肉丸开胃菜（kebbé、kibbeh、quibe或kibe，由肉、小麦、蔬菜和香料制成）融入了巴西饮食，但巴西人更喜欢用自己的方式烹饪外来美食。几乎在同一时期，意大利的移民也大量涌入，他们大多数居住在圣保罗，意大利人带来了意面、比萨和巴西人在年末节庆期间爱吃的潘妮托尼（Panettone）。最后，德国移民也是不可忽视的一个群体。1824—1960年间有很多德国移民来到巴西，他们对巴西饮食的影响并不大。但他们将慕尼黑啤酒节引入居住着众多德国侨民的圣卡塔琳娜州布鲁梅瑙市。每年10月，会有超过40万人在此欢聚。

帕拉州

贝伦（Belém）的美食

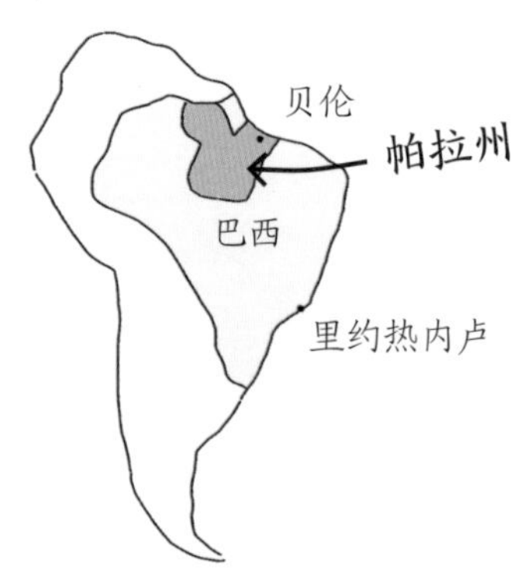

亚马孙河流经帕拉州后注入大西洋。20世纪初，帕拉州的首府贝伦因橡胶贸易积累了大量财富。如今，美食界认为贝伦市和帕拉州能够代表正宗的巴西料理，因为这里受殖民文化及非洲移民的影响最小。亚马孙流域出产无数种水果、蔬菜、作物或鱼类，维比索市场（Ver-o-Peso）便是一个最好的证明。这里是拉丁美洲最大的市场，产品的丰富程度会让初来乍到的人大吃一惊，我们可以利用购买的食材制作最贴近原始风味的菜品。

“如今，美食界认为贝伦市和帕拉州能够代表正宗的巴西料理。”

商人、渔夫和工人们一大早就来到市场吃塔卡卡（tacacá），一种用辣椒和巴西胡椒叶制成的糊虾汤。巴西胡椒叶看上去像菠菜叶或蒲公英叶，会让人感到舌头发麻，当地人习惯将巴西胡椒叶和各种酱汁搭配食用。贝伦美食的另一个核心食材是木薯，木薯从叶到根都可以食用。人们从木薯叶中提取杜古比汁液（tucupi），其可用于制作多道传统菜肴。在贝伦市场的摊位上，货架上常摆着一种形似樱桃的水果。这种水果名叫阿萨伊浆果（Açaï），因其抗氧化的功效而闻名，它生长在当地的一种棕榈树上。阿萨伊浆果的果汁常与木薯粉混合煮熟，搭配炸鱼食用。亚马孙地区有很多别处见不到的鱼类，比如土库纳雷鱼、巨骨舌鱼和亚马孙油鲶。亚马孙油鲶可重达200千克，人们会将其做成鱼饼或鱼排。马尼索巴汤（maniçoba）是一道不容错过的美食，它看上去像炖菜，实际是用熏牛肉、熏猪肉和木薯叶煮成的汤。

帕拉州的美食风味独特，令人惊喜，当地的美食以其独有的魅力吸引越来越多的大厨去发掘不一样的味道和口感。

PARAZÃO
Agência 30
ATACADO DISTRIBUIDORA FONE
VAREJO DOS CARAMELOS 2246992
Casarão
CARAMELOS
ATACADÃO
DOS
CARAMELOS

美食花絮

餐厅的词汇

每种职业都有自己的专属词汇体系。它涵盖了专利和技术，能够描述工具和原材料，体现着同事之间的层级架构，而对于外行而言，有些词汇非常难以理解，充满了神秘感。不同餐厅之间并不会就词汇体系进行交流。下面向大家介绍一些后厨和大堂的专属词汇。

各就各位（Mise en place）：厨房的一切工作都从这里开始——去皮、切割、修剪、切块、发酵、清洗、调味，然后开始烹饪需要长时间炖煮的食材。这些工作始于上午8:30左右，以确保到中午时一切就绪，各项服务有条不紊。大堂的工作也要遵循差不多的节奏，但具体的工作内容不同，工作人员需要用吸尘器清洁、除尘、布置餐桌、按照订座情况摆放桌椅、摆放花束、整理酒窖、让餐具闪闪发亮、参加大堂经理和主厨主持的短会。

布置餐桌（Dresser la table）：正如睡觉前要把床铺好一样，进餐前也要把餐桌布置妥当。铺上桌布或不铺桌布；餐刀放在右手边，锯齿一侧朝向盘子；叉子放在左手边，尖锐一面朝上（在家里用餐时尖锐一面朝向桌子）；玻璃杯按从大到小的顺序，依次从左到右排列；这一切工作都需要在前一天晚上或当天一大早做好。

热火朝天（Chaud）：形容厨房里的氛围，这也是确保烹饪一切正常的负责人的职位名称。因为高温，厨师帽底下已经完全汗湿。当大堂的工作人员抱着一大摞盘子行走时，也会边走边喊“热”或“前方热火朝天”，以提醒那些没注意到他的同事。

忙得不得了（Coup de feu）：一切都在加速运转，一些桌的客人在吃前菜，一些在吃主菜或甜品，必须厘清后厨中优先级最高的工作。服务员开始不耐烦，出错的风险增加，会上错菜、弄坏餐具、暴躁易怒。这个时间段通常很短暂，但非常充实，通常都能圆满结束。

“主—厨—”（Cheeef）：每一次向上级请示、询问或请求时，都会高声喊出的词汇，元音被拉得特别长。

“喂”（Allô）：接听订座电话时的第一声回应。当主厨感觉自己讲的话没人在听时，也会喊一声“喂”，他期待着大家喊出“主—厨—”。

“起菜！”（On envoie!）：厨师圆满完成工作，装盘结束，菜品温度合适，被放在传送带上，经主厨检验无误。主厨或酒店经理扯掉传菜单，菜品被端到顾客面前。

托盘（Torpille）：伙计们将大大的托盘架在肩上，在大堂经理的面前将菜品送到前厅，由前厅的服务生将不同菜品送到客人面前。

主厨的文身

哪位美食家不记得已故名厨保罗·博古斯（Paul Bocuse）肩上的公鸡文身？这个文身是第二次世界大战的纪念，当时保罗在一家军事医院接受治疗，美军士兵在他身上留下了这个文身。

据说是一名在伦敦工作的澳大利亚厨师最早掀起了在皮肤上刻字、画画的风潮，后来有越来越多的人效仿，如今文身已成为一种全球性的潮流。

尼索餐厅（Neso）的法国主厨纪尧姆·桑切斯（Guillaume Sanchez）认为，自己的身体是一本私人记录本，可以用于记录生活中的琐事，让他记住自己的过错继续前行。值得注意的是，文身的风潮不光吸引男性。已摘得米其林三星的克伦工坊餐厅（Atelier Crenn）的女主厨多米尼克·克伦（Dominique Crenn）在前臂文了一个头发随风飘扬的小姑娘注视着一只会飞的小猪的图案。她主动表示，这个文身能够时时提醒她，生活中一切皆有可能。烹饪是神圣的工作，很多大厨认为，厨师的内涵不只是一份单纯的职业。

这也解释了为什么一些厨师认为有必要在身体上刻下自己认可的人生哲学，这些哲学思想与自己的职业之间都存在直接或间接的关联。

—

尼索餐厅（Neso，米其林一星）

M

日本

Japon

寿司

超乎寻常的料理

在日本，品尝寿司需遵循艺术般的规则，寿司是一种非常特别的美食。

> “每家寿司店都有自己独创的酱油调味料。”

寿司分三种：握寿司（nigiri），通常直接被称作寿司；卷寿司（maki），即用紫菜卷起米饭，中间塞入鱼等食材，一口一个；以及呈锥筒状的手卷寿司（temaki）。制作寿司用到的大多数鱼类都是通过活缔法（ikejime）杀死的，用这种方式杀鱼需要先刺穿鱼脑。通过活缔法，鱼可以快速死去，避免挣扎，从而不破坏鱼肉的质感。之后用拔血法（chi-nuki）放干鱼血，以消除异味。为了让鱼的肉质更嫩，需将鱼放置2～3天，使其口感熟化。寿司师傅和大米商人则要思考，如何做出好的寿司米饭。大米需要淘洗，去除部分淀粉。大火煮饭后关火，盖上锅盖，让米饭在蒸汽中焖熟。煮好的米饭被倒在木盘中，用扇子冷却降温。米饭中加入米醋、盐和糖调味。在正宗的日本寿司店里，寿司需一个接一个、现做现吃，以免鱼肉变干。鱼肉的温度要略低于大米，大米的温度应当与体温相同。每家寿司店都有自己独创的酱油调味料，供顾客蘸取。也可将新鲜山葵根磨成泥，用于寿司调味。店家还会提供生姜，顾客可以含一片以去除口腔异味，再张开味蕾迎接下一个寿司。

美食历史

豆腐的历史

豆腐是亚洲的“奶酪”。在日本，这种松软的珍珠色布丁是通过在豆浆中加入氯化镁点卤制成的。豆腐的历史非常悠久，中国人2000多年前便开始制作豆腐。在很多情况下，传说显得比史实更有说服力。据说在公元前164年，淮安王刘安在山上炼制长生不老的丹药时，偶然发明了豆腐。就像茶的诞生和砸中牛顿的苹果一样，重力在豆腐的发明中也发挥了重要作用：山上的石膏偶然落入豆浆中，使豆浆凝成固体。刘安没能炼成长生不老药，发明的豆腐却一直流传至今。7世纪，豆腐被僧侣传到日本。僧侣不能吃肉类或鱼类，豆腐成了珍贵而必不可少的蛋白质来源。豆腐从此融入了日本料理。曾在长崎生活的德国自然学家恩格尔伯特·坎普弗（Engelbert Kaempfer）在1712年出版的书中，对豆腐进行了详细描述。豆腐就像海绵，本身几乎没有什么味道，但却能够吸收任何人们想要的味道。这也是它在料理中得以广泛应用的原因：原味、烧烤、油炸、酱油拌或煮汤皆可。

海藻类料理

大米（寿司和清酒的原料）、大豆（味噌、豆腐、酱油的原料）和海藻是日本料理中的三大核心食材。日本海域面积广阔，海藻是取之不尽的自然资源。海带是最常见的藻类植物，它的叶片是棕色的，呈长而宽的波浪状，海带和干鲣鱼都是日式味噌拉面汤中必不可少的配菜，它们也是家常菜和大厨料理中的必备食材。北海道地区出产6种不同的海带。另一种常见的藻类植物是叶绿素非常丰富的裙带菜，我们可以在味噌汤里吃到它，裙带菜和紫菜都是十分受欢迎的藻类植物。新鲜紫菜呈深红色，晒干后会变成黑色，味道浓郁。它可用作寿司的外皮，也可以切碎撒在米饭上或沙拉里。

酒精饮料

又一个威士忌的国度！

近年来，日本的酒精饮料开始风行。
距离苏格兰非常遥远的日本，在群岛的酒窖里创造出最好的威士忌。

苏格兰始终是威士忌的发源地，这一点毋庸置疑，当地有着历史悠久的酿酒技术，在斯佩塞（Speyside）、苏格兰高地（Highlands）、苏格兰低地（Lowlands）和西海岸的美丽岛屿上分布着众多蒸馏酒厂。尽管苏格兰是货真价实的世界威士忌中心，但却并没有完全垄断威士忌行业！日本与爱尔兰、美国一起，成为被苏格兰统治的威士忌市场中的特例，我们甚至将日本称作“又一个威士忌的国度”。从日本的北部到南部，特别是在北海道地区，遍布着广阔的泥炭沼泽，这有利于威士忌的酿造。日本有许多蒸馏酒厂，包括一甲集团（Nikka）的宫城峡蒸馏所（Miyagikyo）和余市蒸馏所（Yoichi），以及三得利集团（Suntory）的山崎蒸馏所（Yamazaki）和白州蒸馏所（Hakushu）。无论是业余爱好者还是专业品酒师，一旦仔细品鉴了日本威士忌，都会感到非常满意。调和麦芽威士忌和纯麦威士忌都是混合的产物，在全世界的受众很广，著名的“響”（Hibiki）便是一种混合威士忌，它被视为日本混合威士忌酿造技术的集中体现。一甲原酒调和威士忌（Nikka from the Barrel）的酒精度高达51.4度，却能够保持口感清甜，带有木质香草味。单一麦芽威士忌是威士忌中真正的贵族，日本出产的单一麦芽威士忌能与苏格兰产地的威士忌相媲美，特别是味道顺滑而复杂、丰富而平衡的山崎18年威士忌。可以说，除了英国，日本的酿酒师是全世界最好的。苏格兰对于这一观点并无异议。

“无论是业余爱好者还是专业品酒师，一旦仔细品鉴了日本威士忌，都会感到非常满意。”

烹饪手法

切割的艺术

切割的技艺已融入了日本人的血液，
无论切纸（剪纸艺术）还是切蔬菜都表现出高超的技术水准，
切鱼更是如此。

用筷子用餐时，盘中的所有食材都需要事先在厨房切好：切长条（sengiri），切薄片（hyôshigi），切圆片（wagiri），切丁（arare），切成半圆形（hangetsu），切成四分之一圆（ichô），切丝（tanzaku），切块（sainome），切碎（sasagaki）或修整成花形（hanagiri）。这不仅是为了省力，也是为了让菜品更美观、提升口感。日本的厨师们常说，鱼要切过之后才有味道。此外，“刺身”（sashimi）在日语中的原意便是“切肉”。总而言之，切割食材需要雕塑般的精准。锋利的刀片要在切肉同时不破坏肉的纤维，刀刃让鱼肉如同黄油般化开，顺着不同鱼类的肌肉走向进行精确切割。厨师的手法必须谨慎小心，下刀后随着刀运动的方向保持稳定，只要刀刃足够锋利，刀本身的重量就足以将鱼肉切开。切好后，丝绸般柔嫩的刺身便会滑进顾客的嘴里。鱼的切割至关重要，同新鲜程度和产地一样重要。即使是两名不同的厨师切割同一条鱼，刺身的口味和质地也会存在差别。这说明厨师需要长时间的学习，以掌握刀具的使用技巧。

“‘刺身’（sashimi）在日语中的原意便是‘切肉’。总而言之，切割食材需要雕塑般的精准。”

日本刀具

尽管世界上的大多数米其林星级厨师都使用日本刀，但这并不是出于跟风或对这个远东国度的偏爱。他们选择日本刀的原因很简单。用日本刀切食材就像切黄油，可以切得更轻松自如，且刀刃保持锋利的时间更长。此外，日本刀的外形美观，握在手中很舒适。但由于它由碳钢制成，遇水容易氧化，需要细心维护才能长久使用。日本刀只有一侧的刀刃，因此有专门为右撇子或左撇子制作的刀具！在日本，刀匠几乎是半个神，需要经过十多年的练习才能开始制作霞刀（kasumi）或本烧刀（honiaky）。

有次

和牛的养殖

在日本，和牛（wagyu）一词的原意是牛肉，因此它本身并不特指某个品种的牛。最有名的和牛产自京都附近的神户。三重县出产的松阪牛肉（Matsusaka）和日本阿尔卑斯山区出产的飞驒牛肉（Hida-Takayama）也是优质和牛的代表。三种和牛之间有很多相同点，首先牛肉中间都遍布大理石纹路的脂肪，一些上好部位的牛肉每千克售价超过200欧元。造成这一共同点的首要原因是牛的品种——三个产区饲养的都是但马牛（tajima）。但马牛原产于神户附近的兵库山区，身材矮小，皮毛呈深黑色。从前，日本人主要用但马牛拉板车或作为皇家牛车，并不会食用它的肉。1868年日本开埠，当地人为款待西方人，切开了但马牛的肉，发现牛肉上遍布大理石纹路。但马牛的养殖规模并不大。为了让和牛的脂肪保持无瑕的洁白，当地禁止用杂草饲养但马牛，因为杂草中包含的胡萝卜素会让脂肪颜色变黄。和牛需在牛棚的单独隔间中饲养，以干草、小麦、玉米和豆饼为食。养殖户会给牛做按摩，让脂肪分布更均匀，还会给它们喂啤酒，那为什么不再喂点清酒呢？松阪的和牛养殖者户歧义郎（Giro Toghigi）笑道："我给它们做按摩，是为了让牛的皮毛更有光泽，看上去更诱人。有时给它们喂点啤酒，是为了促进它们的肠胃蠕动！"这种特别的牛肉必须切成薄片，放在餐桌中央的烤架上烤制，或放入日式火锅里涮煮，日本人将日式火锅称作"shabu shabu"。

主厨履历

村田吉宏（Yoshihiro Murata）

怀石料理大厨

菊乃井餐厅（Kikunoi）由村田吉宏创办，位于京都的东山脚下，是顶级的怀石料理餐厅之一。博学多才的主厨在2006年出版的一部著作中写道，自己要将最精致的法国料理与日本顶级的怀石料理相结合。怀石料理由一道道小菜组成，没有明显的既定顺序，由人们过去在茶道会上品尝的小食演变而来。每道菜品都由主厨以瑞士钟表匠般精准的手法精雕细琢，食材的质地、颜色和味道相互交织，完美而和谐。所有食材都是天然的应季产品。食材主要产自当地，以素食为主，这符合佛教的传统。菜品的容器与菜品本身同样重要。餐具构成了用餐乐趣的一部分，绝不能随意挑选。碗底的绘画、标记和颜色被食物掩盖，当食物吃完后，顾客发现碗底的心机，会被激发出额外的情怀。这些图案通常与季节、自然或某段历史相关，可以引导人们展开与之相关的交谈。1933年，谷崎顺一郎（Junichirô Tanizaki）在《阴翳礼赞》一书中写道："人们常说，日本料理不是用来吃的，而是用来看的。而我认为，与其说是用来看，不如说日本料理能够引发人们的思索。"这句话用来形容怀石料理再合适不过了。

——

菊乃井（Kikunoi，米其林三星）

主厨履历

成泽由浩（Yoshihiro Narisawa）

成泽由浩的餐厅位于东京市青山区的一栋现代建筑里，他凭借充满创意的作品引领着时尚。

这名日本主厨选择用远方的里山（satoyama）来定义自己的菜品。通常来说，从读音上翻译日语不太明智，因为这样有可能表现不出它的原意。里山位于日本乡下，山脚下的居民与所处的大自然和谐相处，并始终保持对自然的敬重。成泽由浩制作的每一道菜品都会提到里山。他通过料理描绘四季变化的风景，表现日本乡村地区的生活节奏和饮食特色。他赞颂所有的自然元素：土、水、火、带着香气的微风。食材取自森林、大海或河流，每种用于制作“成泽创意料理”的食材都源自日本的最佳产地：他用骏河湾的龙虾制作刺身，用冲绳的毒蛇煮汤。主厨用充满诗意的语言记录日常，展现各地的特色。而料理的梦幻之处并不仅仅体现在主厨的文字上。经过主厨的精妙手法，人们在品尝料理时，能通过菜品神奇的味道真正联想起现实中的风景。成泽由浩在用厨艺诠释日本乡村之前，曾师从多位大师，包括同样从心底热爱家乡的已故名厨保罗·博古斯和乔尔·卢布松。

“他通过料理描绘四季变化的风景。”

成泽创意餐厅（Les Créations de Narisawa，米其林二星）

美食传统

茶道会

游客第一次参加茶道会时，会感受到自己与日本文化之间存在着深深的鸿沟。

游客按照日本人的习惯，以不舒服的姿势跪坐，在一场冗长的仪式中，因各种规矩、手势和生僻的词汇感到困惑。欢迎来到这个教授耐心、智慧与冥想的课堂，感受生活艺术之美。茶道会是对当下的庆祝，也是对16世纪日本最早的茶艺大师——千利休（Sen no Rikyū）所崇尚的“一期一会”的赞美。茶道会的精髓体现在各种细节上：榻榻米、鲜花、书法、和服、坐姿、茶碗、用于擦拭的茶巾、用于倒水的竹舀、装茶叶的漆盒、用于搅打抹茶的茶筅、用于泡茶的茶汤等。在仪式进行的过程中，客人们会被奉上抹茶——一种有着微妙香味的绿色茶粉，喝茶时需保持绝对安静。大家虔诚地聆听碗中流淌的水声。表千家（Omotesenke）和里千家（Urasenke）是茶道的两个主要流派，一场茶道会可长达5小时，具体时长随季节而变，也与搭配的茶点有关。人们通常在茶道会上食用主果子（omogashi）或干果子（higashi），这种一口一个的小甜点可以中和抹茶的苦味。

“大家虔诚地聆听碗中流淌的水声。”

东京筑地市场

2018年10月，日本最著名的鱼市——
东京筑地市场（Tsukiji）搬迁至位于丰洲（Toyosu）的新址。

筑地市场创立于1935年，如今它已不符合卫生标准，鼠患严重，且因地震导致危房众多、设施残破。2007年，我在东京生活工作了几个月，其间我有幸在一个日本朋友的带领下，参观了这个神奇的鱼市场。前往筑地市场需要起个大早，每天凌晨2点左右，会有四万多人进入市场工作，我们要和他们一起混进去。严冬时节非常寒冷，棚子被大风吹起，即使对于我这个生于港口城市、习惯了类似场面的布列塔尼人而言，市场里的味道也太大了。产品非常丰富，这可是世界上最大的鱼市。市场里售卖着超过400种鱼类、贝类或甲壳类海鲜。新鲜或冷冻的金枪鱼是市场上最引人注意的产品，是无可争议的主角。这种鱼有着完美的流线外形，被专业买家们仔细品鉴。拍卖的方式让我这个外行完全无法理解，他们采用了流传下来的神秘仪式，但效率非常高，拍卖伴随着金属铃铛的敲击声顺利进行。然后，一辆辆满载昂贵海鲜的小机车启程前往未知的目的地。朋友们告诉我，不久之前一条200多千克的金枪鱼卖出了每千克5000欧元的价格，创下了拍卖的最高纪录！我猜测这个数字可能已经被超越了。我仍然清楚地记得那些扭动的鳗鱼、漂亮的海胆肉、各式各样的螃蟹、大大小小的生蚝……还有神秘的河豚，这种鱼的内脏有剧毒，只有持特定许可证的厨师才有权进行剖杀。完成这次令人难忘的探访后，我们在筑地市场的众多小摊之一吃了早餐，品尝了刺身和寿司，口味无比新鲜。我对自己看到、闻到和吃到的一切感到非常满足。参观结束后，我们回到繁华而迷人的大都市东京，进行新的美食冒险！

> “产品非常丰富，
> 这可是世界上
> 最大的鱼市。”

銚子

カレー南ばん

人情味溢れる築地で上手なお買物
築地場外市場商店街振興組合
すし一番
井上

出海捕鱼

北海道的海鲜

北海道地处日本的最东北端，距离西伯利亚不远，是日本四岛之一。北海道位于北海中央，以品质上乘的海鲜闻名。鱼类有三文鱼、鲱鱼、大比目鱼和鳕鱼，按照传统做法煮熟或生食皆可（北海道是寿司的发源地），而当地最主要的海鲜是大虾、鲍鱼、蛤蜊和海蟹！当地主要在冬季的太平洋沿岸捕捞海蟹，应季的蜘蛛蟹、雪蟹和帝王蟹非常饱满，有着令人难以置信的美味，世界各国的食客都对北海道的海蟹赞赏有加。以藻类为食的海胆也是当地的主要特产，北海道沿岸地区大量出产海胆。北海道的海胆比欧洲海胆肉质更厚，可直接做成寿司，也可以在高汤中涮煮，以充分释放鲜味。为了更好地了解北海道丰富的海产品，我们强烈建议您去拜访一下岛上的几个主要鱼市。例如，在札幌中央市场（Curb），您会看到很多售卖大海蟹、鲍鱼或扇贝的摊位。若您想品尝一下这些优质的海鲜，只需在市场里找一个小吃摊即可。

活缔法（Ikejime）

活缔法在日本已有上百年的历史，近年来被众多厨师效仿，努瓦尔穆杰岛的海洋餐厅（La Marine）的主厨亚历山大·顾永（Alexandre Couillon）便是其中之一。如今活缔法已成为水产行业的普遍做法。活缔法要求快速刺穿活鱼的大脑，放血并破坏整个神经系统，使鱼肉能在不变质的情况下进行熟化。通常，人们会用尖刺从鱼的两眼之间刺入大脑，然后将其放血，将脊髓从刺出的洞中排空。用这种方式宰杀的鲈鱼、黄鳕鱼或牙鳕鱼，在几天之后烹饪时能更好地释放自然的风味，展现细腻的肉质。

——

海洋餐厅（La Marine，米其林二星）

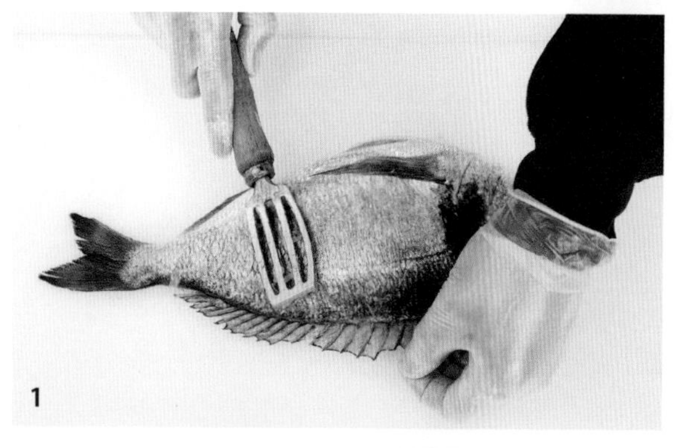
1

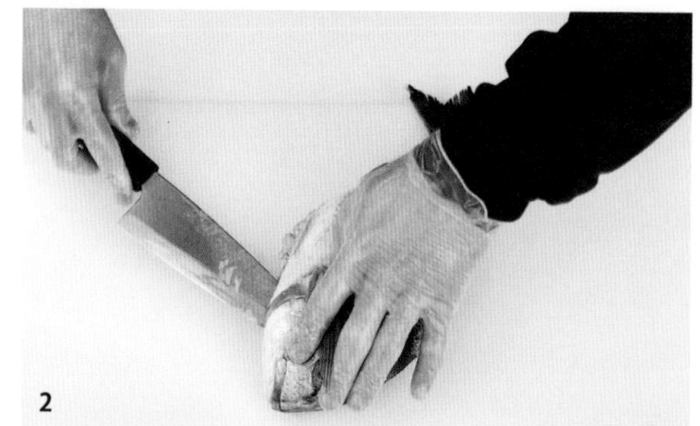
2

3

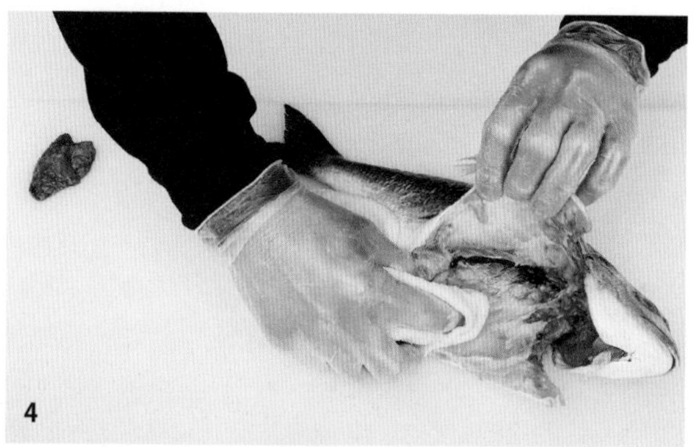
4

5

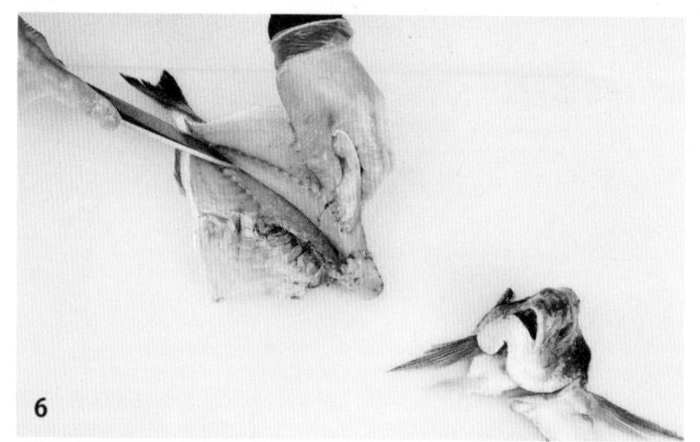
6

三枚切

三枚切（san-mai-oroshi）是处理大部分鱼类最常用的技法，意思是“将鲷鱼分成三片”。

1. 戴上手套保护双手。
2. 用去鳞刀从鱼尾刮向鱼头，去除表面的鳞片。
3. 用锋利的刀片切开鱼头下方的鱼腹。
4. 去除鱼的内脏。
5. 用冷水清洗，最好是流水冲洗，彻底清洁鱼的内部。
6. 用纱布或纸巾吸干水。
7. 切掉鱼头。
8. 沿主刺走向，从鱼头到鱼尾下刀，打开鱼腹腔。
9. 鱼身放好备用。
10. 转动鱼身，用同样的方法沿主刺走向，从鱼头到鱼尾切开鱼脊背。
11. 将较小的鱼片剥离。
12. 翻转鱼身，沿中央主刺，以相同方式下刀。
13. 将手放入两片鱼肉之间，用手紧紧抓住鱼的上部，用刀切下鱼片。
14. 切掉下方鱼片的不规则部分。
15. 用刀切掉白色的部分，可用湿布擦拭刀片。
16. 用专用镊子去除所有的鱼刺。
17. 从鱼尾处下刀，将刀滑入鱼肉和鱼皮之间，手紧紧抓住鱼皮（无图）。
18. 操作完成后得到两块鱼肉片。保留鱼的主刺、鱼头和鱼皮，可做成鱼汤或调味汁（无图）。

食谱摘自竹内寿幸（Hisayuki Takeuchi）《寿司吧》（*Sushi bar*，Minerva出版社，2008年出版）。

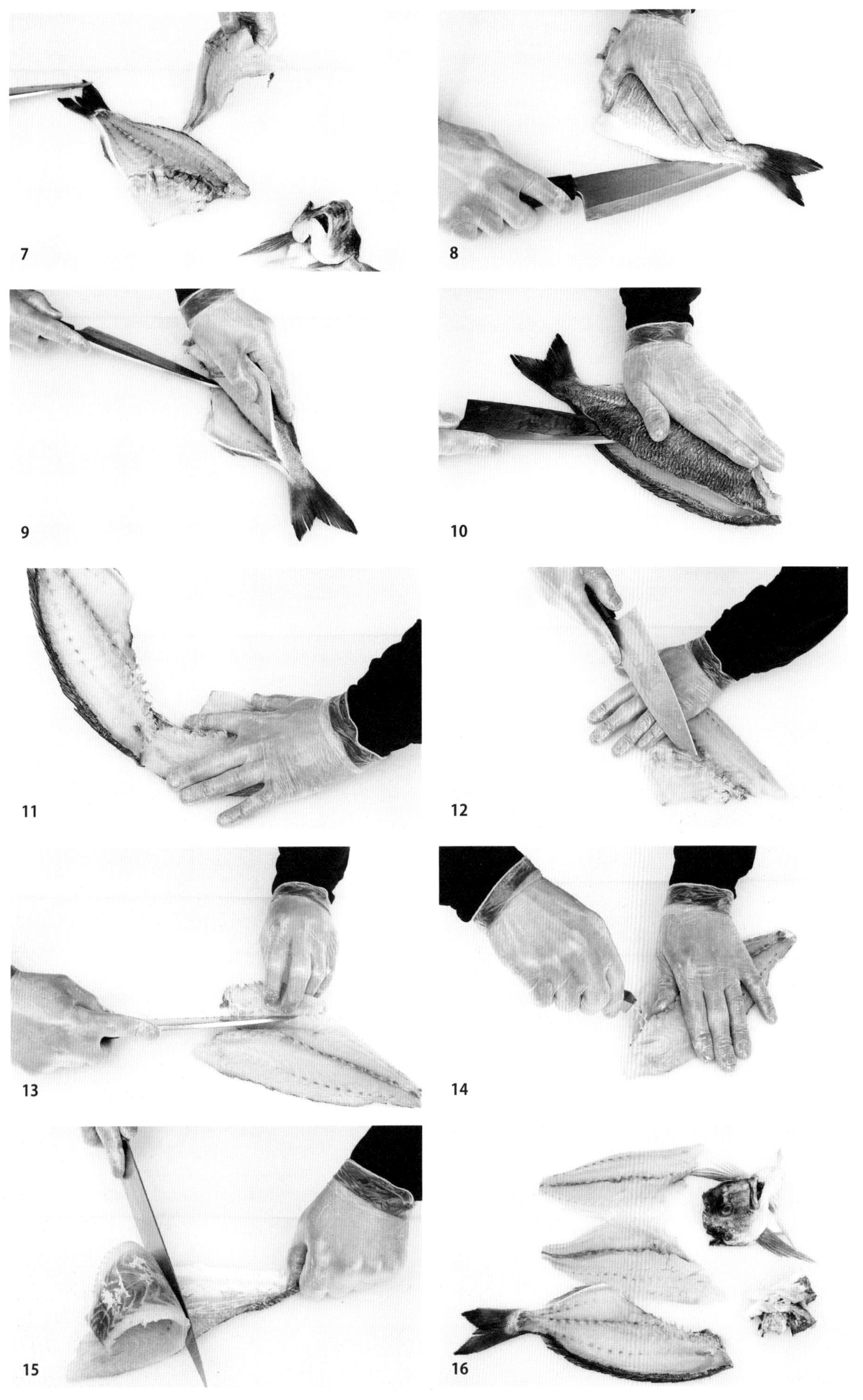

铁板烧还是怀石料理？

在开启日本餐厅的发现之旅前，我们需要学习一点小知识，以了解制作美食的人是谁，烹饪的是什么。

“餐厅”是一个笼统的通用词汇，它并不能准确描述不同类型的美食商家……在所有国家中都是如此，日本尤甚，因为日本餐厅有着非常专业的分类。我们经常能见到专营某种料理的餐厅。从最大众化的餐厅到高档酒店，从酒吧到寿司专营店均有自己的特色，比如在日本之外的国家最流行的回转寿司。通常来说，餐厅的招牌就已经清楚标明了餐厅的类型：铁板烧烤屋（teppanyaki）专门制作日式铁板烧，拉面店（ramen）专门供应著名的多口味汤面，烧肉店（yakiniku）售卖烤肉，烧鸟店（yakitori）则供应以烤鸡肉为主的烤串。街边的流动小吃车（yatai）是日本文化的标志之一，专门售卖街头美食。人气很旺的居酒屋（izakaya）是一种街区小酒馆，人们可以品尝各式小份的小吃，配上啤酒或清酒。若想品尝包含各种时令菜品的怀石料理，您可以去一些传统的日式旅馆（ryokan），这里也为游客提供住宿。如果说日本料理因美观和精致而广受赞誉，那么怀石料理无疑是顶级日料的代表。

“我们经常能见到专营某种料理的餐厅。”

まるた小屋
フカヒレ
ラーメン

味処
越後の酒と肴
越後屋
3342-0661
Asahi
一番搾り

美味搭配

配餐清酒

在搭配菜品方面，日本清酒可能比葡萄酒有着更多的可能性。

请忘记那些被装在迷你小酒杯中的劣质高度清酒！清酒不属于消化酒，平均酒精度介于14～16度之间，接近于葡萄酒。按照传统，日本清酒不常与每道菜品进行单独搭配，因为通常人们会用某种当地清酒搭配一餐的所有菜品。在西方国家的影响下，越来越多的餐厅开始参照同样的方式为每道菜品搭配清酒，包括居酒屋和部分米其林星级餐厅。

这个主意还不错。需要注意的是，我们不能将清酒与葡萄酒画等号：葡萄酒的酸度比清酒高5倍，清酒口感更醇，不含单宁，因此在与菜品做搭配时，清酒表现出比葡萄酒更高的灵活度。很多难以与葡萄酒融合的菜品更适合搭配清酒食用，例如加入了香醋的菜品或味道较苦的芦笋。日本清酒也适合搭配生蚝、鱼类、鱼子酱、蜜瓜或香蕉等水果、奶酪等。清酒除了具备自己的特色，也能放大所配食物的味道，这一罕见的特点在较少使用酱汁的日本料理中显得尤为突出。清酒与菜品的组合非常多样，我们还可以通过调整清酒的温度，玩出更多花样，以调节口感。法国清酒专家西尔万·休特（Sylvain Huet）认为，为了感受清酒的精妙和复杂之处，还需要调动听觉。总而言之，“葡萄酒和清酒所表达的内容有所不同。优质的波尔多葡萄酒像交响乐，而清酒则像室内音乐。但这么说也不完全准确，因为部分清酒也具有交响乐的特质，一些葡萄酒也带有室内音乐的特点。”

“清酒不属于消化酒，平均酒精度介于14～16度之间。”

漫画中的葡萄酒和美食

漫画是一种文学类型，西方国家的漫画萌芽较晚，外国的读者并不一定能完全理解漫画的情节和背后的文化。一些漫画以料理为主题，如《将太的寿司》或《孤独的美食家》，后者记录了主人公在街区探访大众美食的故事，以日本料理为主。漫画《日式面包王》的主人公有着能发酵面包的魔法之手。

2008年，漫画《神之水滴》以葡萄酒酿造为主题，深入探索了葡萄酒的世界，该漫画最初发表在《早间周刊》杂志（*Weekly Morning*）上，作者是热爱法国葡萄酒的姐弟俩，他们共用亚树直（Tadashi Agi）的笔名。漫画讲述了一名酿酒师的儿子与义子争夺酒窖遗产的故事。漫画面向非葡萄酒专业人士，却因精准的描述折服了众多专业酿酒师。每一册都准确写出了酿酒的名词和技法，并配上词汇表帮助理解。漫画取得成功的原因在于，作者既能用真情实感阐述酿酒的艺术，也能用诗意的语言让专业人士信服、让非专业人士感兴趣。从一个谜题到另一个谜题，主角们品鉴着最优质的葡萄酒和最普通的葡萄汁，以揭开第十三瓶酒的秘密。尽管漫画里没有给出最后的答案，但在根据漫画改编的电视剧中，2003年的波尔多勒庞葡萄酒（Château le Puy）被视为世界最佳葡萄酒。读者对漫画的喜爱足以抬高这款葡萄酒的价格。

“漫画面向非葡萄酒专业人士，却因精准的描述折服了众多专业酿酒师。”

清酒武士！

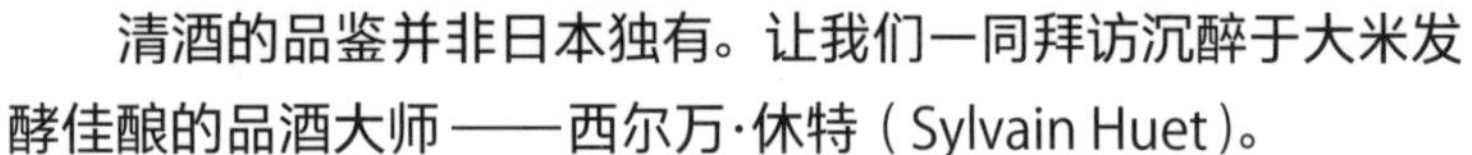

清酒的品鉴并非日本独有。让我们一同拜访沉醉于大米发酵佳酿的品酒大师——西尔万·休特（Sylvain Huet）。

“清酒武士”（Saké Samuraï）的头衔由清酒生产者们授予，只有最热爱清酒的业内人士才有机会得到这项殊荣。西尔万·休特是第一位获此荣誉的法国人。他曾跳过10年现代舞，通过练习合气道（aikido）发现了日本的魅力，他爱上了这个国家，也沉迷于日本的文化、美食和清酒。十多年来，他完全致力于清酒的研究。如今，他的工作主要分为三个部分：首先，他于2010年创立了清酒学院，并在这里进行主要针对专业人士的培训与教育，包括酒窖管理人员、侍酒师和餐饮业从业人员；其次，他举办了众多与清酒相关的活动，包括每年10月初在巴黎举行的清酒沙龙，同样主要面向专业人士；第三，他为清酒生产商、独立酿酒师、当地政府、法国进口贸易公司和餐厅经营者担任顾问。他既不是进口商也不是经销商，并且没有与任何品牌签订合约，因此能够做到自由且客观。他的核心使命是利用自己的学识在法国推广清酒，在如今日本人的清酒消费量不断下滑，而出口市场保持增长的情况下，这一点显得尤为重要。

美食历史

天妇罗

尽管人们都认为天妇罗是日本美食，但它其实是在16世纪初由葡萄牙天主教的传教士传入日本的。

天妇罗的灵感来自传统葡萄牙小吃——炸青豆（peixinhos da horta）：将蔬菜裹上用面粉和清水做成的面糊后油炸。日本用了一个世纪的时间，才让这种小吃融入日本料理，天妇罗开始出现在港口城市的餐馆里。天妇罗（tempura）的名称同样源自葡萄牙语，由“tempuro”一词衍化而来，意思是调味。按照传统做法，用于制作天妇罗的食材应当裹上用面粉、蛋黄和冰水（一些厨师会用气泡水，让面糊更加蓬松）制成的经典面糊。盛放面糊的碗也应当放在冰水中，以保持低温。低温的面糊碰到热油，便形成了天妇罗酥脆的外皮。正是因为这种温度差异的存在，用来炸制天妇罗的芝麻油没有时间充分浸透面团，这也使得天妇罗的油脂含量很低。许多食材都可以炸成天妇罗，如南瓜片、青豆、紫苏叶、生蚝、鱼块……海鲜蔬菜油炸料理（kakiage）是一种与天妇罗相似的食物，切细的蔬菜和小虾仁与面粉、水和盐混合后捏成薄饼的形状再油炸。按照传统，天妇罗和海鲜蔬菜油炸料理会搭配用高汤、甜料酒和酱油制成的天妇罗蘸酱（tentsuyu），酱汁中通常还会加入白萝卜泥。盐也常被用于搭配天妇罗。在日本，一些厨师制作的天妇罗会让人们怀疑它们未经油炸，因为它们的质地非常清爽，例如用于搭配大块海胆的紫苏天妇罗。通过此类神奇的菜品，我们可以鉴别出一家天妇罗餐厅的好坏。

“按照传统做法，用于制作天妇罗的食材应当裹上用面粉、蛋黄和冰水制成的经典面糊。”

主厨履历

小野二郎（Jiro Ono）——寿司之神

只有当不可抗力出现时，他才会决定放弃。数寄屋桥次郎餐厅（Sukiyabashi Jiro）的小野二郎已有93岁高龄，经历了四任天皇。每天清晨五点至晚上十点，他都将全部精力投入于寿司的制作。“我晚上做梦都会梦到寿司，我对工作从未有过反感，我深爱着它”，2011年，他在专为他摄制的纪录片《寿司之神》中这样说道。这句话可以称得上是日本匠人的座右铭，他们全身心地投入工作，并不断追求完美。七十年多来，小野二郎从未停止攀登的步伐，却“尚未到达山顶”。精益求精的小野二郎在不断发扬传统的同时引入创新，这也是他的料理哲学。他制作的寿司极富美感、口味上乘。他的餐厅位于东京的银座中心地带，那里是寿司餐厅数量最多的街区。尽管他的餐厅规模很小，仅有10个吧台座位，却声名远播。主厨自定菜单（omakase）由20个寿司组成，全部由大师本人或其子小野祯一（Yoshikazu）制作。每一口都是一场充满享受的无声之旅。整场盛宴仅持续约20分钟，而对它的记忆将会永存。

数寄屋桥次郎餐厅（Sukiyabashi Jiro，米其林三星）

章鱼烧

日本街头小吃的旗帜

如同墨西哥的玉米饼或比利时的炸薯条，章鱼烧正是日本街头料理的象征。

尽管章鱼烧起源于大阪，但它已传遍了日本各地。这种球形小吃的面糊部分以日式高汤为基底（由海带和干鲣鱼制成），中央塞入一块章鱼。面糊被倒入蜂窝状的铸铁模具中高温烘烤。模具让章鱼烧变为球形，也让它们具备了外焦里嫩的特殊质地。章鱼烧通常在小摊上售卖，并配以蛋黄酱、烤肉酱，再撒一层海苔。品尝之前一定要小心，因为刚出炉的章鱼烧温度很高。

看懂日本的菜单

前菜（zensai）、蒸物（mushimono）、烧物（yakimono）……
在日本餐厅点餐有时会很复杂，吃到什么完全凭运气。

为了避免出现凭运气的情况，下面向您介绍日本料理的主要分类方式。首先是前菜，也就是餐前的开胃小食，比如蟹肉紫菜卷、煎蛋卷、柚子菠菜、鹌鹑蛋烤串、鸡肉丸……此外还有一些与法餐前菜类似的菜品，如用水煮青菜加盐制成的拌菜（aemono），以及用萝卜、炸物、章鱼和裙带菜制成的渍物（sunomono）。按烹饪类型分，分为煮物（nimono），通常用日式高汤炖煮；汁物（shirumono），一种较多内容物的浓汤，最常见的是味噌汤；蒸物（mushimono），包括糯米饭和咸味布丁；炒物（itamemono），一般用红辣椒和酱油翻炒；烧物（yakimono），其中最著名的要数烧鸟串；炸物（agemono），包括炸白萝卜、炸豆腐、炸姜味沙丁鱼……上述美食建议搭配米饭或面条食用。米饭包括饭团、寿司米饭、咖喱饭、大蒜炒饭等，面条包括荞麦面、乌冬面、拉面、素面等。之后便是餐后甜点，到了吃甘味（kanmi）的时候了。通常会配上苦味的抹茶，上面覆有一层红豆沙（anko）或栗子酱（kuri），两种配料都是甜味的。

麻薯

在全世界大获成功的日式甜品

无论在美国、英国或是比利时，以冰激凌或奶油为馅的日本麻薯（mochi）在各地都掀起了热潮。制作这种和果子需将糯米蒸熟，再用木臼碾压。这一步骤能让面团既软糯又有弹性。面团可以制成多种点心：揉成小圆球，淋上厚重的甜酱油，再串在竹签上，便做成了日式团子（dango）；揉成大圆球，填入红豆沙馅，可以做成大福（daifuku）；麻薯面团还可以切成小方块，做成日式年糕（kirimochi），再加入美味的咸味酱汁，关西地区喜欢用蔬菜和白味噌煮成浓汤搭配年糕，关东地区则习惯用酱油。日式年糕是日本传统的新年点心。

秘鲁日料

秘鲁日料诞生于19世纪末，当时有大批日本人为修建铁路移民秘鲁。“秘鲁日料”（Nikkei）一词是“Nikkeijin”的缩写，意思是“来自日本的侨民”。秘鲁日料是一种融合料理，结合了日本与南美地区的食材、烹饪技法和调味料。秘鲁日料较多用到酱汁或腌料。例如，在制作生鱼片时，他们会用加入了柚子汁的酱油调味。秘鲁日料与本土日料最主要的区别在于，秘鲁日料会使用墨西哥辣椒等产自南美的辣椒调味。近年来，我们可以在很多地方品尝到秘鲁日料，大厨松久信幸（Nobuyuki Matsuhisa）是其中的典型代表。24岁那年，在一名富商的邀请和资助下，他在秘鲁开设了松久餐厅（Matsuei），并掌握了这种特殊料理的基础技艺。如今他已成为该领域的标杆。他创立的松久料理（Nobu）在全世界享有盛誉，并在包括洛杉矶、伦敦和巴黎在内的多个大城市开设了分店。他用秘鲁烤串的方式制作茶熏小羊肉，还用智利红辣椒和紫苏做成的酱汁搭配大头鱼。

烹饪比拼

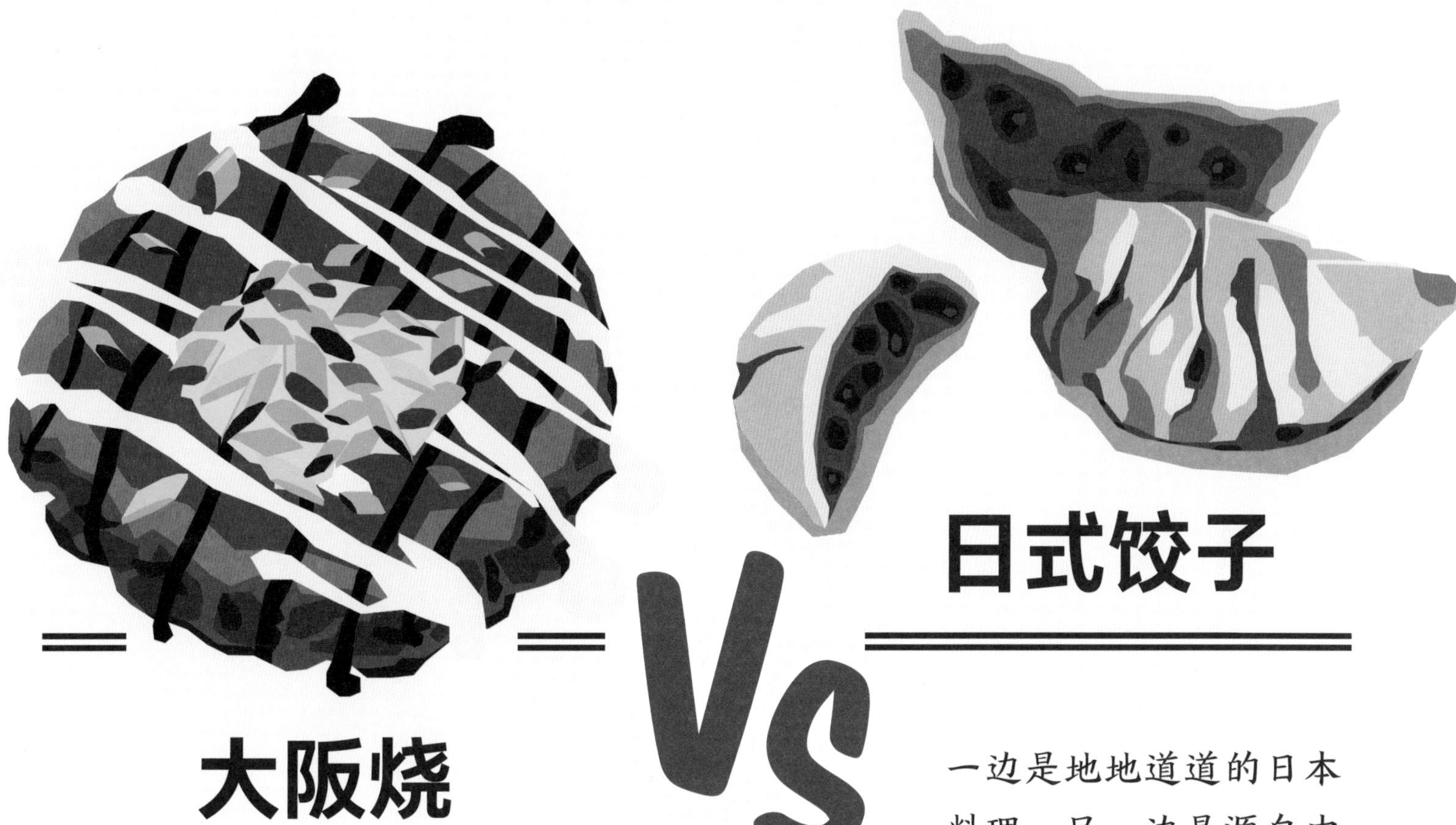

一边是地地道道的日本料理，另一边是源自中国的日本美食。大阪烧主要集中在美食品种多样的日本西南部，以大阪为主要代表。

大阪烧（okonomiyaki）是用鸡蛋糊、小麦面粉、日式高汤和卷心菜制成的煎饼，是大阪的特色菜。不同地区还会加入猪肉、墨鱼、乌冬面……混合好的面饼会放在铁板上炙烤至熟透。这种烹饪方式能让大阪烧在保持内部柔软的同时，获得表皮的酥脆口感，吃起来非常令人享受！人们还会往大阪烧表面淋一层烤肉酱（由麦芽醋、酵母和多种果蔬泥制成）、日式蛋黄酱、海苔碎和鲣鱼片。除了这道颇具特色的煎饼料理，很多日本的食材、特产、习俗或菜品都起源于中国，如筷子的使用、豆腐、拉面等。日式煎饺（gyoza）同样源自中国，发音也与中文相似。饺子的细腻面皮由小麦面粉制成，与上海小笼包的面皮类似。日本人会将蒸制片刻的饺子用油煎熟，这一做法与同样源自上海的生煎包也很相似。

与大阪烧不同，煎饺子需要在平底锅中猛火加热。先用芝麻油煎1分钟，再加入少许清水，盖上锅盖加热1分钟。最后打开锅盖，继续加热至水分蒸发。这样饺子的底部便会出现漂亮的金色外壳。

得益于与众不同的调味料，日本料理中的菜品无论起源于哪里，都带有自己的独特风味。

山葵的滋味

我爱山葵！山葵的味道冲击味蕾，可以像爱抚，也可能像扇巴掌。山葵的用量至关重要，这取决于厨师的水平，万万不能将使用山葵变为滥用山葵。

山葵与辣根、芥末同属十字花科，是一种产自日本的多年生植物，主要生长在溪水边或湿度很大的高海拔地区。山葵有着宽阔的叶片，花朵呈白色伞状。人们仅收取它的根茎部分。几千年来，日本人发现了山葵的多种功效：可用于杀菌、抑制食物毒性、去除因长途颠簸的运输造成的恼人鱼腥味。此外，它还有增强食欲的作用。我曾在东京生活数年，以寻找最棒的餐厅，其间去过一些寿司专营店。我很喜欢看着木质柜台后的厨师磨制淡绿色的山葵根茎，这些外形粗犷的植物采自遥远的山区，为满足顾客挑剔的胃口，在这个大都市终结此生。厨师手握木板，用专业的手法将山葵根茎磨成漂亮的淡绿色泥。我也爱听坚硬的根茎在木板上的摩擦声。磨好的山葵被放在一个漂亮的小碟子里，静置片刻后送到顾客面前。食用时要掌握恰当的用量，避免口中的灼烧感，让山葵与带有些许醋味的米粒和漂亮的刺身充分融合。鲭鱼、鲈鱼或蓝鳍金枪鱼在厨师精妙的手法下用锋利的刀片切成小块。新手需经历多年的观察，再进行多年的实践方能成为寿司大师。握寿司（nigiri）手工成型后被放在一个优雅的陶瓷小碟中，端到顾客面前。做好的寿司需要尽快食用，防止温度回升，也避免大米和鱼之间的味道互相渗透、改变性状。吃那些提前做好的寿司，特别是装在塑料盒里的寿司，完全令人无法接受……这等于是将鱼杀死了两次！

回到法国后，我惊讶地发现有些日料餐厅只有名字是日本的，其他都不正宗，餐厅厨师甚至会使用从冰箱里取出的用塑料盒装着的颜色可疑的山葵酱。我甚至曾在一家超市看到装在牙膏管里的山葵……仔细看配料表，里面的食材与产自日本的植物根茎毫无关联：糖、葡萄糖浆、麦芽糖、盐、小麦纤维、菜籽油、异硫氰酸烯丙基、黄原胶。味道不要太难吃！

“我甚至曾在一家超市看到装在牙膏管里的山葵……”用牙膏管装着的山葵就是超市的味道。

但我也要承认自己犯下的一个专业错误，这给我带来了罪恶的快感，幸运的是这种情况很少发生。饮用优质的日本啤酒时，我有时会开一袋日本生产的山葵味香脆豌豆下酒。它们无与伦比的松脆质感和强烈的辛辣口感使我获得片刻的愉悦。它们非常刺激味蕾！尽管这种小零食以豌豆和山葵粉为主要成分，但却含有大量着色剂和防腐剂等化学物质。对于《米其林指南》的观察员而言，吃这种小零食不是件光荣的事情……但我敢于承认错误，是不是可以争取一半的谅解？

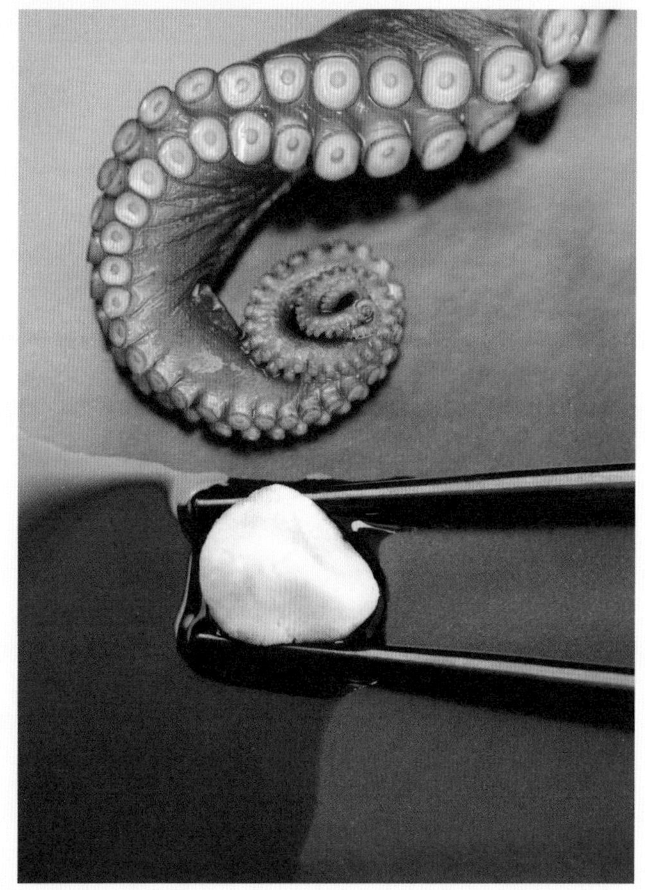

美食代表

拉面

拉面已成为日本的国民料理，但它却并非起源于日本。

20世纪初，拉面被传到日本，它的名称来自中文。制作拉面需要特定的技艺，要在将面团不断拉扯的同时撒上面粉防止粘连，厨师不停重复这一动作，终制成拉面。制作拉面的面团由4种食材组成：小麦面粉、水、盐和蓬灰水（富含碳酸钾和钠的碱性水）。正是蓬灰水让拉面呈淡黄色，并使拉面的口感更筋道。一些厨师会往面团中加入鸡蛋，让面团的口味更好、质地更柔软。拉面通常会加入叉烧片、煮鸡蛋和葱丝。面汤可由豆浆、猪骨、鱼、贝类和味噌熬制而成，每家餐厅都有自己的独门秘方。东京的大西祐贵（Yuki Onishi）是世界首位获得米其林星级的拉面师傅，他的拉面馆“蔦”（Tsuta）位于巢鸭街区，他用鸡肉和海鲜制作拉面汤，还在面条中加入韭葱泥和松露。

蔦（Tsuta，米其林一星）

便当

在日本，很多正式或非正式的礼节和仪式都与食物有关。便当是日本饮食习俗的一种体现，它是一个带间隔的饭盒，里面可以装入几种食材，通常被当作午餐。

便当最早出现于12世纪的镰仓时期，那时人们会将大米煮熟后晾干，装入小容器中，方便存储和携带。到了16世纪，出现了如今人们所使用的漆木便当盒。人们会在公园看樱花、野餐时吃便当，也会在茶道仪式上食用便当。

如今，便当主要由大米、30%的动物蛋白、20%的新鲜蔬菜、10%的腌菜或水果组成。便当盒每个隔间中的食物都必须能用手或筷子食用。便当本身就可以成为一场竞赛。在没有食堂的学校里，学生们的午餐由母亲准备（她们也为自己的丈夫准备午餐）。母亲们一大早就爬起来，发挥想象力和技术，尽可能让孩子们的午餐成为最好看、最卡哇伊的。她们运用各种日料的传统切割方式来装点孩子们的便当盒。

便当也是乘坐火车出行时不可错过的体验。即使没有在家自制便当，人们在日本的各个火车站都可以看到很多售卖肉类、鱼类甚至素食版本便当的店铺。

5种改变烹饪方式的发明

19世纪时，锉刀、日式旋转削皮器、橡皮刮刀、虹吸瓶或烹饪探针都尚未出现，当时的厨师是如何烹饪的？在这些新发明出现之前，烹饪已经经历了一次小小的革命，很多发明颠覆了厨师们的日常。

高压锅

高压锅也被称为压力锅，“cocotte-minute”已成为法国赛博集团的注册商标。据说压力锅由17世纪钻研蒸汽的物理学家丹尼斯·帕潘（Denis Papin）发明。当时人们将这个让坚硬食物变得绵软的铸铁锅称作“消化器”。几个世纪过去，高压锅不断改进，并于20世纪20年代正式出现在公众视野。但真正的现代高压锅诞生于1953年，由赛博集团的弗雷德里克（Frédéric）、亨利（Henri）和让·莱斯库尔（Jean Lescure）设计。高压锅问世之后，1954年当年便卖出13万个。如今，全世界已售出数千万个高压锅。

蔬菜研磨机

尽管比利时人维克多·西蒙（Victor Simon）于1928年注册了蔬菜快速切割机的发明专利，但历史却更能铭记法国人让·曼特莱（Jean Mantelet）的名字。后者于1932年注册了蔬菜研磨机的专利，并取得巨大成功，他因此创办了一家蔬菜研磨机生产厂，也就是后来的“Moulinex”。他的研磨机是革命性的，因为其螺旋器能帮助人们快速切割果蔬。研磨机的形状接近于一个没有底的沙拉碗，可配上大大小小的各式切割网格，它的外形从面世起几乎没有发生什么变化。直到今天，蔬菜研磨器仍是烹饪中必不可少的器具。

开罐器

罐头的制造要归功于尼古拉·阿佩尔（Nicolas Appert，1749—1841年），这是一种将高温灭菌食品保存在密封容器中的工艺。最早的罐头容器是用玻璃瓶、花瓶或广口瓶制作的。彼得·杜兰德（Peter Durand）在1810年发明了锡制罐头。当时为了打开罐头，需要用到锤子和凿子。直到1858年，美国人艾兹拉·华纳（Ezra Warner）才发明了第一个开罐器，他凭借这个带有两个金属刀片的手持工具获得发明专利，两个刀片的作用分别是刺穿和切开盖子。

拉伸膜和玻璃纸

我们不能将拉伸膜与玻璃纸相混淆。玻璃纸的发明归功于瑞士工程师雅克·埃德温·布兰登伯格（Jacques Edwin Brandenberger），他最初是想设计出防污桌布。1908年，他想到用纤维素的化合物制作透明薄膜。玻璃纸（cellophane）一词正是由纤维素（celloluse）和透明（diaphane）两个词组合而来。

拉伸膜最早由美国人拉尔夫·迪利（Ralph Diley）发明。它最初用于工业，后来进入了各家的厨房。家用铝箔纸则是Albal品牌在1965年发明的。

厨师机

这种搅拌机器直到19世纪才出现在我们的厨房里。从前，除了一些用小树枝做成的简易机器，大多数食材都需要手动混合。后来人们用头部散开的打蛋器混合食材。大家公认的厨师机发明者是美国马里兰州一个叫拉尔夫·科利尔（Ralph Collier）的人，他设计了一个带有旋转搅打头的机械搅拌器，专门用于打鸡蛋。英国人格里菲特（E.P.Griffith）于1857年发明了固定在容器上方的机械搅拌器。从那时起，人们不断对它做出改进，直至20世纪初具有里程碑意义的大众电动厨师机面世，以揉面机著称的品牌凯膳怡（KitchenAid）创立于1919年。

M

中国

Chine

大豆之王

尽管大豆是亚洲饮食的一个重要食材，但对于大多数见过各种形式大豆美食的西方人而言，他们并不知晓大豆的起源。大豆是一种发源于中国的豆科植物，在中国和日本生长了五千余年。几个世纪过去，整个亚洲都种植了大豆，并衍生出各种烹饪方式：味噌、酱油、豆豉、豆腐……大豆生长在豆荚中，营养非常丰富，其包含20%的油脂和40%的蛋白质，它很快成为亚洲地区的重要食物。豆浆经过卤盐的点卤，可以制成豆腐。大豆经过发酵可制成味噌——一种带有鲜味的糊状调味料，味噌能为食材提鲜，让汤汁、面食或豆腐的味道更香浓。大豆粉是制作大福等日式甜品的秘密武器。日本人从13世纪起开始制作酱油，他们将大豆和菌群混合后静置发酵6个月，之后提取出的液体便是酱油。我们可以在传统的寿司店里品尝到这种调味品，为了保留鱼肉的风味，蘸取酱油要适量。此外，我们还可以用酱油搭配肉类，如吃日式火锅或裹着面包屑的炸猪排时，可将酱油当作调味蘸料。

保罗·派雷特的紫外光餐厅

打破常规的餐厅

在法国主厨保罗·派雷特（Paul Pairet）位于上海的紫外光餐厅（Ultraviolet）用餐是一种新奇的体验。首先我们要前往位于市中心的外滩先生与夫人餐厅（Mr & Mrs Bund）的大堂集合。在那里，10位宾客会被奉上开胃酒，并得到一份包含20道菜的菜单，预示他们当晚将享用非同寻常的一餐。旅程随后开启，客人们被引导搭乘一辆小巴，前往最终目的地，餐厅的入口在一个停车场内。抵达餐厅后，客人们要穿过一个个房间和走廊。这样的安排是为了让他们迷失方向。最后他们会进入用餐的房间，房间内没有任何陈设，中央摆着一张可容纳10人的长方形餐桌。客人就座后，表演开始，带来的体验令人难以形容。客人的感官得到了充分的调动。保罗·派雷特认为，就餐前最好能保持既丰富又纯粹的心理状态，在呈上每道菜品之前，顾客应当适应房间中播放的图像，这一点至关重要。例如，在奉上绿茶酸柠檬生蚝或小羊舌头前，餐厅里会播放音频，营造出与这道菜相匹配的氛围。有些菜品呈上前，房间中会释放与之契合的气味。触觉同样会得到调动，因为品尝一些菜品需要用到手指。宾客们离开这家沉浸式体验的餐厅时，会因各种展示和戏剧场景惊叹不已。

紫外光餐厅（Ultraviolet，米其林三星）

中国香港

在400多米的高空用餐

在西方国家，很少有餐厅开在摩天大楼的顶层。
而在亚洲则恰恰相反，香港也未能免俗。

楼下是熙熙攘攘的街边小摊和水上餐厅，接近天空的顶层，则是星光熠熠的米其林餐厅。日本主厨关秀道（Hidemichi Seki）的天空龙吟餐厅（Tenku RyuGin）位于香港众多摩天大楼之一的101层。餐厅的视野绝佳，尤其是在傍晚的日落时分。天空龙吟餐厅不是一家独立餐厅，它是日本龙吟餐厅（Nihonryori RyuGin）在中国香港的分店，总店由大厨山本征治（Seiji Yamamoto）创立。因此，天空龙吟餐厅的主厨是一名日本人，他从日本直接带来一部分烹饪所需的食材，其他食材在本地订购，以有机农产品为主。主厨关秀道是山本征治的儿子，最初他同父亲一起在日本工作，之后前往西班牙接受烹饪培训，并参与创立了香港的餐厅。2012年，他担任餐厅的副厨，2015年成为主厨。每餐只能接待48位宾客，其中最幸运的是那些预定了180度全景私人包间的客人，他们能将维多利亚港的景色尽收眼底。每位宾客都能品尝到主厨的料理，主厨将中国和日本的特色菜品进行融合，利用时令食材精心设计出一套包含10～12道菜品的怀石料理套餐，菜品的质量和烹饪的技巧都是顶尖的。这家高海拔餐厅制作的美味料理包括麦秆熏牡蛎配鱼子酱和海藻冻、鸡蛋布丁配日本蛤蜊、柚子酱油和牛、木炭烤鳗鱼、豌豆蒸米饭、茶香雪芭、柑橘和茶香椰子泡沫等。在这里，令人惊叹不已的不只是美景。

天空龙吟餐厅（Tenku RyuGin，米其林二星）

刘韵棋（Vicky Lau）——从图像传播到餐盘装饰

命运有时有着巧妙的安排，改变人生轨迹。刘韵棋并没有想到，自己有一天会在香港领导一个每餐接待30位宾客的厨师团队。但当我们走近刘韵棋，便会发现，她的两种人生之间并不是毫无关联……

刘韵棋在纽约大学修完平面设计和传播学的课程后，在美国开启了平面设计师的职业生涯。她毕业后的第一份工作是在绿色团队（Green Team），之后返回家乡香港。她按照平面设计师的职业道路，创办了自己的设计工作室。但她坦言，她的作品与其对职业的设想并不相符。热爱烹饪的她偶然得知，曼谷有一家法国蓝带烹饪学校。她于是前往曼谷学习烹饪，起初她只是希望通过几堂课的学习提升自己的厨艺，但她在那里一直待了9个月，学完了整个课程。

回到香港后，她加入法国厨师塞巴斯蒂安·莱皮诺伊（Sébastien Lepinoy）的葡萄苗餐厅（Cépage）担任厨房伙计。这将成为她唯一的餐厅任职经历，因为不久之后她就有了创业的想法，并开设了一家咖啡厅。之后咖啡厅被扩大为塔特餐吧（Tate），位于中环苏荷。很快，她将自己的三重生活融入菜品中，分别是设计、美食和法式风味，后者的灵感来自她的导师塞巴斯蒂安·莱皮诺伊。她一丝不苟的工作、通过精致摆盘调动五种感官的想法以及对细节的重视，让《米其林指南》在2013年授予其米其林一星。2016年她在好莱坞创立了新餐厅，同样摘得米其林一星。在餐厅里，从餐具的选择、颜色的搭配、家具的摆放到菜品的装饰，设计元素无处不在。菜品充满法式风味，顾客能吃到用鲍鱼、猪肉和蘑菇做成的法式酥皮，还能品尝黄葡萄酒泡沫配大菱鱼和洋蓟泥、清蒸鸽子配芥末酱汁。菜品配有酒单，以法国葡萄酒为主。

塔特餐吧（Tate，米其林一星）

中国澳门

澳门料理——完美的融合

澳门曾被葡萄牙侵占4个世纪，在澳门可以吃到世界上最完美的融合料理。

我们说中国澳门的融合料理很“完美”，是因为当地有多种美食风格和谐交融：不止融合了葡式料理和粤菜料理，还接纳了印度、巴西、葡萄牙等地的料理，东南亚港口城市的美食也传到中国澳门，因为一些葡萄牙水手会将东南亚籍的妻子带到澳门。日积月累，澳门形成了内涵丰富的融合料理，很多美食的起源难以考据，当地人在烹饪中会用到很多在中国其他地区不常见的香料或食材，如椰肉、椰奶、肉桂、香草、咖喱、黄姜、红葡萄酒、白葡萄酒、腌鳕鱼、炸薯条、烤制糕点等。

同葡萄牙人类似，澳门人喜欢将鱼肉和鸡肉腌制后炭烤。人们用大蒜、欧芹和白葡萄酒烹饪大虾，花椰菜会被切成薄片煮成里斯本绿菜汤（caldo verde）。澳门独有的特色菜包括：非洲鸡——将鸡肉用花生、番茄、辣椒和椰蓉腌制后烹饪；免治饭（minchi）——将切碎的牛肉和猪肉与土豆、洋葱、伍斯特郡酱汁一同炒制后搭配米饭。猪扒包是一种用软面包夹一片烤猪排的三明治。酸角虾酱炖猪肉是一道兼具印度果阿邦和中国广东省特色的菜品，咖喱蟹带有马来西亚风味，而一些烹饪鱼类的酱汁则源自巴西。马介休球是一种油炸的鳕鱼球，葡萄牙人也很爱吃。品尝过上述美食之后，要来道甜点吗？您或许可以尝尝木糠布丁（香草布丁表面铺一层饼干碎）、椰奶布丁或几个蛋挞，澳门蛋挞是葡式蛋挞与广式蛋挞的完美结合。此外，澳门对葡萄酒和酒精饮料不收税，因此我们应该再喝上一杯布塞拉斯白葡萄酒（bucelas blanc）、杜奥葡萄酒（dão）、阿连特茹红葡萄酒（alentejo rouge）或上好的波尔图葡萄酒。

北麦南稻

毋庸置疑，中国的农业版图被划分为三个区域：北麦、南稻以及两者之间以水稻为主的过渡区。中国学者认为，这一局面体现了中国北方人和南方人之间的心理差异：小麦的耕种几乎可以独自完成，这符合北方人的个人主义和分析思维；而水稻的种植则需要整个社区和氏族的互助，这体现了南方人统一而全面的思想。后者与道家思想相契合，道教主要兴盛于中国南方，由此衍生出了茶艺和最好吃的料理。但中餐正如同道教的太极图，不断运动的圆盘被分为黑白两个部分，分别代表阴和阳，黑色的区域中有个白点，白色的区域中有个黑点，即阴中有阳、阳中有阴，因此在种植水稻的区域也会存在少量小麦，反之亦然。

在中国南方，处处可见大米的身影。不仅每餐都要吃一碗白米饭，而且还有粥和形状、大小各异的各种米粉。用小麦面粉做成的面条和馒头在南方的饮食中并不占据主要地位。中国北方则以发酵面食、手工拉面、饺子、包子、馒头和北京烤鸭饼为主食，它们全部由小麦面粉制作，中国西北穆斯林聚集的省份习惯吃的烤馕同样由小麦做成。但即便在北方，我们还是能吃到米饭。在这个阴阳相合的国度，没有什么是能够简单定义的。

地域美食

川菜

四川是中国西南部的一个大省，被誉为“天府之国”，
川菜的形成得益于当地肥沃的土壤和丰富的物产。

辣椒是如何从美洲经土耳其或走水路经澳门传到四川的，目前还不得而知，但辣椒在四川找到了自己的第二故乡，它与当地出产的花椒相得益彰。花椒是一种果实很小的调味料，四川人认为它的特点是能麻痹味觉。辣椒和花椒形成了川菜的麻辣口味，很多食材都用成堆的干红辣椒炒制。除了辣菜，川菜中还有甜口的菜品，以安抚受到刺激的味蕾。风味的平衡不仅在川菜中至关重要，在中国的其他菜系中也是如此：酸、麻、辣、甜、鲜、咸必须达到和谐统一。豆瓣酱便是这种和谐的集中体现。豆瓣酱由发酵的大豆制成，它被视为川菜的灵魂，可用于制作麻婆豆腐、鱼香酱汁、重庆火锅和多种当地美食。

川菜非常受欢迎。但其受欢迎的原因是否公正还有待观察：在杭州十分活跃的餐饮从业者戴建军认为，当一个人不太精通烹饪时，相比于耐心烹制精致的传统菜肴，用“花里胡哨”的辣菜吸引顾客会比较容易。人们对川菜含糊的评价并不能阻止众多有天赋的大厨制作川菜，如新加坡四川饭店（Shisen Hanten）的主厨陈建太郎（Chen Kentaro）、中国香港湾仔杏餐厅（Qi）的主厨黄春辉以及台北请客楼（The Guest House）的主厨林菊伟。林菊伟大厨对湘菜与川菜进行改良，制作出从味道到口感都超乎想象的美食。

“风味的平衡不仅在川菜中至关重要，在中国的其他菜系中也是如此。”

—

四川饭店（Shisen Hanten，米其林二星）/杏餐厅（Qi，米其林一星）/请客楼（The Guest House，米其林二星）

美食地理

中国传统的八大菜系

中国幅员辽阔，烹饪方式十分多样，不同菜系之间差异明显。古代中国人将中餐分为四大菜系，即西部的川菜、北部的鲁菜、南部的粤菜和东部的淮扬菜，此外还衍生出了在全国各地均有分布的第五大菜系——药膳。后来，中国人划分出了八大菜系，每个菜系都有其独特的地域特点。

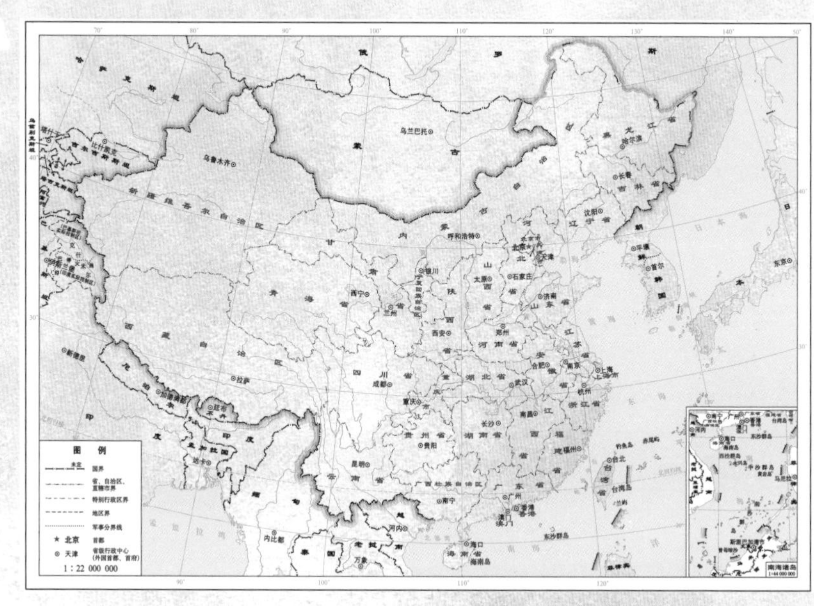

粤菜

粤菜是广东省的菜系，范围涵盖广州市、珠江三角洲（包括中国香港和中国澳门）以及潮汕地区。粤菜整体口味偏淡，较少使用辣椒，其跟随广东的侨民传遍世界各地。因此，在很多西方国家，人们会将粤菜视为“中餐”。广式点心、烧鹅、叉烧、海鲜酱和水牛乳甜品都是粤菜的典型代表，此外工夫茶也值得一提，广州人和潮州人都是工夫茶的痴迷者。

川菜和湘菜

四川省因美丽的自然风光和丰富的物产被誉为“天府之国”，川菜的特点是麻辣，用到了大量产自四川的辣椒和花椒，其中最主要的调味料是用发酵大豆制成的豆瓣酱。湘菜与川菜有些相似，但湘菜中会用到大量熏猪肉或腌猪肉，以及各式干菜和腌菜。湖南省也盛产红辣椒，使湘菜的口味偏干辣。曾说“不吃辣椒不革命”的毛泽东主席出生于湖南省，因此他说出这句话并不是出于偶然。

徽菜和苏菜

安徽是一个遍布平原和森林的神秘省份，当地人用采摘的植物、蔬菜、水果和野味制作简单的料理。相比于油炸或爆炒，徽菜更多地使用清炖或焖煮的烹饪方式，豆腐是当地最主要的食材之一。苏菜与徽菜相似，但苏菜中更多地用到河鲜和海鲜。苏菜的特点是口感鲜嫩，通过长时间慢煮来突出食物的风味。

闽菜

闽菜以福州为中心，口味清淡、香味浓郁，用浓缩高汤为食材提鲜。闽南人每餐都会喝汤。当地人爱吃包括竹笋和菌类在内的各种野菜，也爱吃中国沿海地区的海鲜。当地的饮食传统对中国台湾地区和东南亚华侨的影响很深。

“中国的各大传统菜系均出自中国南方，即使山东省的地理位置最靠北，也不能被视为真正意义上的北方。”

鲁菜

中国的各大传统菜系均出自中国南方，即使山东省的地理位置最靠北，也不能被视为真正意义上的北方。外国人对鲁菜了解不多，但它却对中国很多地区的饮食影响深远。北京将鲁菜列为八大菜系之首。醋的酸味是鲁菜最主要的特点，鲁菜中较多用到海鲜、花生以及各种在其他地区不常吃的食材，如玉米、燕麦、黑麦和高粱。相比于米饭，当地人更爱吃蒸馒头。

浙菜

浙江位于长江三角洲以南，因丰饶的物产被称作“鱼米之乡”。历史上的浙菜源自杭州皇室，因此十分精致考究，较少用到辣椒，追求精致口味与新鲜食材之间的平衡，通常配以当地出产的绿茶。菜品的香味主要来自酱油、米醋、糖和优质的绍兴黄酒，浙菜的品质无须赘述。

地域美食

潮汕菜

想要快乐地生活，就得躲藏起来，潮汕菜便是一个隐藏得很好的秘密。
理论上讲，潮汕菜属于粤菜，但与粤菜又不完全相似，
有关潮汕菜的记录不多，人们对潮汕菜的研究也很少。

潮汕菜是对华侨的饮食有着重要影响的几大菜系之一。在全世界范围内，我们都能看到潮汕菜或潮州风味的身影，尤其是在东南亚地区。潮汕人的谨慎保守，体现在他们保护潮汕菜的愿望上。

潮汕的名称来自该地区的两个重要城市——潮州和汕头（另一个重要城市是揭阳），潮汕地区位于粤东三条主要河流的入海口。潮汕在文化上更接近相邻的福建省，而不是珠江三角洲。潮汕的饮食也很有特点，既有浓郁的当地特色，又融合了外来的影响。例如，潮汕是中国少有的会在烹饪中用到罗勒、薄荷和莳萝等草本香料的地区之一。当地是牛肉火锅和牛肉粿条（在越南被称作phô）的发源地。15世纪时，潮汕地区在汕头资产阶级的影响下，开始发展肉牛产业，而在此之前，中国不是牛肉的主要消费国。

> “例如，潮汕是中国少有的会在烹饪中用到罗勒、薄荷和莳萝等草本香料的地区之一。”

海产在潮汕菜中占据了重要地位。当地人将海鲜晒干后做成高汤，再冻成冰块保存，烹饪时可用于提鲜。鱼胶、大鲍鱼、干生蚝或干贝可以卖出高价。用新鲜鱼类、海蟹和虾类制作的菜品也很多。人们习惯在宵夜时喝白粥配海鲜。白粥由大米煮成，在亚洲各国都很普及。但是，只有潮汕将白粥列入高端美食，让它加入夜晚的盛宴，人们在高级餐厅里品尝白粥，搭配各式自选小菜：生食海鲜或煮熟的海鲜、腌鱼、卤肉、鳗鱼、蔬菜……最令人惊讶的是，我们还能品尝到一道中国传统的鹅肝料理。鹅肝来自韩江三角洲小岛上饲养的一种大体型鹅，以小型贝类为食自然长大。人们用秸秆加热，将鹅肝炖熟或蒸熟，做成这道传统特色菜。韩江三角洲还盛产富含天然血红蛋白的血蛤。这种外表血腥的双壳软体动物并不是完全无害，尽管当地人喜欢配上大蒜和香菜生吃，我们还是建议您煮熟后再食用。

潮汕的另一个味觉遗产是茶，当地是工夫茶的发源地，人们会按照相关礼节饮茶。单丛茶生长于凤凰镇附近的乌岽山，是世界上最稀有、最昂贵、也最令人着迷的茶叶。潮汕人可在任意地点、任意时间饮茶，无论是在家里、在大街上还是在小商店里，任何场合都适合饮茶。一个当地的笑话体现了潮汕茶文化的普及：凤凰镇的人是怎样喝工夫茶的？走在街上，无论头转向哪里，都会有人对你说：“要和我一起喝茶吗？”

小紅魚
大紅魚
特大旺菜
泰國吊片
本港魷魚

基础技法

烹饪方式

尽管中餐的烹饪方式非常多样，用到的器皿种类却不多。在传统的家庭烹饪中，需要一个用陶土或铸铁做成的炖锅；一两个带盖的炒菜锅、锅铲、汤勺、漏勺；一个电饭锅、一把不锈钢菜刀和一个案板、一两个竹蒸笼，以上就是全部的厨房器具。

有时，会再配上一个平底锅和一个陶瓷炖盅。这些器具足以满足不同烹饪技法的需求，接下来向大家介绍几种主要的烹饪方式：

炒

食材被切成小块炒制，通常会配上大蒜和生姜。以虾仁炒面为例，炒菜需要在锅中加入少许油，然后猛火翻炒。有时会在上桌前用淀粉勾芡。

炸

将油直接倒入铁锅中加热，然后放入需要油炸的食材，如茄子、鸡翅或蘑菇，炸好后用漏勺捞出。炸过食物的油过滤后可重复使用。

蒸

在锅中倒入少量水，上方摆一个竹蒸笼，盖上蒸笼盖，把水烧开。可以用这种烹饪方式制作葱香花卷、青团、虾丸、玉米窝头、山药黑米糕等。

熬

熬是烹饪高汤的方式，需长时间文火慢煮。熬药膳时，人们会将药膳汤装入一个带盖的陶瓷炖盅内，再将炖盅放在盖有锅盖的大锅里隔水熬制。

炉烤

中国人通常用烤炉烤制禽类或肉类。按照传统，人们不会在家中烤制食物，只有餐馆和熟食店会配备大型烤炉，烤制各种用醋、米酒、麦芽糖、酱油和香料腌制的食材。但稍加练习，人们就可以自己在家烤制用酱油、果醋、糖和料酒腌制的猪肉。

炖

炖菜是将食材放入锅中，加入适量水或高汤，盖上锅盖，长时间文火慢煮的烹饪方式，例如香菇炖鸡。用酱油、糖和香料炖菜的烹饪方式被称作“红烧”。

炭烤

中国人很少在家中炭烤，但我们能在夜晚的街头看到用木炭烤制的烧烤。很多出租车司机和上夜班的人们会在街上吃烧烤。

煮

煮有多种方式：第一种是将禽类或一块肉浸入沸水中煮一小会，然后关火静置1小时，再重复上述操作数次；也可以仅让锅中食材沸腾一次，关火后盖上锅盖静置到汤汁冷却；或者让锅中食材长时间保持轻微沸腾状态。

多功能器具

炒锅

这种圆弧形的铁锅是中餐烹饪中最基础的器具

用炒锅可以煮、炒、烧、炸、炖、焙、煎、蒸和焖。盖上锅盖后，炒锅还可以被当作简易烤箱。人们用炒锅加热豆浆、制作豆腐；翻炒采摘的茶叶，以锁住叶绿素；把板栗和黑色的小石子一同倒入锅中炒制，将板栗炒熟。

炒锅分为三种：北京炒锅配有一个手柄，在炒制时可以晃动锅具；南方炒锅或广东炒锅配有两个把手，炒制时一般用金属锅铲翻搅锅中的食材。炒锅通常由碳钢制成，但最受欢迎的是手工打制的铁锅；第三种炒锅是固定式的铸铁锅，我们通常会在乡下看到这种嵌在砖石结构炉灶上的炒锅，有时一个厨房里会有两三个嵌入式的大锅，炉膛内燃烧木柴或煤炭。这种炒锅通常是家中除了茶壶，唯一的厨房器具，可满足家庭的全部需求。

炒锅在使用之前需要开锅，最有效的方式是在加热同时，用猪油和少许小葱擦拭铁锅的内壁。即使经过了上述工序，炒锅在使用后的前几个月甚至是前几年都无法达到最佳状态。中国人在搬家的时候会小心翼翼地带走自己的锅，对于他们而言，炒锅是无法割舍的物品，也是会传给下一代的东西。炒锅和厨师是不可分割的。

提到炒锅，就会说到“锅气”，炒锅的气息。这个说法更多地出现在粤菜中，它形容按照工序炒制的食物所带有的轻微烟熏味。猛火炒制时，炒锅会泛出红色。锅内的温度特别高，一些含油脂的食物甚至会在锅中燃起火焰。锅中燃烧的火焰显示着厨师娴熟的技艺。因此，适合煎烤的平底锅和不粘锅无法炒出带有锅气的菜肴。纯铁和猛火都是产生锅气的必要条件。

烧烤！

北京烤鸭 VS 广式烧鹅

北京烤鸭在中国的南北方已经流行了好几个世纪，但南北方的口味存在一些差异。在南方，鹅显然比鸭更受欢迎。广东的一些餐厅会用图片的方式向顾客说明鸭和鹅的区别。而在北方，更受欢迎的必然是鸭子。

北方和南方的烧烤步骤区别不大。北京烤鸭是北京的一种肥鸭，而广式烧鹅是广东的一种矮脚肥鹅。将禽类脱毛、去除内脏并洗净，再将臀部缝好。制作北京烤鸭需将鸭子用流水冲洗，制作广式烧鹅则需要用糖醋酱汁灌满鹅的腹腔并揉搓。人们在禽类颈部开一个口子，向内吹气，使外皮隆起、皮肉分离。处理好的禽类需悬挂静置24小时以上晾干，其间反复涂抹用酱油、麦芽糖、米酒和五香粉做成的酱汁（有时会用独家秘方的酱汁）。烤制时也要将禽类垂直悬挂，北京喜欢用开放式的烤炉，让油脂融化、外皮酥脆、肉质干燥；而广州则选择用封闭式的旋转烤炉，烤出来的烧鹅外皮不那么酥脆，但鹅肉被油脂浸透，质地非常鲜嫩。烤好的家禽整只上桌，令人愉悦。

在蹼足类家禽的烹饪上，北京和广州出现了差异。此外，自封建王朝时期以来，人们一般喜吃北京烤鸭的皮，一般会用鸭皮蘸取用发酵大豆制成的甜面酱，和大葱丝一起包裹在小麦薄煎饼里食用。而在广东，烧鹅通常与叉烧或烤乳鸽一同食用，人们还会将烧鹅切小块搭配米粉，做成东莞的特色小吃烧鹅濑粉。

若您想吃这两种烤禽料理，可以去北京的大董烤鸭店品尝烤鸭；广东到处都是烧鹅店，炳胜酒家制作的烧鹅非常有名。若要问笔者的偏好，坦率地讲，笔者爱广式烧鹅远胜于北京烤鸭。

——

炳胜酒家（Bing Sheng Mansion，米其林一星）

生姜、大蒜和芝麻对健康的益处

亚洲饮食总是与医学紧密相关。香料和植物是食谱的重要组成部分，它们有着独特的功效。

生姜出现在3000年前的亚洲，有着堪称神奇的特性：提神、排毒、滋补、助消化、灭菌……它甚至能缓解乘车时的眩晕和恶心症状。它本身充满活力的风味可以刺激味蕾，辛辣的味道也可以唤醒感官和味觉。生姜和黄姜、豆蔻同属姜科，无论是切碎还是切块、煮成汁还是磨成粉，熬成汤还是腌成洋姜，都是烹饪中必不可少的香料调味品。生姜去皮切片后，配上洋葱、大蒜、新鲜红辣椒、酱油、米醋、糖和九层塔，可以制作台湾名菜三杯鸡。

中国的酥心糖和烧饼表面都会撒一层芝麻，我们经常会忘记芝麻的作用不仅是装饰。芝麻是胡麻科的一种油料作物，通常将其炒制成浅褐色后再食用，它带有坚果的香气。在很多地区，人们会将芝麻碾碎，制成芝麻酱或芝麻糖。从健康的角度看，芝麻有很多功效。除了可以促进消化，它还有防止痉挛、安神、利尿、抗氧化和护肝的作用。在中国，人们通常用芝麻榨油或制作酱汁，整粒的芝麻可以搭配豆腐烹饪菜肴。制作芝麻豆腐时无须额外倒油，只要先将豆腐块裹上一层面粉和蛋液，再撒一层芝麻后煎烤。

如果您不爱吃大蒜，您需要避开亚洲的一些特色酱汁。切碎的蒜末可以对抗多种疾病，并且有很多功效：杀菌、降低胆固醇、消炎、抗氧化、抗过敏……它在预防胃癌方面的作用得到了广泛认可。想要达到上述功效，必须生吃大蒜，因为大蒜是通过释放果实中的酶实现保健功能的。味道浓郁的大蒜与洋葱、分葱和小葱同属一个家族，因此它总是与葱搭配在一起，葱带有轻微的大蒜味，是亚洲料理中的另一个明星食材。中国人也很喜欢吃青蒜，他们会制作用酱油调味的青蒜炒腊肉。

中餐的五味

法国人认为味道有咸、甜、苦、酸四种，但并不是全世界的人民都认可这一点。比如在中国，口味被分为五种，它们分别与金、木、水、火、土五种元素相对应，这五种元素的理论涵盖了包括医学、烹饪等多个学科在内的庞大哲学体系，五种元素相互关联，构成了中国的生活艺术。

每种味道都与一个器官及其依赖的能量经脉紧密相关。味道可以是阴，也可以是阳。口味的调和决定了饮食的平衡，也体现了料理的健康与否。相比于食材的化学成分，中国的营养学更多地建立在能量和感官的基础上。因此，甘甜的味道为阳，与脾脏和土元素相关；咸味为阴，与肾脏和水元素相关；苦味为阴，与心脏和火元素相关；酸味为阴，与肝脏和木元素相关；辛辣为阳，与肺和金元素相关。上述分类方式催生了令人着迷的药膳技艺，对中国饮食产生了深远而复杂的影响，但它并没能压制住人们贪食的本性。

有趣的是，这五种基本的口味分别对应着五个地区的饮食。清淡口味的烹饪方式较少用到辣椒，多为甜口，对应中国东南部的饮食，涵盖粤菜、潮州菜、闽菜和长江三角洲地区的料理；咸味对应鲁菜和中国北方的饮食，当地居民会食用大量海鲜，并常用盐腌制食物；酸味是中国南方和山西省的特色，当地偏爱醋的味道；辣味对应西南部的饮食，包括大量使用辣椒和花椒的川菜和湘菜；苦味与任何一个地区的饮食都没有直接关联，它与历史悠久的药膳联系更紧密，范围涵盖整个中国。

主厨履历

陈伟强

从后进生到星级主厨

奢华的君品酒店地处台北市中心，酒店的颐宫中餐厅（Le Palais）位于17层，是2018年台湾唯一的米其林三星餐厅。这一切要归功于主厨陈伟强。陈伟强生于香港，20年前从澳门移居台湾。现年57岁的陈伟强总说自己曾是一个后进生，但如今他管理着君品酒店的两家餐厅：配有开放式厨房、以烧烤为特色的云轩西餐厅（La Rôtisserie），以及主要供应主厨擅长的高端特色菜品的颐宫中餐厅。在有代表性的菜品中，我们首先要向您介绍广式点心，其中鸡肉点心、鲍鱼点心和萝卜酥是我们最推荐的菜品。主厨制作的黑椒牛肉、胡椒猪肉、烤乳猪和清酒炖鸡也不容错过。海鲜料理包括新鲜鲍鱼、龙虾、海蟹和大虾，各种新鲜蔬菜也有一席之地，如蒜香菠菜、香菇菜心等。这家餐厅的魅力在于，餐厅不仅融合了时尚、现代和传统的装饰，还能够提供多样的菜肴。中餐博大精深，我们可以吃到任何符合我们意愿和心情的菜品。

颐宫中餐厅（Le Palais，米其林三星）

北京特色饮品：酸梅汤

夏季中国各地普遍高温，人口密集的北京尤其炎热。北京人找到了驱散暑气的秘方——酸梅汤。北京的很多药店都会生产和销售这种传统饮品，我们也能买到以工业化方式大批量生产的酸梅汤。它的制作方法如下：将少量乌梅（干熏李子）、少许切碎的甘草根、两把山楂、少许木芙蓉洗净，也可再加入少许陈皮。倒入大量水，将所有食材浸泡1小时后煮沸，盖上锅盖，保持轻微沸腾状态继续煮1小时。之后加入几块冰糖，若想让酸梅汤的味道更香甜，可加入一大把桂花。关火，盖上锅盖静置10分钟，让冰糖溶解。过滤装瓶，放入冰箱冷藏保存。酸梅汤适合冰饮，可以解暑、帮助肠胃蠕动、提神醒脑。更棒的是，酸梅汤口味柔和，果香浓郁，略带酒味，非常可口。

浙菜

食物的本味

浙江位于上海以南，是一个多山的沿海省份，浙菜是中国传统的八大菜系之一，其自身也分为好几种流派。第一种是以淡水鱼、鸡肉料理和黄酒闻名的绍兴菜，绍兴黄酒在中餐烹饪中的应用非常广泛，味道类似坚果气息浓厚的陈年雪莉酒；第二种是擅于制作海鲜和糕点的宁波菜；第三种是最著名的杭州菜，杭州在1127—1279年是南宋的国都。杭州菜吸收了皇室料理的精髓，既复杂，又钟情于简单纯粹的味道。它的精巧与口味的和谐不得不让人联想起传统的法式料理和日本料理。

杭州高水准的传统料理首先要归功于当地的优质食材。杭州距离擅于制作烧腊的广东和香料品种繁多的四川非常遥远，当地口味更加清淡而细腻，推崇保留食材的原汁原味。浙菜就是建立在

> “杭州高水准的传统料理首先要归功于当地的优质食材。”

所谓的“本味”基础之上。菜品的味道十分精致，引人回味，多用文火慢炖方法制成，调味料用得很少，只有酱油、醋、糖和黄酒。代表菜品有清蒸鲈鱼、龙井虾仁、鱼圆汤、西湖醋鱼、老鸭汤、八宝饭、竹笋等，不一而足。当地特色包括常被当作配菜的金华火腿、风干鸭、红烧肉、大闸蟹、桂花糖和优质龙井茶。浙菜的代表人物有杭州的戴建军，他参照古籍，用购于当地小农户的纯有机食材研制菜谱。

清蒸料理

广式点心

首先我们需要消除一些对广式点心的误解。点心不只是一些“用蒸笼装着的小吃”。尽管很多点心都是蒸着吃的，但并非所有点心都是如此。

在粤语中，“点心”的字面意思是“触动心脏”，形容人们吃到各种煮、蒸、炸、炖、煨或烤的美食时的心情。点心是一个烹饪门类，也是珠三角地区的特产，如今它已传遍世界各地，只是品质良莠不齐。在点心的发源地广东省，人们通常在早上吃点心，搭配茶水，以普洱茶为主。当地人将吃点心称作“饮茶”。

点心是一门艺术，是广东丰盛早餐的组成部分，每到周末，早上五六点，大酒店里就挤满了吃点心的顾客，等到了11点，就没剩什么可吃的了。客人们刚在圆桌前就座，店家便会立刻送来早茶的主角——陶瓷茶壶。客人们先点好各自要喝的粥，然后便前往自助区，一个个小碟子中盛着叉烧包、鲜虾吐司、烧鱼皮、蒸凤爪、荷叶蒸饭……种类繁多。甜味点心通常是油炸或烘烤制成，会配着其他菜品一起吃，而不是留到餐后，包括蛋挞、榴梿酥等，它们通常和咸味的糕点或油炸小吃摆在一起，如萝卜糕、芋头炸猪肉、炸鲜虾云吞等。清蒸点心被放在带有大蒸笼的推车上，在整个大厅中来回巡游。顾客会直接用手指着点心下单：一份这个、两份那个。蒸点心包括用猪肉和虾仁做成的虾饺、烧卖、春卷、豆豉蒸排骨，以及质地轻盈绵软、源自马来西亚的马拉糕。制作马拉糕时加入少许酱油能产生焦糖的香气。广式点心也可以跻身高端美食的行列，代表性的餐厅有香港的添好运餐厅（Tim Ho Wan），餐厅制作的二十余道点心都非常美味。

“点心是一门艺术，是广东丰盛早餐的组成部分。”

——

添好运餐厅（Tim Ho Wan，米其林一星）

大澳的虾膏

大澳位于香港新界大屿山岛，是一个小渔村，人口以客家人为主。客家人主要居住在中国的南部沿海地区，被称作“海上的吉卜赛人”。在历史上，这个小渔港曾是走私货、非法移民甚至海盗的聚集地。当地的很多房屋一半建在陆地上，另一半建在海水中的木桩上，岛上还有着壮美的日落，很多景观都值得被印成明信片。一些人还会乘船出海观赏白海豚，这使得当地成为越来越热门的旅游目的地。

然而，大澳最能吸引游客的特色是美食。那里有着世代相传的秘方，能做出粤菜常用的最好吃的腌虾膏。直到不久之前，整个村子的各个角落都能闻到虾膏的特殊气味。这是因为每年6—10月是大澳的磷虾捕捞季，海里到处都是磷虾。但在香港管辖的水域中禁止进行捕捞活动，因此渔民们要前往离陆地更远的地方。捕捞活动通常在夜间进行，大量小型海洋生物会在夜里浮到海面，磷虾捕获后被装入桶中，再用盐盖住。接下来是3～4天的腌制，然后用石磨将磷虾碾碎，再晒1个月风干。虾膏的制作过程漫长而细致，需要娴熟的技术。做好的浅灰色虾膏被压成小块，装在罐子里售卖。虾膏浓缩了海洋的风味，用少许大蒜和一小块虾膏炒青菜，配上米饭，就是一顿盛宴。

尽管大澳的特产令人垂涎，但这个小渔村及其虾膏产业也面临着风险。20世纪60年代，当地尚有十余家制作虾膏的工厂，如今只剩李胜和郑祥兴两家。虽然虾膏的制作工艺已被列入香港非物质文化遗产名录，但它在大澳的发展前景仍充满了不确定性。因此，下次您去大澳时，要多买些这种珍贵的调味品。

华侨的饮食

通过研究华侨的饮食我们便能够理解，
为何在西方国家，人们一直以来都将中餐与广东菜画等号，
因为大多数移居海外的华人都来自中国的东南沿海地区。

早在中世纪，来自福建的商人们便开始在马来西亚、印度尼西亚和菲律宾定居。通过他们与当地原住民的不断交融，产生了如今在马来西亚和新加坡仍然盛行的独特烹饪文化——娘惹料理或土生华人料理，这是融合料理的一个典型代表，香料在其中占据了重要地位。

第二批移居海外的华人与当地文化融合较少，因为这一波移民潮的产生不是出于贸易需要，而是因为政治动荡。19世纪中叶，很多广州人和潮州人离开广东，前往东南亚、北美或欧洲定居。他们保留了故乡的烹饪方式，我们在美国和加拿大的唐人街吃到的便是这种料理。无论在世界任何国家，他们的饮食都在地道广式料理和适应当地人口味的改良料理之间摇摆。美国因此诞生了一些在亚洲很少见、甚至根本不存在的“中国菜”，如炒杂碎、蛋福永、左宗棠鸡等。

长期以来，法国的中餐厅同时也是越南餐厅、柬埔寨餐厅或“泰国餐厅”（其实是老挝餐厅），这说明了一个现象：很多已在东南亚生活了几代的华人家庭，将中餐和当地美食一起带到了法国。20世纪70年代至80年代，大批船民来到法国，他们带来的新菜式融入了此前的法式中餐。20世纪90年代末香港回归，很多香港家庭来到英国开餐厅。然而，20世纪初首次传入法国的中餐和广东菜毫无关联。第一批在巴黎工艺技术学院街区（Arts-et-Métiers）的中国城定居的中国人来自浙江沿海的温州市。

凱旋酒家
RESTAURANT 凱旋 VICTORIA
RESTAURANT
VICTORIA
CHINOIS ET VIETNAMIEN
CUISINE A LA VAPEUR
SPECIALITES THAILANDAISES CHINOISES - DIM-SUM
SPECIALITES VIETNAMIENNES FONDUE - SOUPE PHO
PHO 88

WON KOW
環球大酒樓
Chinese RESTAURANT COCKTAILS
球 WON KOW 環
CHINATOWN PARKING
CHINATOWN
WON KOW

潤豐 參茸海味藥材有限公司
123
Run Feng Trading Inc.
121
麗心餅屋
125 Manna House Bakery 125

筷子的起源

全世界有30%的人口用筷子吃饭，筷子的使用是一门艺术！

“中国人每年要用掉数百亿双筷子。”

在中国，拿筷子必须手持筷子的中段，拿得过高会显得傲慢，拿得过低又不够优雅。方向也不能拿错，方形一端朝上，用于抓取食物的圆形或尖头一端朝下。所有食物在上桌前都已切好，关于筷子的起源有几种不同的说法。据说在公元前2000年的夏朝，因治水闻名的大禹从树枝上折下两根木棍，迫不及待地从滚烫的肉汤中夹取肉块，也有人说在公元前11世纪，姜子牙在一只鸟的建议下，将两根小竹棍浸入汤汁中，竹棍随后开始冒烟，表明他丑陋的妻子在汤中下了毒。还有一种说法是，公元前11世纪，美丽的宠妃妲己用两根从头上取下的发簪夹取菜肴品尝，并因此迷倒了商纣王。无论筷子是如何起源的，如今所有人都在使用它。中国人每年要用掉数百亿双筷子。在一个商代（公元前1600年至前1046年）考古遗址中出土的筷子是用金属制成的。在历史上，人们主要用生长速度很快的竹子制作筷子。富人们则会使用由青铜、黄铜、珊瑚、玉、象牙、金子或白银制成的筷子，之后又出现了陶瓷筷子。如今一次性的木制或塑料筷子是明星产品，但它们也导致了严重的生态和环境问题，这已经引起当地政府重视。

品种丰富的大米

大米的历史可追溯至公元前2500年。大米最早的主要种植区包括中国、印度和斯里兰卡，之后逐渐传到欧洲及美洲等地。

大米的用途广泛，可在各种气候和环境下生长。因此大米有很多品种。每种大米在质地、香气和口味上都有自己的特点。亚洲的大米品种包括印度香米（Basmati），主要种植于巴基斯坦、印度和喜马拉雅山脉，其中印度的印度香米产量接近全球供应量的⅔。印度香米的米粒呈长条形，有着独特的香气，且香味能在收割后持续近1年的时间。圆粒的糯米通常用来蒸，口感较黏的日本圆粒大米则是另一个品种，通常用来做寿司。黑米又被称作“贡米”，是一种产自中国的大米。在非洲高原和喜马拉雅山的山麓上生长着红米，这是一种糙米，生红米带有轻微的燕麦气味。法国卡马尔格也生长着一种红米，自然和自发性的基因突变导致大米的外壳颜色发生变化。在意大利，人们用颗粒长而饱满的艾伯瑞欧（arborio）大米制作意式烩饭。在西班牙，短颗粒的珍珠形庞巴米（Bomba）是制作海鲜饭的理想大米品种。糙米其实是一种全谷粒米，仅进行了脱壳处理。它保留了稻谷大部分的维生素，被公认为有助消化的功效。糙米所需的烹饪时间比普通大米更长，需要事先浸泡。长粒米的白色长条形米粒在煮熟后不会互相粘连，可用于制作米饭沙拉或酱汁香料拌米饭。

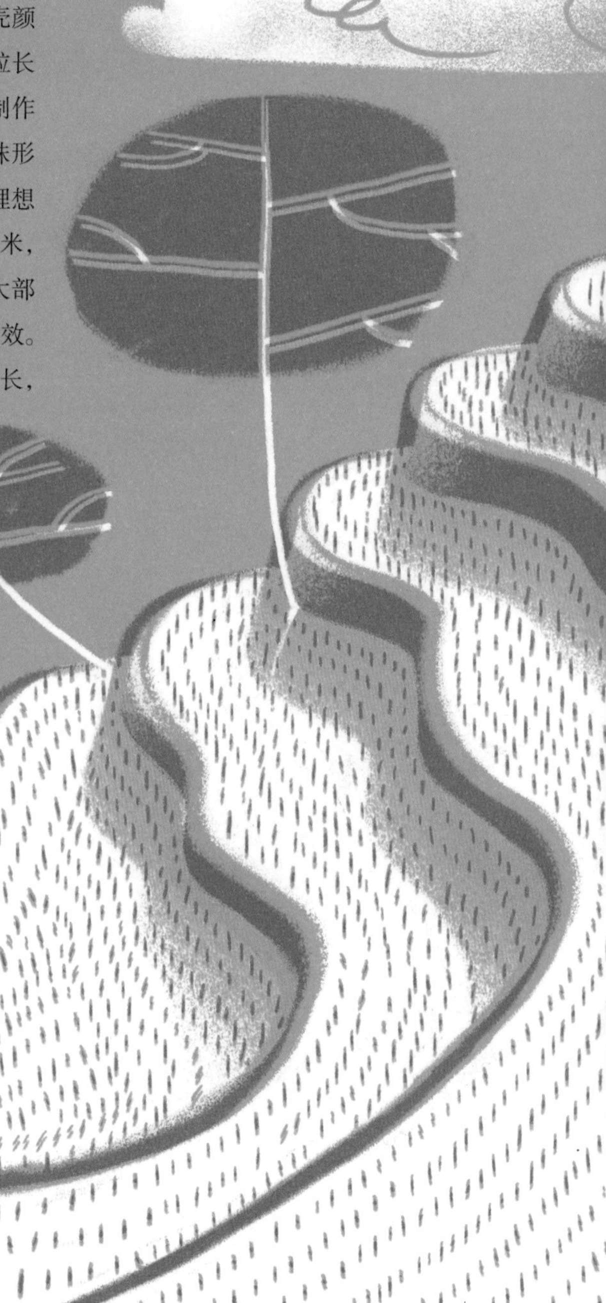

世界各地的胡椒

胡椒作物原产于印度西南部的喀拉拉邦。它是一种攀缘在其他树木上的藤本植物，品种包括黑胡椒、长胡椒、野胡椒等。

胡椒在不同阶段收获，可以得到绿胡椒、白胡椒、红胡椒、黑胡椒。胡椒入口的味道和刺激程度不仅取决于它的成熟度，也取决于产地。亚洲有很多胡椒品种，包括在婆罗洲北部纯手工种植采摘的砂拉越胡椒（Sarawak）。砂拉越胡椒被认为是世界上极好的胡椒之一，贡布胡椒（Kampot）也是一个品质上乘的胡椒品种。贡布胡椒生长于柬埔寨，口味柔和，香气浓郁，已经取得地理保护标志（IGP）。爪哇胡椒（Java）的特别之处在于胡椒粒较长，它在越南平阳省也有种植。人们一般会将爪哇胡椒磨碎后再食用。苏门答腊岛的楠榜胡椒（Lampong）是刺激性较强的胡椒之一，其香气的持续时间非常久。它的味道接近于喀拉拉邦的马拉巴尔胡椒（Malabar），味道强劲浓烈。印度生长着几个最古老的胡椒品种。卡里蒙迪胡椒（Karimundi）的果实较小，带有褶皱，入口时的辛辣感非常强烈。非洲也有几种美味的胡椒，马达加斯加岛上生长着一种名叫“沃西佩费里”（Voatsyperifery）的野生胡椒。它的果实生长在离地面20米的森林中，需要手工采摘。它的味道柔和而精致，带有出人意料的柑橘花朵香。在喀麦隆的火山斜坡上，彭贾胡椒（Penja）因其果香味和辛辣的味道而闻名，并已取得IGP认证。在哥伦比亚，人们种植带有甜香味道的普图马约胡椒（Putumayo）。这种胡椒不能高温烹饪，想要品尝它的细腻味道，需要在菜品上桌时将其撒在菜品表面。

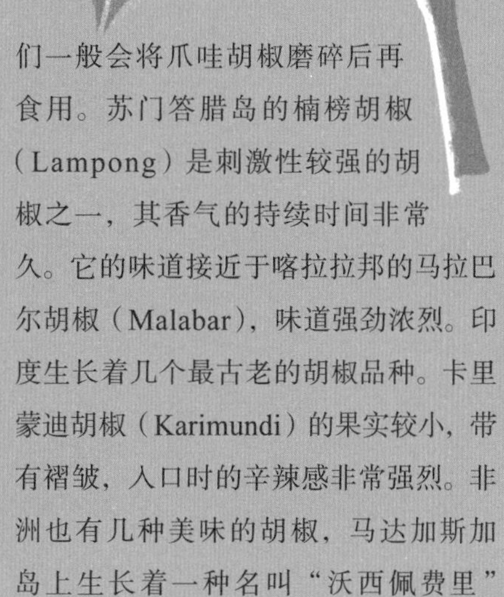

M

新加坡

Singapour

新加坡

从5美元到500美元的料理

新加坡总人口约550万，是一个由移民组成的国家。
大多数居民来自中国，也有很多来自马来西亚、印度或其他少数族群。

新加坡的早餐是美食融合的例证，代表性的早餐是黄油吐司，吐司表面涂着椰子酱，当地人称其为咖椰酱（kaya）。人们会用它搭配用碟子盛放的溏心蛋和香浓的红茶。

在新加坡，全天任何时候都可以进食。中国风味的鸡饭已成为新加坡的代表性美食。街头小贩（hawker）的香港油鸡饭面（Hong Kong Soya Sauce Chicken Rice & Noodle）已摘得米其林一星。“Hawker”是一种大众餐厅，这里的食物都装在塑料碗里，几美元就能吃一顿饭。辣椒螃蟹（chili crab）也是新加坡的一道国菜，您既可以在海边的餐厅吃到它，也可以在购物中心的地下层品尝。购物中心地下层还会售卖日式烧鸟串、意大利比萨、印尼炒饭（nasi goreng）以及法式小酒馆的小吃。

美食广场（food court）是新加坡的一大特色，不同风味在这里汇聚一堂。最古老的老巴刹（Lau Pa Sat）美食广场供应品类丰富的亚洲美食，从日本料理、巴基斯坦美食到越南菜或泰国菜应有尽有。土生华人料理（peranakan）是这座城邦的特色，由几个世纪以前来到新加坡经商的中国商人后代创造。土生华人料理受到了中国、马来西亚和欧洲的影响，十分精致，咖喱鱼头是其代表菜品之一。

然而，对美食做出最佳诠释的餐厅位于摩天大楼的顶端，多位世界顶级的新加坡星级主厨都在顶楼的餐厅工作，包括欧黛特餐厅（Odette）的朱利安·罗杰（Julien Royer）、瓦库金餐厅（Waku Ghin）的久田哲也（Tetsuya Wakuda）和四川饭店（Shisen Hanten）的陈建太郎（Chen Kentaro）。

—

欧黛特餐厅（Odette，米其林二星）/瓦库金餐厅（Waku Ghin，米其林二星）/四川饭店（Shisen Hanten，米其林二星）

黑果——从毒药到珍宝

中国古代移民来到马来半岛，与当地居民通婚，土生华人（娘惹族群）由此产生。土生华人在新加坡有着很大的影响力，他们保留了自己的文化和传统，也通过多种形式渗透着当地饮食。黑果（Buah keluak）是土生华人料理中的一个主要食材，这种黑色的坚果是东南亚一种红树林树种的果实，对人体有着很大的毒性。

因此，我们必须要将黑果的毒性消除。人们将其洗净煮沸，然后在草木灰和芭蕉叶中掩埋40天，之后才能食用。烹饪后，它黑色的果肉能够产生一种独特而强烈的苦味。它被誉为"土生华人的鱼子酱"，通常与鸡肉搭配，制成特色菜——黑果鸡（ayam buah keluak）。

观察员评论

黑果鸡是我最喜欢的一道土生华人菜。吃鸡肉前，我建议您将黑果壳中的果实去除，这样鸡肉的味道便与血肠类似。

椰浆饭（nasi lemak）

新加坡与马来西亚之间仅相隔一道柔佛海峡。因此我们不难发现，马来西亚的饮食对新加坡有着很深的影响。新加坡既是一座城市，也是一个岛屿，其面积和纽约差不多。新加坡吸纳了很多国家的饮食，构成了自己独特的美食传统。

新加坡的饮食非常多样，包括起源于印度尼西亚，由米饭、肉或鱼、酱汁和腌制的蔬菜制成的巴东饭（nasi padang）；从泰国传入的羊肉料理苏卡宾（sup kambing）；以及起源于马来西亚的椰浆饭。人们通常喜欢在午饭或晚饭时品尝用肉和蔬菜制成的印尼炒饭，而早餐时人们更愿意吃椰浆饭。

传统的椰浆饭被盛放在芭蕉叶中，由米饭、辣酱、黄瓜、凤尾鱼干和烤花生组成。有时人们还会在米饭上面放一个煮熟的鸡蛋。椰浆饭的特色在于米饭的烹饪方式，首先需将大米漂洗数次，再用椰奶煮熟，这种做法让米饭的甜度很高。人们会在米饭中加入少许切碎的露兜树叶，露兜树是介于棕榈和丝兰之间的一个树种。之后再加入少许香茅、一小撮盐和适量生姜。此外，凤尾鱼需要在平底锅中用油煎至金黄。煎好后，加入切碎的洋葱、大蒜、生姜和干辣椒调味。之后继续加热，制成酱汁。上桌时，您无须将食材混在一起。将凤尾鱼酱汁和做好的米饭分别放在芭蕉叶上，周围摆放能带来清新口感、缓解酱汁辣度的黄瓜片，以及花生和煮熟的鸡蛋。椰子俱乐部（Coconut Club）是新加坡较好的椰浆饭餐厅之一。正如餐厅名字所表达的那样，这里的大多数菜品都与椰子有关，且全部源于马来西亚。

捞起（Lo Hei）

好运连连、财运亨通、永葆青春、升职加薪……
想要实现这些美好的期望，只需在农历新年期间品尝“捞起”。

据说这道鱼生料理由广东沿海的渔民家庭创作，他们用新年第七天的渔获制作“捞起”，以庆祝新年的到来。19世纪，英国人开始在新加坡定居。当时，很多华人看准商机，来到新加坡，一些移民家庭带来了“捞起”的食谱。

1964年，4名来自中国的厨师开始在新加坡创业。他们决定利用集体的智慧，对“捞起”进行改良。他们这么做的目的是让这一传统重新流行起来，增加餐厅在春节期间的客流量。他们创作出一种融合了酸、咸、甜、苦的菜谱，菜品色彩丰富、香味浓郁，带有美好的寓意。

大厨们还选取了一些在中国传说中具有特殊象征意义的食材。改良后的“捞起”获得了巨大的成功。1974年，被誉为“四大天王”的4位厨师在一个停车场的顶层开设了一家餐厅。四十多年过去，餐厅没有丝毫改变。在这里，除了好吃的广式点心，人们还可以随时品尝到“捞起”。在这道凉拌料理中，大厨将生鱼片和海蜇放在由十二种蔬菜水果组成的配菜上，包括葡萄柚、芋头、李子、青萝卜、白萝卜、黄瓜、蜜瓜等，表面淋上一层用芝麻、肉桂、花生油、柠檬、葵花籽油做成的酱汁。“捞起”是新加坡料理中的传统菜之一，现已传遍世界各地。

加东叻沙
（Katong Laksa）

新加坡有着人口众多的华人群体、马来群体和印度群体，因此可供选择的美食种类很多，从中选出一道国菜是件困难的事情。但是，若想选出一道让所有人心服口服的代表性料理，加东叻沙的胜算很大。

叻沙不是烹饪的技法，而是菜品的类型。这是一种加入了椰奶的汤面，配以鸡肉、鱼肉或虾。它起源于中国，在马来西亚、印度尼西亚和泰国南部的土生华人群体中得到发展。椰浆叻沙（laksa lemak）的椰香浓郁，非常辛辣；而加东叻沙则是椰浆叻沙在新加坡加东区的改良版本。

加东叻沙食谱

1. 叻沙的食谱并不复杂，但配料需要精准。首先要准备好新鲜的椰奶：用纱布包裹2千克新鲜椰肉，挤出质地浓稠的椰奶。接下来将挤过汁的椰肉浸泡在2升水中，再用纱布榨取较稀的液态椰奶。将两种椰奶分开放置备用。

2. 制作香料酱（rempah）：将2根手指大小的黄姜、2块高良姜、约20个干红辣椒、2汤匙虾酱（belachan）、7个开米利果仁（kemiri，可用澳洲坚果代替）、400克小洋葱头、6根香茅和1汤匙香菜粉混合后仔细碾碎。再将60克干虾米浸泡30分钟，沥干水分后打成细腻的虾粉，泡虾米的水放好备用。

3. 将250毫升花生油倒入炒锅中加热，加入香料酱，小火煎炒约45分钟，其间不时搅拌。加入虾粉和少许泡虾米的水，继续耐心用小火加热。当香料酱煎至金黄，炒出香味，一匙一匙地加入一半的浓稠椰奶，随后加入4枝叻沙草（越南语为“rau ram”）和液态椰奶。继续小火加热30分钟，其间不时搅拌，加盐调味，加入剩余的浓稠椰奶。关火，倒入装有熟米粉的碗中。加入配菜：刚煮好的去皮大虾、黄豆芽、切碎的黄瓜和叻沙叶、鱼酱。再配上新鲜的辣椒圈，有些人会省掉这一步。

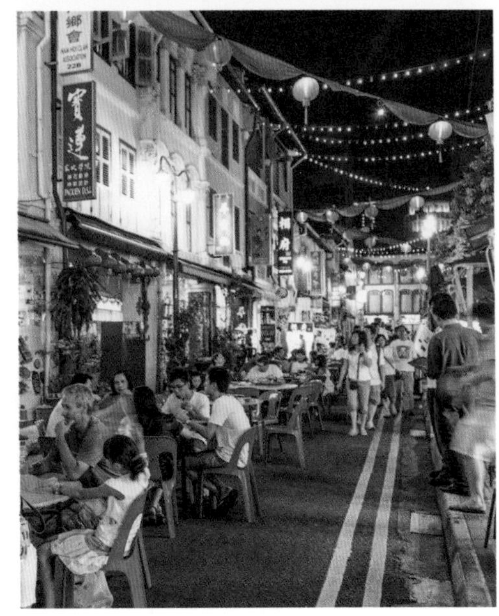

煮炒（zi char）——让铁锅燃烧起来

在新加坡若想品尝街头小吃，可选的去处很多：聚集着各类餐厅的小贩中心（hawker centers）、夜市、专门制作辣椒螃蟹、胡椒螃蟹或叻沙的特色餐厅，以及可以在吧台上品尝马来咖啡（kopi）、代表性早餐咖椰吐司（kaya）和荷包蛋的大型咖啡馆——传统咖啡屋（kopitiam）。

就像俄罗斯套娃一样，传统咖啡屋还涵盖了另一种类型的餐厅——煮炒餐厅（tze char），也可被写成"zi char"或"cze char"。它的名称来自闽南语，意思是"煮菜和炒菜"。人们想不出更好的名称去形容它。煮炒餐厅的价格比小贩中心贵，但比正式的中餐馆便宜，主要制作马来西亚土生华人的菜品，餐厅菜品的分量很足，氛围火热，热腾腾的炒锅里装满了面条、蔬菜、鸡肉、猪肉、蘑菇、鱼和海鲜，再加入蚝油、虾酱、大蒜和生姜，炒得噼啪作响。毫无疑问，用这种方式炒出的菜品"锅气"十足，只有通过正确方式用热锅炒制的食材才能带有这种特殊的烟熏味。菜肴种类繁多，其中有一些不容错过的经典菜品：虾酱炒鸡、咖喱鱼头、清蒸鱼头、香料炒鳐鱼、香煎豆腐、辣椒炒蟹、牛肉或大虾米线……很多煮炒餐厅都有自己的独家特色，人们会专程从很远的地方赶来品尝。所有元素组合在一起，构成了让人愉悦的美食感受，对于食客而言它是一个了解马来西亚土生华人菜的好机会，其中也融入了些许欧洲风味。新加坡的魅力正在于此……

"它的名称来自闽南语，意思是'煮菜和炒菜'。人们想不出更好的名称去形容它。"

海南鸡饭

在19世纪的新加坡移民潮中，有一部分移民来自中国东南沿海的海南岛。他们从船上的厨师那里学习了一些国际通行的西式烹饪技法，也将文昌鸡的做法带到新加坡，文昌鸡是海南人以广式白斩鸡为基础制作的改良版本。海南鸡饭经过不断衍化，形成了标准化的食谱，已成为新加坡的代表菜品之一。您可以在位于新加坡的了凡香港油鸡饭面（Liao Fan Hong Kong Soya Sauce Chicken Rice & Noodle）吃到最棒的海南鸡饭，也可以按照以下食谱，自己制作一份简单的海南鸡饭。

海南鸡饭食谱

1. 取一只高品质的农场散养鸡（推荐使用郎德黄鸡），去除内脏，不要捆扎。取一大把生姜，用小茶匙刮去皮，纵向切片。一把葱洗净理好，10个大蒜瓣去皮。用刀将葱切成葱花，往葱花中加入少许食用油，放入冰箱冷藏保存。用盐在鸡表面揉搓，然后内外冲洗干净。将鸡浸入一锅沸水，水位需没过鸡。继续加热保持沸腾2分钟，随后将鸡沥干水分，再用冷水冲洗。在鸡腹中塞入少许生姜。再次将水煮开，将鸡浸入其中。加盐、大蒜和剩余的生姜。盖上锅盖，保持微微冒泡但不要沸腾的状态（80℃～90℃），小火加热30分钟。在此期间将米淘洗2次，用漏网过滤。准备调味料：蒜蓉辣椒酱与少许酱油、姜末、小洋葱碎、少许食用油混合，再准备少许新鲜的青椒圈、几片黄瓜和番茄。关火，让鸡在锅中继续静置30分钟，不要打开锅盖。
2. 静置满30分钟后，将鸡的水分沥干，放在盘中。用鸡汤煮米饭。装盘时，趁热将鸡切块，表面淋一层葱花和食用油的混合物。搭配米饭、调味料和鸡汤食用。剩余的美味鸡汤请不要丢弃，下次制作鸡饭时还可使用。

—

了凡香港油鸡饭面（Liao Fan Hong Kong Soya Sauce Chicken Rice & Noodle，米其林一星）

榴梿——臭气熏天的水果

榴梿气味强烈，因此在新加坡乘坐公共交通和入住酒店时禁止携带榴梿。森林里的野兽能在1000米外闻到榴梿的气味。榴梿花朵的授粉工作是由蝙蝠完成的。

榴梿是榴梿树的果实，可重达5千克。它的外壳很厚，呈木质手感，带有坚硬的刺，外壳里是奶油质地的淡黄色果肉。在东南亚地区乃至中国，榴梿得到了很多人的喜爱。人们要么讨厌它，要么钟爱它。根据品种的不同，它的气味或浓或淡，其中可食用的榴梿约有30种，所有榴梿都是无毒的。以下是部分常被拿来形容榴梿气味的物品：罗克福奶酪、臭袜子、松节油、腐肉、臭鼬、杧果、菠萝、烤杏仁、焦糖、腐烂的洋葱、雪莉酒、麝香，甚至其他更恶心的东西。但是，习惯了它的气味之后就会更容易接受它，甚至逐渐产生奇怪的迷恋。人们慢慢喜欢上榴梿，柔软醇厚的果肉在口中的味道并没有闻上去刺鼻。泰国人更爱吃外壳泛绿色的榴梿，口感更爽脆，味道也更柔和；而马来人和新加坡人无所畏惧，他们就喜欢肉质绵软、味道浓郁的榴梿，难闻的气味简直要把苍蝇都熏倒。

有趣的是，榴梿做成点心、冰激凌或其他甜品后，味道相比于新鲜时就不那么有攻击性了，因此有更多人喜欢。中国广东的炳胜酒家制作的榴梿酥能让那些顽固分子转变阵营，柔滑的榴梿酱是异国水果和奶酪香气的完美结合。

炳胜酒家（Bing Sheng Mansion，米其林一星）

街头小吃

获得米其林星级的街头小吃

新加坡的美食非常多样而精致，因此并不只有高档餐厅才能得到《米其林指南》的一星或多星嘉奖。街头的小馆子或小吃摊也能摘得米其林星级，这也促使新加坡在2020年向联合国教科文组织申请将小贩（hawker）文化列入世界文化遗产。

大华肉脞面（Hill Street Tai Hwa Pork Noodle）与了凡香港油鸡饭面（Liao Fan Hong Kong Soya Sauce Chicken Rice & Noodle）都属于价格低廉的街边小馆，它们彰显着新加坡美食的多样性与品质。大华肉脞面创立于20世纪30年代，创始人是董允潮，餐厅曾多次搬迁，2005年搬至现在位于克劳福德巷的地址。它是新加坡成千上万个街头小摊之一，于2016年摘得米其林一星。餐厅仍由创始家族经营，最有名的菜品是黑米醋面条，配上辣椒酱和猪肉末，放在塑料托盘上，顾客需端着菜品自行寻找一个空座用餐。了凡香港油鸡饭面被视为全世界最便宜的米其林星级餐厅，这是一个位于有顶市场中的小摊，市场总共有超过700个摊位，其中近200个是小吃摊。您需要耐心等待，才能拿到由年近花甲的主厨陈翰铭搭配的菜单。陈翰铭每天要制作150～180份油鸡，搭配米饭、辣椒酱、姜泥或熏猪肉食用。餐厅取得成功后，厨师又开设了一家名为“了凡陈小贩”（Liao Fan Hawker Chan）的餐厅，专门供应著名的叉烧和鸡饭。

大华肉脞面（Hill Street Tai Hwa Pork Noodle，米其林一星）/了凡香港油鸡饭面（Liao Fan Hong Kong Soya Sauce Chicken Rice & Noodle，米其林一星）

STREET
PARK
Location no:
D21
CBD
60¢
Koi, Kei
Bakery
Macao
风波庄酒家
Chinese Food
금강원
黄耀南药行
老杨记湖南菜
Spa
SKH7021X
SHC217G

达米歇尔餐厅（Da Michele）——意大利那不勒斯

餐厅的装饰非常简单，菜品的味道才是核心。餐厅只供应两种口味的比萨：玛格丽特比萨（margherita）和只涂有番茄酱的红酱比萨（marinara）。但它们却是世界上最好吃的比萨！

库克斯餐厅（Koks，米其林二星）——法罗群岛莱纳湖

在莱纳湖畔令人陶醉的纯净风景中，主厨普尔·安德里亚斯·泽斯卡（Poul Andrias Ziska）利用法罗群岛的食材和烘干、腌制、烟熏、发酵等斯堪的纳维亚地区的古老烹饪技法，认真研制料理。

塞纳河杜卡斯餐厅（Ducasse sur Seine）——法国巴黎

餐厅漂浮在塞纳河上，很难确定这是不是它最令人着迷的原因。这里的料理得到了阿兰·杜卡斯（Alain Ducasse）的授权，是对巴黎美食的致敬。美丽的巴黎建筑和生活场景令游船上的宾客们眼前一亮。

数寄屋桥次郎餐厅（Sukiyabashi Jiro Honten，米其林三星）——日本东京

谁能想到，在银座地铁站中央一个仅有30平方米的小店铺里，能吃到东京最好的寿司？在数寄屋桥次郎餐厅用餐是一种特别的体验，45分钟的时间里，您可以品尝一份经典的日料套餐，每个寿司都由大厨亲手奉上。

眼镜侠奶奶餐厅（Jay Fai，也叫“痣姐”餐厅，米其林一星）——泰国曼谷

眼镜侠奶奶餐厅是泰国一家不容错过的街头小吃餐厅，无论是主厨制作的蟹肉煎蛋卷，还是她标志性的装扮和烹饪表演，都令人印象深刻。她熟练地颠着平底锅，让顾客从视觉上到味觉上都非常愉悦。

库克斯餐厅门前的传统熏肉坊

全球十大奇异餐厅

无论在船上或是地铁站里，无论在桌边品尝甜点还是发现森林特产，世界的任何角落都有令人惊艳的美食。

法维垦仓库（Fäviken Magasinet，米其林二星）——瑞典耶彭

前往法维垦仓库的旅程本身已经是一种独特的体验。小木屋位于人烟稀少之地，由动物皮和原木建成，主厨马格努斯·尼尔森（Magnus Nilsson）完全使用本地食材制作料理，他用枯叶帮助食物发酵，烹饪技法令人惊叹。

阿丽内亚餐厅（Alinea，米其林三星）——美国芝加哥

主厨格兰特·阿查茨（Grant Achatz）打破了所有条条框框，是一名真正的艺术家。主厨在甜品上桌后再进行装饰摆盘。他的料理具有独创性，用于装饰菜品的气球也是可食用的。

紫外光餐厅（Ultraviolet，米其林三星）——中国上海

无论是主厨保罗·派雷特（Paul Pairet）制作的料理，还是餐厅墙壁上的沉浸式剧场投影，或是晚餐的巨大餐桌，所有元素都能让顾客感觉自己置身于一个超乎寻常的世界。

D.O.M.餐厅（米其林二星）——巴西圣保罗

主厨阿莱克斯·阿塔拉（Alex Atala）用到的大多数罕见食材都源自亚马孙森林。亚马孙地区的大蚂蚁或用丝兰叶制作的饮料都被端上这家位于圣保罗的餐厅的餐桌。

梅菲尔薯条店（The Mayfair Chippy）——英国伦敦

想吃到美味的炸鱼薯条吗？这家店就位于伦敦市中心的梅菲尔区！在这家地处漂亮街区的英式酒吧风格餐厅里，炸鱼薯条的美味令人难忘，店家会搭配各式自制酱汁和豌豆泥，薯条的香脆程度一定符合您的期望。

M

泰国

Thaïlande

佛教与食物

有个事实需要澄清：泰国的25万僧人和10万佛学生并不吃五颜六色、富含维生素的“佛陀碗”（buddha bowls）。佛陀碗在欧美国家盛行，通常由谷物、豆类、蔬菜、坚果或压碎的油料植物组成。尽管碗是僧侣们仅有的几样物品之一，但他们只用碗盛放百姓供养的食物，每日用碗进食充饥。佛教非暴力的戒律禁止比丘师傅自己制作食物，因为耕种和烹饪会杀死生灵。虽然进食大象、马、老虎等神圣动物或鬣狗、蛇等不洁动物的肉类是被严格禁止的，但僧侣并不是严格意义上的素食者。对于僧侣和占泰国人口95%的佛教徒而言，饮食并不是教义的一部分。传统的素食菜品包括蔬菜炒饭、泰式炒河粉（pad thaï）、咖喱豆腐、青木瓜沙拉和汤面（kwaityao）。泰国人在日常生活中非常遵守教规，他们冥想、行善、参与寺院活动、乐善好施。宽广豁达的精神滋养着泰国人。因此，快餐连锁店和美味的街头小吃得以和平共处，当地餐厅众多，从最简单的曼谷街头小吃摊——售卖蟹肉煎蛋卷的眼镜侠奶奶餐厅（Jay-Fai），到最高档的位于曼谷北部的苏安迪普餐厅（Suan Thip）——62岁的餐厅主厨班雅（Banyen）姨妈既不会读书也不会写字。她最著名的菜品是用荷叶包裹的泰式小吃拼盘（miang kum gleeb bua），制作过程仅存在于她的脑中。和佛陀一样，班雅姨妈也没有继承人。

——

眼镜侠奶奶餐厅（Jay-Fai，米其林一星）/苏安迪普餐厅（Suan Thip，米其林一星）

街头小吃

曼谷的街头美食

在曼谷，无论白天黑夜，街头小吃都会调动起人们的嗅觉。椰汁鸡汤、鱼干、绿咖喱的香气，炒虾仁和点心的气味，杧果、辣椒或各种香草的清香……从食材的多样性和精致程度来看，泰国菜是亚洲美味的菜系之一。

在泰国，人们的进餐时间不固定。泰国人崇尚“kin len”，字面意思是吃饭和散步，即按照自己的心情进餐和愉快地漫步。一天中的任何时候都可以用餐，用餐地点通常在室外，这是因为当地的街头小吃丰富且美味。从文化上来说，当地人可以接受不自己做饭，而从街头小吃摊上购买餐食的行为。

在曼谷这个有着1900万人口的特大城市，每个街区都有昼夜营业的市场，在泰国其他城市也是一样的情况。炖锅在挤满了自行车和行人的过道上24小时炖煮着食物。人们可以选择去食品市场购买食物，这些大型的有顶市场内设有众多小吃摊，那里售卖用香茅、泰式胡椒、青柠檬等重口味配料调味的青柠檬沙拉，也供应清甜量足的椰汁鸡汤、咖喱、泰式炒河粉等美食。

在这些市场里，人们可以吃得和正规餐厅一样好，甚至更好。原因在于，我们在这里能体验泰国人的日常饮食，如饺子（肉馅或蔬菜馅的蒸饺）、牡蛎煎蛋卷、搭配花生酱的鱼饼（tod mun）、汤面和各式沙拉……尽管泰国人喜欢在早餐时吃蒸饺等咸味的点心，但泰国也是亚洲少有的热衷于甜食的国家。甜点主要以椰子为主，人们用椰奶、椰肉或椰子奶油，搭配棕榈汤、米粉或鸡蛋，以实现无穷多的变化形式。杧果糯米饭是不容错过的一道代表性甜食，清甜的滋味令人非常上瘾。

曼谷街头的小摊后面可能隐藏着容易被人忽视的烹饪大师。现年72岁的“痣姐”（Jay Fai）便是这样一位高人。她戴着巨大的眼镜，多年来用蟹肉煎蛋卷、咖喱蟹和干米粥吸引着当地的食客。在2017年发布的《米其林指南：泰国》中，她的店铺被授予米其林一星，这也是泰国唯一一家摘得米其林星级的街头小吃，之后游客们在她的摊位前排起长队。对于这个从她父亲开始，已经制作了70年传统家常美食的小摊而言，这是意想不到的场面。

“一天中的任何时候都可以用餐，用餐地点通常在室外，这是因为当地的街头小吃丰富且美味。”

รังนก
100-200
หูฉลาม
300-500
燕窩
魚翅

当地特产

泰国巧克力

一直致力于寻找稀有产地和品种的巧克力制造商，应当开始将兴趣转移到泰国的可可豆新产业上。在东南亚地区，可可豆的种植主要由印度尼西亚主导，该国的可可产业遥遥领先于马来西亚、巴布亚新几内亚、印度和菲律宾。21世纪初以来，越南和泰国政府开始实施推动可可种植的计划，并种植了数千公顷的可可。在泰国北部的清迈，萨拉孟斯里（Sanh La Ongsri）博士创立了马克林巧克力公司（Mark Rin Chocolate），专门进行可可的育苗工作。经过努力，他成功将可可树种千里塔里奥（Trinitarios）家族的一个克隆植株——ICS1，与菲律宾的千里塔里奥可可杂交，培育出能够适应当地气候条件的可可树种。希望参与可可种植的农民们购买可可苗，马克林巧克力公司则对原材料进行加工。2018年，马克林公司的可可豆在巴黎巧克力博览会上展出。其他公司也纷纷进军这个新兴市场，如帕尼梯（Paniti）和努塔亚（Nuttaya）创立的卡德可可亚公司（Kad Kokoa），公司在清迈湄登种植有机可可豆。卡德可可亚公司致力于参与“从可可豆到餐桌”的行动，并于2018年获得国际巧克力大奖的亚太地区铜奖。曼谷的帕拉戴餐厅（Paradai）是一家巧克力咖啡店，该店现场制作并出售各种用泰国可可豆做成的巧克力。

汤底的艺术

好的汤羹菜肴总是以好的汤底为基础。汤底是汤羹的支撑，它集中了各种风味的精髓。

汤底是泰国菜中随处可见的基本元素，可以直接作为一道健康又清淡的菜肴，也可以用于烹饪更复杂的菜肴；可以制作酱汁，也可以作为天然的增味剂。在泰国，一碗汤配上一碗米饭，就可构成一道正餐。用于制作汤羹的传统汤底通常由沸水、盐、胡椒、大蒜、小洋葱头、香菜杆和肉末组成，先用大火烧开，然后转小火慢炖。高汤做好后，可将其用于制作多种菜品。加入高良姜（生姜的近亲）、香茅、佛手柑叶子、新鲜剁辣椒、鱼露和柠檬汁，就可以得到制作冬阴功汤的基底。加入椰汁和鸡肉，便制成了椰汁鸡汤。

在曼谷，人们为了品尝最棒的传统汤底，会在街头小吃摊前排起长队。必比登推荐餐厅——博刹那粿汁餐厅（Guay Jub Ouan Pochana）已开业50年，餐厅售卖招牌的粿汁（米粉汤面），以及香气十足、在胡椒味重的汤底里加入了微微炸至酥脆的猪排。在必比登推荐餐厅——兄旺鱼粥（Guay Jub Ouan Pochana），人们会迫不及待地喝下一碗美味的海鲜粥。

“在泰国，一碗汤配上一碗米饭，就可构成一道正餐。”

咖喱

红咖喱 VS 绿咖喱

与其他泰国餐厅一样，曼谷博澜餐厅（Bo.Lan）也将咖喱（泰语为“geng”）当作很多菜品的基础食材，主厨Duangporn Songvisava（博）和Dylan Jones（澜）致力于用现代的方式诠释传统菜品。咖喱酱是各种风味的融合，小茴香、肉豆蔻皮、丁香、香菜、小豆蔻、肉桂、胡椒、肉豆蔻等干香料混合在一起，发生奇妙的化学反应，再加入青椒、红椒、紫辣椒对咖喱进行调色，以及高良姜、香茅、黄油、香菜根、黄姜、辣酱、红洋葱头和大蒜等新鲜的香料，最后还要加入一撮盐、少许虾酱和少许腌鱼。

咖喱的配方会根据厨师和用餐场合的不同发生相应的变化，从最大众的版本到最精致的配方皆有。我们需要按照正确的顺序将食材放入研钵中进行研磨：先放最坚硬最干燥的食材，最后再放最潮湿、糖度最高的食材。只有实现了味道的层次感，才算是做出了成功的咖喱。咖喱的制作需要多年的经验。根据所选辣椒的品种，比如青椒或红椒、长椒或短椒、新鲜辣椒或干辣椒，人们可以做出不同辣度的咖喱。

绿咖喱的口味比红咖喱更浓烈，因为在制作红咖喱时，最后添加的椰奶会削弱辣椒的辣度。除了颜色上的区别，两者的口味和香气也有所不同。

——
博澜餐厅（Bo.Lan，米其林一星）

独特滋味

香菜&香茅

泰国菜的基石

在泰国菜中，没有哪一种浓汤、清汤或咖喱不会用到这两种代表性的香草，它们造就了泰国菜的清香滋味。

新一代的泰国厨师在烹饪中广泛运用香菜和香茅，他们在保留传统烹饪元素的同时，用现代方式重新诠释美食，天堂餐厅（Saawaan）的主厨苏里拉（Sujira “Aom” Pongmorn）和瑞涵餐厅（R-Haan）的主厨春波昌普拉（Chumpol Chaengprai）便是其中的代表。

香茅不仅能驱蚊，还是一种香味浓郁、无法替代的香草。香茅根茎的味道更加强烈，但有时人们也会用它细长锋利的叶片烹饪。人们会将它切成小段，香茅散发的气味与柠檬相似，它的梗和叶子通常被用于制作清汤或浓汤。制作咖喱、腌料或沙拉时，人们会用研钵将坚硬的香茅碾碎，使其容易入口和消化。香茅是泰国著名菜品椰汁鸡汤（tom kha kai）和冬阴功汤（tom yam gung）中不可缺少的重要食材。

人们通常直接将生香菜（也被称作中国的欧芹）当作装饰物，加入各种泰式菜肴中。汤煮好后，在上桌前的最后一刻将香菜撒在热腾腾的汤中，能够给汤汁增添香气，制作冬阴功虾汤时便可以在最后加入香菜。新鲜香菜的根茎可以磨成泥，用于制作多种咖喱和腌料。香菜因其独特的气味被古希腊人称作“臭虫草”，但它也有助消化、缓解痉挛、安神和消炎等多重药用功效。它能为菜品带来清新而辛辣的味道。

——

天堂餐厅（Saawaan，米其林一星）/瑞涵餐厅（R-Haan，米其林一星）

产自盖朗德的盐之花凭借其松脆的质地、精致的口味和淡淡的紫罗兰香气而广受厨师们的青睐，已成为大众所熟知的食盐品种。在巴利阿里群岛的伊维萨岛，产自塞斯萨莱恩斯自然公园的另一种盐之花已被联合国教科文组织列为自然遗产。

世界各地的盐

在位于北欧地区的威尔士安格尔西岛上，大西洋的海水经过滤后加热，在蓄水池中静置，形成令人惊叹的絮状盐结晶。在距离法国更远的伊朗，盐反射出蓝色的光芒——这种盐被称作波斯蓝盐，富含氯化钾，产自位于伊朗北部的塞姆南盐矿。它是一种不含碘质的井盐，人们会将大颗的波斯蓝盐晶体撒在菜品表面。

夏威夷盐是从在海水中浸泡过的熔岩中提取，因此是黑色的。尼泊尔的喜马拉雅盐含有硫酸铁和镁，呈紫色，带有强烈的硫黄味。玫瑰盐产自喜马拉雅山脉的克什米尔地区，需人工提炼，并用牛背运输。玫瑰盐被视为世界上最纯净的盐，但吉布提阿萨尔湖畔出产的玫瑰盐除外。后者属于井盐，特点是颗粒细腻圆润，主要出产于湖泊岸边。

在澳大利亚，人们会采集一种质地轻盈的薄片状河盐。秘鲁玛拉斯的盐产自一个天然的咸水泉。盐田呈梯田的形式，位于海拔3500米的山腰。另一种高海拔盐产自玻利维亚的世界第一大盐湖，海拔高达4000米，当地人从2000多年前便开始在这里采盐。

世界各地的糖

若您想往咖啡或甜品中加点糖，可选择的糖类远远不止甜菜糖或蔗糖。

仅以甘蔗为原料，用不同的加工方式，便可以生产出不同的糖。红糖未经精制，仍含有少量废糖蜜。留尼汪岛出产一种全蔗糖，可用柴火加热后当作糖果食用。这种糖呈金锭状，大厨们很钟爱。菲律宾和毛里求斯出产黑砂糖（muscovado），它最大的特色是质地湿润，带有香料、甘草和焦糖的味道。毛里求斯的甘蔗加工方式多样，出产很多不常见的糖：细腻干燥的德梅拉拉糖（demerara）、金砂糖、糖蜜、咖啡糖……不同种类的糖中糖蜜的含量有高有低，质地有粗有细，色泽近乎纯黑或完全透明，颗粒有大有小，有的是干粉状，有的是液态，每种糖都有特别的香味，它们在烹饪中也有着专门的用途。

巴西出产的原蔗汁结晶糖（rapadura）是一种未经精制的蔗糖，质地坚硬。人们会将其碾碎或磨碎后再食用。在亚洲它被称作粗糖（jaggery）或原糖（gur），在拉丁美洲它被称作混糖（chancaca）。日本西南部的奄美群岛出产一种蔗糖，需先将甘蔗低温榨汁，再用柴火加热后晾晒结晶制成，做好的糖呈不规则的块状或粉状，带有可可和甘草的香气。

柬埔寨出产棕榈糖。桦树糖是用树皮制成的。加拿大出产枫糖。椰子糖是从椰子花的汁液中提取，主要产自印度、南美洲和太平洋地区。

M

韩国

Corée du Sud

회
간장

韩国的国菜

韩国泡菜

韩国人几乎每餐都吃泡菜，韩国泡菜（kimchi）既是一个传统，
也是一种文化，首尔甚至有一个泡菜博物馆。

韩国泡菜由蔬菜制成，通常将白菜用盐水腌渍并加入香料调味，韩语中将腌泡菜的过程称作“gimjang”。每到春季，韩国人就会将虾、凤尾鱼和各种海鲜放入盐水中腌制。到了夏天，他们会购买海盐制作盐水，夏末将红辣椒晒干并磨成粉。秋天来临，家家户户都会制作大量的泡菜，供全家人在整个冬季食用。按照传统做法，需将白菜的叶片剥掉，抹上盐，再撒上红辣椒、大蒜、生姜、糖和一种加入了各种蔬菜的鱼露酱汁。过去人们会将泡菜放在陶制大酱缸中腌渍数日，而如今大酱缸已被更适合现代小家庭使用的密封罐取代。据统计，泡菜的做法有160多种，其中辣白菜（baechu kimchi）在全世界的流传范围最广。泡菜不仅味道很好，对健康也有诸多益处，这与泡菜所用的食材和发酵方式息息相关。泡菜腌渍的时间越长，积聚的乳酸就越多，泡菜的口味也越重。虽然韩国泡菜已传遍西方各国，但韩国人还是坚守着泡菜的制作传统，近年来，中国通过工业方式大量生产的冰箱冷藏韩国泡菜正冲击着这一传统。

“据统计，泡菜的做法有160多种。”

美食技艺

令人惊叹的韩国餐桌礼仪

根据儒家文化传统，韩国人必须尊重长者，
这一传统体现在餐桌上的各种用餐礼仪。

在年长的人起筷或拿勺之前，任何人都不能动自己的筷子或勺子。餐食总是最先端给长者或社会地位更高的人。当年长的人结束用餐，按照餐桌礼仪，年轻人们也应当停止进餐。吃饭时发出声音是特别不礼貌的行为，用餐时最好保持安静。在韩国，人们通常一起分享同一道菜，因此不宜用筷子在菜碗中翻搅，也不能直接将盛菜的餐具端到嘴边。人们通常用勺子吃米饭或喝汤，但不能用嘴吹气的方式给汤降温。拿食物只能用单手，另一只手则用来掩住正在嚼食物的嘴。筷子和勺子不使用时应当放在桌上，而不能放在饭碗中，因为只有祭礼时才会这样做。

拒绝长者敬的酒或饮品是非常不妥的行为。不能给自己倒饮品，只能帮桌上的邻座们倒，而邻座们也会做相同的事情。端酒杯时需用双手。接过别人递来的杯子时也必须用双手，握住杯子的底部或颈部。

“拿食物只能用单手，另一只手则用来掩住正在嚼食物的嘴。”

痴迷于烧酒的国度！

大米酿制的酒不只有日本清酒！韩国烧酒是全世界畅销的酒类之一，主要销往本国市场以及中国和日本。传统烧酒由大米蒸馏制成，但酿酒商也可能用到小麦、大麦、土豆、红薯或木薯，并在生产过程中加糖，以增加甜度。烧酒的酒精度通常为20%，常温小杯饮用。烧酒是韩国消耗量最大的饮品，主要搭配代表性的韩国烤肉。韩国烧酒已衍生出很多不同版本，最著名的一些烧酒品牌甚至会生产桃子味或柠檬味的烧酒。

“韩国烧酒是全世界畅销的酒类之一。”

不可缺少的食物

韩国的米饭料理

和其他东亚国家一样，米饭在韩国也是生活必需品。韩语中的“ssal”指生米稻谷，煮熟后则称为“bap”。韩国的米饭料理不仅局限于简单的白煮饭（ssalbap），米饭能够演变出各种烹饪方式：石锅拌饭（bibimbap）由米饭、肉、蔬菜和韩国辣酱制成，用石锅烹制后，锅底会形成美味的锅巴；此外还有辣白菜炒饭（bokkeum-bap）、紫菜包饭（gimbap）、韩式饭团（jumeok-bap）等多种米饭料理。

制作米饭料理前，我们首先要选择合适的大米品种：“bakmi”是一种白色的圆粒米，“hyunmi”属于全稻原米，“bundomi”是半全稻原米。“Bal-a hyunmi”是一种部分出芽的全稻原米，十分精致且价格昂贵；“chapssal”是糯米，可用于制作多种甜品和点心。将一种野生稻米和一种糙米在同一块田中混种，可以收获“yasaeng chapssal”大米；“heukmi chapssal”则属于黑米。为了让口感和味道更加多样，韩国人会将不同大米进行混合，或在大米中混入其他谷物或豆类，包括大麦、藜麦、荞麦、高粱、玉米、青豆等。每一种混合米都有自己的名称，煮好后都变成了米饭（bap）。

如今韩国料理非常具有影响力，如果代表菜品中没有米饭料理，将令人无法想象。首尔正植餐厅（Jungsik）的主厨林正植（Yim Jung-sik）用金枪鱼和黑松露米饭制作紫菜包饭；家温餐厅（Gaon）的主厨金炳镇（Kim Byeong-Jin）则以朝鲜王朝（1392—1910年）为灵感制作料理，他在顾客面前将生米去壳抛光，让口味更新鲜。家温餐厅的夏季菜单备受瞩目：凉拌青洋葱海胆上撒着海苔，配以浓汤和各式小菜，非常美味。

正植餐厅（Jungsik，米其林二星）/家温餐厅（Gaon，米其林三星）

石锅拌饭（bibimbap）

阴与阳的交融

石锅拌饭是加入蔬菜和肉制成的蒸饭料理。据说这道菜品最早出现在寺庙的祭祖仪式上，人们会将祭祀剩下的食材混合在一起食用。单从做法上看，石锅拌饭是道简单的料理。它由西葫芦、豆芽、各式可食用蕨类、海带等阴性食物和牛肉、辣椒酱、糖和青洋葱等阳性食物组成。烹饪方式也可以改变食物的阴阳性。例如，油炸属阳，清蒸或水煮属阴。炸过的肉类和蔬菜是阳性食物，但如果将肉和蔬菜铺在米饭上蒸熟，就变成阴性食物了。因此，石锅拌饭也体现了能量之间的完美平衡。

火炙烤肉

韩国烤肉（Bulgogi）

韩国是一个充满矛盾的国度。高新科技与历史悠久的传统相辅相成，韩国的美食也不例外——一边是传统的烹饪技法，一边是全球化的浪潮。韩国烤肉无疑是与比萨、寿司和汉堡同样征服了全球的标志性美食。韩国人很少邀请宾客前往家中用餐，烤肉由牛肉片或猪肉片组成，经酱油、香油、甜料酒的腌渍和大蒜、生姜、梨子果泥的调味，成为朋友和同事应酬时的必吃美食。在世界其他国家，侨居海外的韩国人继续用这种方式制作烤肉，韩国烤肉和相关的用餐礼仪已传遍世界各地。

创新料理

融合料理的风潮

在亚洲美食中，传统和创新之间很少出现冲突，
这无疑是亚洲料理永葆活力的秘诀之一。
对经典的重新诠释，其实是尊重传统的另一种形式。

事实上，近年来融合料理的风潮并没有完全征服韩国的广大民众。一些人只看到了融合料理的发展前景，却没有理解它的具体内涵。简而言之，这些人的想法很肤浅，他们只是被近年来融合料理在全世界收获的赞誉而吸引。

但是，韩国也有深入发掘融合料理的厨师，以打破这一趋势。首尔融合餐厅（Mingles）的主厨姜珉久（Kang Min Goo）便是其中的一个例子。他将自己的工作形容为“把各种反差元素和谐地组合起来”。尽管他受日本菜、西班牙菜和法国菜的影响很深，但他并没有为了融合而融合，而是将传统的食谱和食材通过全新视角演绎出来。他自制三种基础的韩餐酱料——辣酱

“把各种反差元素和谐地组合起来。”

（gochujang）、大酱（doenjang）和韩式酱油（ganjang），还创作了几道独家甜品：红辣椒冰激凌、大酱焦糖布丁、酱油山核桃。各种口味的组合既令人惊讶，又和谐统一，即使是口味最顽固的食客也忍不住为之叫好。鹅肝用梅子酒和大酱腌渍，再用泡菜或海苔包裹后蒸熟。他制作的开胃菜——炸海带配鲍肝酱、杧果泥、三文鱼子和松露粉，是融合料理的最佳诠释。当这样的一道菜品呈现在我们面前，我们只想赶紧品尝。

—

融合餐厅（Mingles，米其林二星）

mingles

首尔

望远市场

距离汉江不远的望远市场（Mangwon）是一个传统的农贸市场，也是首尔很受欢迎的美食打卡地之一。

农户们在市场里售卖自己种的水果和蔬菜。虽然望远市场全天开放，但每到饭点，市场会变得尤为热闹。一些小摊前排起长队，比如那些卖酱油香料卤猪蹄（jokbal）的摊位。猪蹄用姜、大蒜和黄酒调味，在高汤中炖煮数小时，再切成薄片，配以生菜和各式酱料。卤猪蹄有特辣和甜味两个版本。人们还能在市场品尝到美味的刀切面（kalguksu），刀切面由米面粉制成，手工制作后用肉汤煮熟并配上蔬菜。您也可以吃上一碗喜面（janchiguksu），这是一种由小麦面粉制成的细面，再用鱼汤或海带汤煮熟，汤中搭配蔬菜。我们还能吃到各种油炸食品、类似韩式寿司的麻药紫菜包饭（mayak kimbap）、饺子、绿豆饼（bindaetteok）等小馅饼。一些农户会售卖自制豆腐，这种豆腐的味道与在我们超市中买到的完全不同。

大酱（doenjang）

如果说韩国辣酱是地地道道的韩国特产，大酱则与亚洲其他国家的调味料有着紧密的联系。

同中国的豆瓣酱和日本的味噌酱一样，大酱也是由发酵的大豆、水和盐制成的。大酱的历史可追溯至朝鲜三国时代（公元前1世纪至7世纪），其制作过程复杂，首先需要制作干豆砖，并将豆砖放在露天环境下风干，让砖块从内部开始发酵。一段时间之后，将完全脱水的豆砖放入装有盐水的大酱缸中，加入炭和辣椒以杀菌祛邪。再经过一段时间的发酵，豆砖碎裂，酱缸中的固态部分成为大酱，液态部分则是韩式酱油（ganjang）。大酱可以为蔬菜和沙拉调味，也可以用于制作大酱汤。大酱与韩国辣酱、大蒜和芝麻油混合，可以制成包饭酱（ssamjang）。米饭和少许包饭酱混合后，用生菜叶包裹，就做成了菜包饭（ssambap）。菜包饭是一种速食小点心，可搭配各式丰盛的菜肴食用。

韩国辣酱（gochujang）

韩国人深谙食品发酵的技艺，韩国泡菜已在全球享有盛誉，辣酱是他们的又一个伟大成就。

韩国辣酱、韩式酱油和大酱（发酵豆酱）是韩国料理的三大基础调味料。

从16世纪朝鲜王朝时期起，人们便开始用辣椒、糯米和大豆制作辣酱，但似乎历史上最早的韩国辣酱中用到的是黑胡椒，而不是辣椒。将上述食材混合后，再加入蜂蜜、发酵的大豆、小麦胚芽和盐，然后装入大酱缸中发酵数月甚至数年。辣酱的味道取决于发酵的时长和食材的品质。

辣酱中也可以加入其他调味料，制成新的酱料：加醋、芝麻和糖，可以制成搭配鱼类和海鲜刺身的醋辣酱（chogochujang）；辣酱与大酱、大蒜、洋葱、蔗糖和香油混合，可制成搭配烤肉的包饭酱（ssamjang）。辣酱单独食用也很美味，其层次复杂，香味四溢，辣得恰到好处，带有微甜。人们会用辣酱腌制肉类或鱼类，也可以用作炒菜、烤肉或炖菜的调味料。

因失误造就的美味

从布列塔尼黄油蛋糕（Kouign-amann）到康布雷薄荷糖（Bêtises de Cambrai），有些厨房里的失误能够在偶然间成就创意，并走向成功。有时候，天才般的作品出自偶然的笨拙或疏忽。

如果拉莫特-博佛龙的塔丁姐妹（Sœurs Tatin）的传说是真实的，那么当时她们的粗心程度简直和月亮差不多大。据说其中一人忘记在模具中装入面饼，直接开始铺苹果！但这个冒失鬼立刻就开始了即兴创作。她并没有重新制作馅饼，而是将面饼铺在模具中的苹果表面。在烤箱的温度下，苹果与糖和黄油充分融合到一起。这便是糕点师傅的临场应变绝技。

酥皮馅饼（vol-au-vent）的创作过程也很荒诞。它诞生于安东尼·卡莱姆（Antonin Carême）的厨房里。他的一位面包师在将酥饼放入烤箱中烤制前，忘记在酥皮上戳气孔。烤制时，酥饼开始不断膨胀。惊慌失措的面包师马上向主人道歉，还大叫："它要飞起来了！"机智应对失误也是一种艺术。有一天，第戎市市长加斯顿·杰拉德（Gaston Gérard）邀请美食评论家库农斯基（Curnonsky）前往家中用餐。他的妻子里根·吉涅夫·勃艮第（Reine Geneviève Bourgogne）不小心撞倒了一罐辣椒粉，辣椒粉全部撒入炖着鸡的砂锅里。为了弥补自己的失误，她往锅中加入了白葡萄酒、孔泰干酪和鲜奶油。库农斯基非常喜欢这道菜品，将其命名为加斯顿·杰拉德炖鸡，并写入自己的美食评论中，但巧手的妻子却被遗忘了！

以零垃圾为目标

《米其林指南：法国》于2019年首次颁发“可持续美食奖”。对于曾获得这一殊荣的克里斯托弗·库当索（Christopher Coutanceau）等众多厨师而言，这是一种认可。

一些旨在帮助这些厨师实现零垃圾目标的企业相继成立

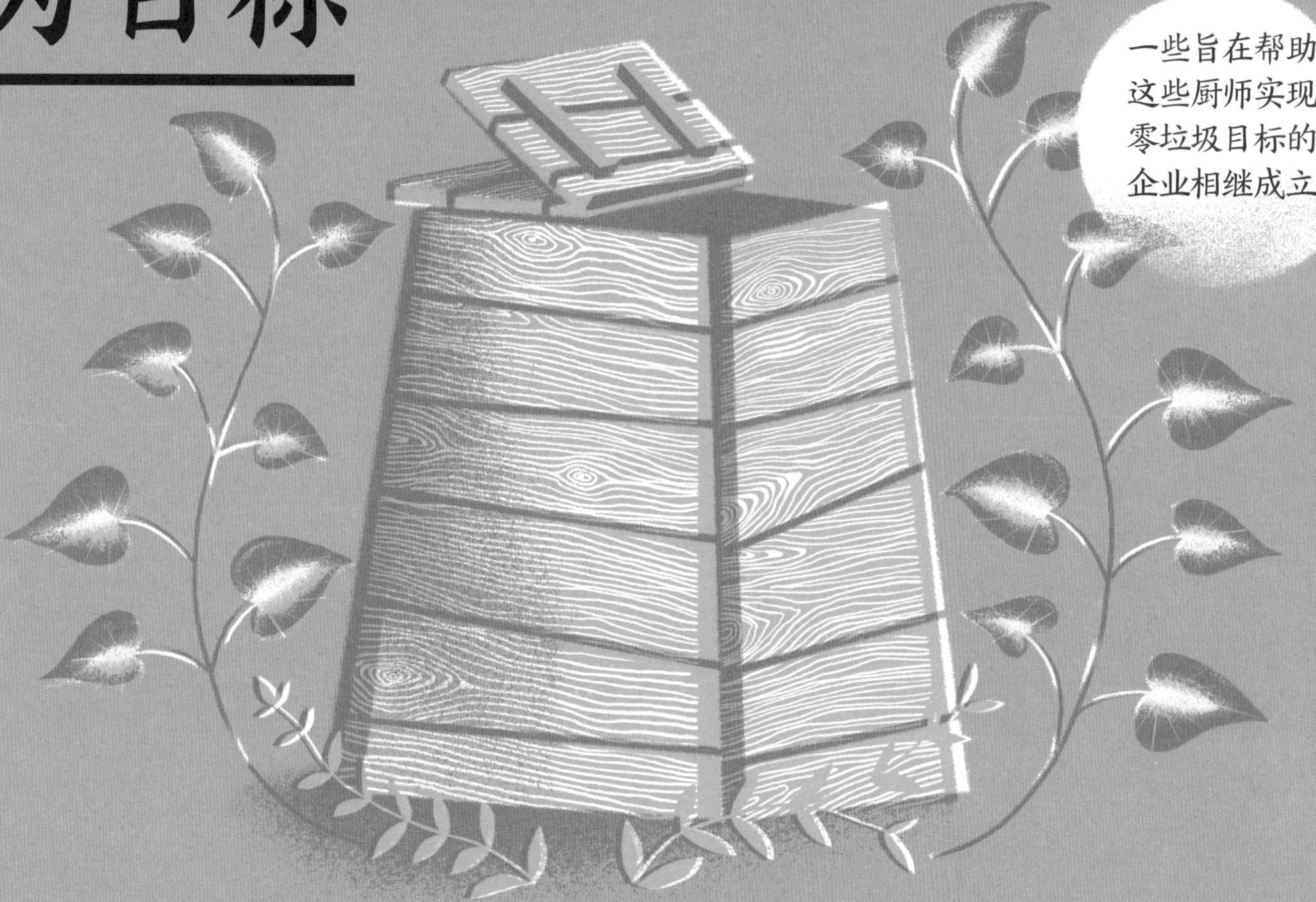

“我们总说要吃时令蔬菜，总是谈到各种肉类，但大海对于我们而言还是稍显未知的领域，我们应当行动起来，共同战斗。”拉罗谢尔的大厨克里斯托弗·库当索前不久刚刚荣获“可持续美食奖”，他号召同行们跟上自己的脚步。在他的菜单上，出现了越来越多的“零垃圾”菜品。他并不是唯一一个这样做的人。比利时时光农舍餐厅（L'Air du Temps）的主厨桑-宏·德让布莱（Sang-Hoon Degeimbre）在他所著的《有责任感的美食白皮书》（*Le Livre blanc de la gastronomie responsable*）中写道：“我们将剩下的蔬菜脱水发酵、磨成粉状，当作调味料使用。”芒通奇迹海岸餐厅（Mirazur）的主厨毛洛·科拉格雷科表示：“我们研发了各种能让食材得到充分利用的新菜谱。”一些旨在帮助这些厨师实现零垃圾目标的企业相继成立。巴黎穆利诺公司（Moulinot）通过多种形式转化收集的厨余垃圾：堆肥、生物制肥、制沼气、发电、降解等。城里的餐厅可配备一个室内堆肥机，马赛厨师亚历山大·马齐亚（Alexandre Mazzia）与他的园艺师让-巴蒂斯特·安弗所（Jean-Baptiste Anfosso）便采用了这种做法。对于乡下的餐厅而言则更简单。克里斯托弗·哈伊（Christophe Hay）在他位于蒙利沃特的邻家餐厅（La Maison d'à Côté）安装了3台1000升容量的堆肥机，并为餐厅的小型供应商提供运输箱，以减少柳条筐、纸箱及各种聚苯乙烯材料的使用。此外，餐厅还可以向客人提供打包袋。2018年投票通过的相关法案规定，从2021年7月1日起餐厅必须提供打包服务。反对浪费的行动需要每个人的共同参与。

——

克里斯托弗·库当索餐厅（Christopher Coutanceau，米其林二星）/时光农舍餐厅（L'Air du Temps，米其林二星）/奇迹海岸餐厅（Mirazur，米其林三星）/亚历山大·马齐亚餐厅（AM，米其林二星）/邻家餐厅（La Maison d'à Côté，米其林二星）

索引

法国 017

意大利 093

西班牙&葡萄牙 127

英国 159

欧洲其他国家 185

美国 217

巴西 251

日本 271

中国 305

新加坡 335

泰国 349

韩国 361

餐厅索引

本书餐厅选自《米其林指南2019》

法国

*一星餐厅

**二星餐厅

***三星餐厅

意大利

*一星餐厅

**二星餐厅

***三星餐厅

西班牙&葡萄牙

*一星餐厅

**二星餐厅

***三星餐厅

英国

英格兰

*一星餐厅

**二星餐厅

欧洲其他国家

德国

*一星餐厅

***三星餐厅

比利时

*一星餐厅

**二星餐厅

丹麦

**二星餐厅

芬兰

*一星餐厅

列支敦士登

*一星餐厅

卢森堡

*一星餐厅

挪威

***三星餐厅

荷兰

**二星餐厅

瑞典

*一星餐厅

**二星餐厅

瑞士

**二星餐厅

美国

*一星餐厅

**二星餐厅

***三星餐厅

巴西

*一星餐厅

**二星餐厅

日本

*一星餐厅

**二星餐厅

***三星餐厅

中国

*一星餐厅

**二星餐厅

***三星餐厅

新加坡

*一星餐厅

**二星餐厅

泰国

*一星餐厅

韩国

**二星餐厅

***三星餐厅

参与编写人员

菲利普·图瓦纳德（Philippe Toinard）

他是《180℃》和《12° 5》的杂志总编，还曾参与《烹饪狂人》（*Fou de cuisine*）、《糕点狂人》（*Fou de pâtisserie*）和《勒贝指南》（*Guide Lebey*）的编写工作。他是一位敬业的记者，为记录美食走遍整个法国：他走进养羊的农户，探访葡萄园，前往布列塔尼小岛上的土豆种植园。他是电视人、广播人，还著有三十多本烹饪和与葡萄酒相关的书籍，其中一部分由La Martinière出版社出版。

史蒂芬妮·梅佳奈（Stéphane Méjanès）

他曾在《球队》（*L'Équipe*）杂志工作多年，主要从事篮球明星的报道工作。在拉普兰森林与顶级大厨们的一次偶然聚会后，他决定投身美食业。2012年起，他开始讲述从产地到餐桌的美食故事。他曾荣获2019年度金笔奖（Plume d'Or）和2018年度阿蒙纳特吉-库农斯基大奖（Amunategui-Curnonsky）。

埃马努埃尔·加里（Emmanuelle Jary）

在完成饮食民族学的学业，并在巴黎卢卡斯·卡尔顿餐厅（Lucas Carton）任职过一段时间之后，埃马努埃尔·加里成为平面媒体的记者。2016年，她创作了名为《时光正好》（*C'est meilleur quand c'est bon*）的视频栏目，可在www.cestmeilleurwhencestbon.com网站上观看。

柯达·布莱克（Keda Black）

15年来，柯达·布莱克曾出版过多本书籍，主要记录人们吃饭与喝酒的故事。她希望帮助每个人记录下日常生活中简单而美味的料理，无论这个人是否毕业于蓝带厨艺学校。她也曾参与过多部杂志的编写，与读者分享自己所知道的物产、食谱或很棒的餐厅。

安娜贝尔·史麦斯（Annabelle Schachmes）

热爱美食的她，最初在《名利场》（*Vanity Fair*）和《时尚（美国版）》（*Vogue US*）等杂志开启文字记者的职业生涯。如今她是广播台的专栏作家，还参与有关厨师、糕点或各国料理的美食书籍的编写工作。

艾默妮·维吉尔·德安瓦（Aymone Vigiere d' Anval）

艾默妮·维吉尔·德安瓦已担任了将近20年的葡萄酒记者和品酒师，如今仍然奔走于各地的葡萄园，热爱用心酿造的美酒。她主要为《食尚》（*Saveurs*）、《180℃》《12° 5》等杂志供稿。2019年她开启了一项新计划：在都兰创立工作坊，举办红酒及生活艺术相关的活动。

索菲·布里桑（Sophie Brissand）

索菲·布里桑既是一名记者，也是一位作家兼摄影师，她对饮食民族学、传统饮食和现代料理都很着迷。她还曾参与纪录片《盘中的幸福》（*Le bonheur est dans l'assiette*，2012年第一季）和《风土》（*Terroirs*，2017年）的创作和文案工作，为观众介绍各种物产和风土人情。索菲也很喜欢列级酒庄的葡萄酒、中国茶叶和天然葡萄酒。

让-保尔·弗雷提耶（Jean-Paul Frétillet）

让-保尔·弗雷提耶曾是一名科班出身的农业工程师，之后转行成为农业食品相关的媒体记者。1998年，作为美食作家的他与让-皮埃尔·科夫（Jean-Pierre Coffe）一起，开始主持法国国际广播电台的《别狼吞虎咽，好好吃饭》（*Ça se bouffe pas, ça se mange*）栏目。如今，他不断尝试各种口味，并用手中的笔向我们展现盘中的美味。

瓦莱丽·布瓦特（Valérie Bouvart）

在新闻杂志媒体的编辑部任职多年后，瓦莱丽·布瓦特选择成为自由记者。她记录一切与美食相关的内容，也向读者介绍一切有品位的人们，内容涉及食谱、用餐报告、厨师履历、供应商、农户等。

玛丽·乐唐（Marie Létang）

玛丽·乐唐是一名自由记者，为《费加罗》（*Figaro*）、《费加罗女士》（*Figaro Madame*）、《时尚》（*Vogue*）、《运动时尚》（*Sport & Style*）、《法国航空女士》（*Air France Madame*）等杂志供稿。她为《费加罗》杂志撰写了多篇游记，在世界各地寻找美食带来的感动。

皮尔力克·杰古（Pierrick Jégu）

皮尔力克·杰古随身携带笔记本，记录偶然发现的美食、优质的物产和天然有机葡萄酒。他为《180℃》《法国葡萄酒评论》（*La Revue du Vin de France*）、《12° 5》《食尚》（*Saveurs*）、《YAM》《法国快报》（*L'Express*）等多家媒体供稿。他出版了多部著作，包括恒温器6出版社出版的《葡萄酒图鉴》（*Traité de Jajalogie*）。

夏洛特·兰格朗（Charlotte Langrand）

她是《星期日报》（*Le journal du dimanche*）和《巴黎Elle》（*Elle à Paris*）杂志的撰稿人，曾多年从事新闻动态报道工作，如今她专注于美食记者的工作。她于2000年起在《星期日报》任职。她还是Kitchentheorie.com网站的创建者，她讲述各位大厨的职业历程，介绍美食行业的从业人士，评论餐厅并紧跟美食风尚。

杰罗姆·贝尔格（Jérôme Berger）

杰罗姆从父亲那里学会了烹饪，很快他就对家常菜相关的市场行情和厨房用具了如指掌。他生来就对美食抱有热情。法国北方高等商学院的文凭并没有改变他的初衷，他最终如愿成为美食专栏作家。15年来，他引领着食品行业，前往不同餐厅用餐，也常在家中为夫人做饭。

让-塞巴斯蒂安·贝蒂德芒格（Jean-Sébastien Petitdemange）

他是专注于旅行、文化遗产和美食领域的记者，30年来一直是《搭车客指南》（*Guide de routard*）的撰稿人。他还为RTL电视台担任了25年的专栏记者，也曾参与创作法国电视台的多档电视节目，同时为《180℃》杂志供稿。此外，他还是昂古莱姆美食家协会的主席。

Justeciel工作室

Justeciel是专门从事图像设计的编辑工作室，成员包括桑德琳（Sandrine）和本杰明·赫泽（Benjamin Heuzé）。他们一起在愉快的氛围下工作，设计不同维度的空间。Justeciel工作室以遇到的人、旅行目的地和品尝到的美食为灵感，15年来参与设计了La Martinière出版社的多部精美作品。

莱迪希亚·里尔-莫来托（Laetitia Real-Moretto）

莱蒂西亚已经从事了15年的自由编辑和图像摄影师工作，此前她曾为媒体担任摄影师。如今她与多家出版社合作，有时她也会为自己的出版项目担任主编。她喜欢散步，迷恋偶像明星和牛仔。

米格尔·布斯托斯（Miguel Bustos）

米格尔·布斯托斯认为自己是一名经验丰富的平面设计师，却转行做了插画师。他于1984年生于西班牙拉塞尼亚，曾在巴塞罗那艺术设计学术中心的丝网印刷印象工坊工作。他还是一位漫画家，自诩水平“相当糟糕”，并以“Humor se scribe con lápiz”（铅笔描绘的幽默）为笔名投稿。

阿诺德·布丹（Arnaud Boutin）

阿诺德·布丹是一位图形设计师，他以日常生活和各种疯狂的情景为灵感，让自己的小宇宙愈发丰富多彩。他为面向青年和成年读者的出版社工作，也为媒体供稿，并以插画师和作者的身份出版了多本书籍。

阿莱克斯·维乌格（Alex Viougeas）

在面向青年读者的出版社工作多年后，2015年，阿莱克斯·维乌格与玛琳·沙尔（Marlène Scharr）一同成立了La Bonne Adresse工作室。他喜欢在工作中戴各种不同的帽子，身兼平面设计师、版式设计师和插画师数职。

玛丽-劳尔·贝勒（Marie-Laure Bayle）

玛丽-劳尔·贝勒是《180℃》杂志的审校和编辑秘书，也是一位作家。她曾出版《关于烹饪，我的妈妈什么都没有教给我》（*Ma mère ne m'a rien appris en cuisine*），本书于2017年由拉鲁斯出版社出版。

朱丽叶·爱因豪恩（Juliette Einhorn）

朱丽叶·爱因豪恩是本书的审校，也是作者与读者之间的桥梁。她斟酌着文字，确保文本的一致性，检查标题、音调等文字拼排的准确性，确保句子流畅、易于阅读，对每条信息进行确认，并认真修正错误。她还是一位作家和文学评论者，并在学校教授新闻学的相关课程。

致谢！

本书是人类的一场冒险！

《米其林寻味指南》编辑部谨向La Martinière出版社团队全体成员致谢，他们以极高的热情全心投入本书的编写，使这本书得以面世。特别要感谢劳拉·阿琳娜（Laura Alina）的出色领导，以及塞弗林·卡桑（Séverin Cassan）给予的支持。

La Martinière出版社谨向《米其林寻味指南》团队致谢，双方共同参与编写工作，合作成果丰硕，工作氛围愉快。此次出版成果可以称得上是巨制！尤其要感谢弗雷德里克·霍斯坦斯（Frédéric Hosteins）的勇气，吕克·德考丁（Luc Decoudin）和亚瑟·特胡里特（Arthur Thouret）的耐心和建议，以及菲利普·奥兰（Philippe Orain）对这个项目的坚定支持。

《米其林寻味指南》与La Martinière出版社共同致谢：

我们要感谢无与伦比的主编菲利普·图瓦纳德（Philippe Toinard），在一个如此庞大的出版项目中，他很好地履行了领导的职务。

感谢所有做出贡献、提出见解的编辑。感谢莱迪希亚·里尔-莫来托（Laetitia Real-Moretto）独到的眼光和高品质的摄影作品。感谢玛丽-劳尔·贝勒（Marie-Laure Bayle）和朱丽叶·爱因豪恩（Juliette Einhorn）对拼写、语法和版式敏锐细致的审校。

感谢Justeciel工作室的本杰明·赫泽（Benjamin Heuzé），他凭借着出色的工作，成为这个重大项目的支柱。感谢您以充满创意和艺术性的方式，巧妙设计了这本精美书籍的文字、照片和图片的排版方式。

感谢阿诺德·布丹（Arnaud Boutin）、米格尔·布斯托斯（Miguel Bustos）和阿莱克斯·维乌格（Alex Viougeas）绘制的精美插图，为这本书注入灵魂。

感谢所有参与本书编写的摄影师。

感谢让娜·卡托斯利亚诺（Jeanne Castoriano）和希琳娜·格罗比（Céline Grauby）在编辑、图像和行政等方面的协助。感谢你们参与这场冒险。

来自菲利普·图瓦纳德的致谢：

当La Martinière出版社尽责的编辑——劳拉·阿琳娜（Laura Alina）提议让我领导这部非凡作品的编撰工作时，我不知道应该对她表示感激还是谴责，因为我当时已经在负责主编同一出版社的另外两部作品。我最终接受了这项工作，这也让如今的我对劳拉有着前所未有的深切感激。几个月的历程重燃了我的信心，我很骄傲能在这部优秀的作品中留下自己的名字。这一切成绩的取得都多亏了你……因此，请让我向你表达巨大的感激。

感谢吕克·德考丁（Luc Decoudin）和亚瑟·特胡里特（Arthur Thouret）所领导的米其林团队，二位是我日常工作的联络人。审校、修订、确认的效率都很高，你们响应迅速、工作热情高，从始至终都为项目做出了重要贡献。在此要特别问候菲利普·奥兰（Philippe Orain）、伊丽莎白·布歇-安瑟琳（Élisabeth Boucher-Anselin）和始终关注本书进展的《米其林指南》国际部主任格温达尔·波伦奈克（Gwendal Poullennec）。

感谢团队的13名成员：夏洛特·兰格朗、柯达·布莱克、索菲·布里桑、让-塞巴斯蒂安·贝蒂德芒格、史蒂芬妮·梅佳奈、皮尔力克·杰古、艾默妮·维吉尔·德安瓦、安娜贝尔·史麦斯、让-保尔·弗雷提耶、瓦莱丽·布瓦特、杰罗姆·贝尔格、埃马努埃尔·加里、玛丽·乐唐。你们用自己的文化背景、学识、憧憬和热情，为本书的编写做出了巨大贡献，让它的内容不断充实。感谢你们自愿挤出各自的时间，参与这场冒险，即使交稿时限很短，也从不拖稿。我曾不确定大家是否真的有才华，但如今我已经确认了各位的真才实学。做得好，谢谢大家。

感谢各位设计师、插画师、摄影师、审校人员。你们也是一支坚不可摧的团队，陪伴我们走完这场冒险，让我们的文字更有价值。特别要感谢团队的领导人——Justeciel工作室的本杰明·赫泽，你有着非凡的才华和忘我精神。你带领着一群专业性极强的队友，完成了这项庞杂的工作。在此我要向团队的所有成员表示感谢。同时，我也要感谢莱迪希亚·里尔-莫来托以及她所拍摄的图像。本书涉及众多主题，担任摄影师必须有独到的眼光！最后，我们也不能忘记玛丽-劳尔·贝勒和朱丽叶·爱因豪恩在各位交稿之后所做的工作，作为审校人员的她们删掉多余的逗号、调整字母大小写、修改名称、检查拼写、修改语法错误。千言万语，你们的工作很完美。

我还要向我的孩子——埃诺拉（Enora）和兰斯洛特（Lancelot）致以最甜蜜的感谢，他们始终尊重我的工作安排，只要我在结束了一天的工作后，能陪他们去海滩玩耍……最后，感谢所有陪在我身边，理解我、支持我的人们。你们懂的，谢谢你们！对我而言，你们很珍贵！

图片版权

Illustrations

Arnaud Boutin ◇ Couverture , 7, 12, 13, 17, 18, 20, 33, 34, 39, 40, 41, 44, 45, 58, 64, 70, 78, 88, 93, 97, 108, 110, 114, 115, 127, 131, 133, 139, 142, 146, 159, 174, 179, 185, 188, 189, 195, 199, 200, 203, 212, 217, 219, 224, 226, 233, 243, 251, 254, 271, 274, 282, 285, 290, 298, 305, 330, 335, 337, 343, 349, 351, 357, 361, 366, plat 4.

Miguel Bustos ◇ 36, 94, 95, 100, 102, 116, 117, 130, 151, 154, 165, 173, 178, 187, 197, 208, 213, 222, 223, 230, 234, 239, 241, 247, 252, 261, 272, 273, 276, 295, 301, 307, 318, 319, 322, 342, 365, 374, 380, 381

Alex Viougeas ◇ 90, 91, 124, 125, 156, 157, 182, 183, 214, 215, 248, 249, 268, 269, 302, 303, 332, 333, 347, 358, 359, 372, 373

Justeciel ◇ 20, 30, 52, 62, 63, 81, 98, 99, 108, 111, 118, 121, 134, 143, 148, 149, 155, 176, 198, 229, 237, 245, 259, 263, 266, 280, 297, 314, 315, 321, 356

Photographies

FRANCE ◇ 8-11 : © Michelin ; 19 : © Louis Laurent Grandadam ; 21 : © Louis Laurent Grandadam ; 22 : © Marie Pierre Morel ; 23 : © Thaï Toutain ; 24 : © Louis Laurent Grandadam ; 25 : © Louis Laurent Grandadam ; 26 : © Matthieu Cellard ; 27 : © Guillaume Czerw ; 28-29 : © Philippe Barret ; 32 : © DeAgostini/Getty Images ; 34 : © Matthieu Cellard ; 35 : © Le Meurice ; 38 (de gauche à droite et de haut en bas) : © Marie Pierre Morel ; © Louis Laurent Grandadam ; © In Pictures Ltd./Corbis via Getty Images ; © Louis Laurent Grandadam ; 42 : © Jean-François Mallet/hemis.fr ; 43 (de gauche à droite) : © Bertrand Rieger/hemis.fr ; © nito100/Getty Images/iStockphoto ; © Jean-Claude Amiel/hemis.fr ; 47 : © Patrice Hauser/hemis.fr ; 49 : © Owen Franken/Corbis via Getty Images; 50 : © Stéphane de Bourgies ; 51 : © Guillaume Czerw (gauche) ; © Bernhard Winkelmann (droite) 53 : © Robert DOISNEAU/Gamma-Rapho/Getty Images (droite) ; 55 : © Matthieu Cellard ; 57 : © Matthieu Cellard ; 59 : © Matthieu Cellard ; 60 : © Jean-Daniel Sudres/hemis.fr (gauche, au milieu en haut, au milieu en bas) ; © 4kodiak/Getty Images/iStockphoto ; 61 : © Jean-François Mallet/hemis.fr ; 64 : © Louis Laurent Grandadam ; 65 : © Marie-France Nélaton (haut) ; © Thomas Dhellemmes (bas) ; 66 : © Louis Laurent Grandadam ; 67 : © Louis Laurent Grandadam ; 68 : © Anne-Emmanuelle THION ; 69 : © Jack Nisberg/Roger-Viollet ; 71 : © Maurice Rougemont/Gamma-Rapho via Getty Images ; 73 (de gauche à droite et de haut en bas) : © Neal Lankester/Alamy/hemis.fr ; © Jean-François Mallet/hemis.fr ; © René Mattes/hemis.fr ; © Felix Choo/Alamy/Hemis ; © Jean-François Mallet/hemis.fr ; 74 : © Maurice Rougemont/Gamma-Rapho via Getty Images ; 75: © Leo-Paul Ridet/Contour by Getty Images ; 77: © BM Dijon ; 78 (de gauche à droite et de haut en bas) : © Laetitia Réal-Moretto ; © Ludovic Maisant/hemis.fr ; © Gil Giugliо/hemis.fr ; © Jean-Daniel Sudres/hemis.fr ; 80 : © Laetitia Réal-Moretto ; 83 : © Matthieu Cellard ; 84 : © Stockfood/hemis.fr (en haut à gauche) ; © Jean-François Mallet/hemis.fr (au milieu en bas et en haut à droite) ; 85 : © Jean-Daniel Sudres/hemis.fr ; BNF ; 86 : © DirkRietschel/Getty Images/iStockphoto ; 87 : © Club Tyrosémiophile de France (www.club-tyrosemiophile.fr) ; 89 : © Louis Laurent Grandadam.

ITALIE ◇ 96 : © Jean-Daniel Sudres/hemis.fr ; 98 : © Louis Laurent Grandadam ; 101 : © Lucio Elio ; 103 : © Archives Alinari, Florence, Dist. RMN-Grand Palais/Mauro Magliani ; 105 : © Davide Zanin/Getty Images/iStockphoto 107 : ©badmanproduction/Getty Images/iStockphoto 109 : © Jean-Claude Amiel ; 112 : © Mauritius/hemis.fr ; 115 : © Jean-Claude Amiel ; 116 : © Louis Laurent Grandadam ; 119 : © Jean-Claude Amiel ; 120 : © heinstirred/Getty Images/iStockphoto (gauche) ; © Brambilla Serrani (droite) ; 122 : © Quanthem/Getty Images/iStockphoto ; 123 : © Jean-Claude Amiel.

ESPAGNE-PORTUGAL ◇ 128 : © Louis Laurent Grandadam ; 129 : © Camille Moirenc/hemis.fr ; 131 : © Sean3810/Getty Images/iStockphoto ; © Antiga Confeitaria de Belém, Lda. ; 132 : © OksanaKiian/Getty Images/iStockphoto ; 135 : © rusm/Getty Images/iStockphoto (gauche) ; © Louis Laurent Grandadam (en haut, à droite) ; © LuisPortugal/Getty Images/iStockphoto (en bas, à droite) ; 136 : © Albert Font (à gauche et en haut à droite) ; © Jean-Daniel Sudres/hemis.fr (en bas, à droite) ; 137 : © Albert Font ; 138 : © Bertrand Gardel/hemis.fr (gauche) ; © Louis Laurent Grandadam (droite) ; 140 : © ilbusca/Getty Images/iStockphoto (gauche) ; © Jean-François Mallet (droite) ; 141 : © Louis Laurent Grandadam (haut) ; © FrankvandenBergh/Getty Images/iStockphoto (bas) ; 144 : © Stephane Cardinale/Corbis via Getty Images) ; 145 : © Europa Press/Europa Press via Getty Images ; 146 : © Jean-François Mallet (droite) ; 147 : © José Luis López de Zubiría ; 148 : © JavierGil1000/Getty Images/iStockphoto (haut) ; © ANNECORDON/Getty Images/iStockphoto (bas) ; 150 : © Oscar Gonzalez/wenn.com ; © Louis Laurent Grandadam (droite) ; 152 : © ELENAPHOTOS/Getty Images/iStockphoto ; © Carte Blanche - IS/hemis.fr ; 153 : © Gil Giugliо/hemis.fr.

ROYAUME-UNI ◇ 161 : © fotoVoyager/Getty Images/iStockphoto (haut) ; © holgs/Getty Images/iStockphoto (en bas à gauche) ; © BrasilNut1/Getty Images/iStockphoto (en bas à droite) ; 162 : © StockFood/hemis.fr (gauche) ; © Gannet77/Getty Images/iStockphoto (droite) ; 163 : © Barry McCall ; 164 : © John Frumm/hemis.fr (gauche) ; © Patrice Hauser/hemis.fr (droite) ; 166 : © Chris Strickland/Getty Images/iStockphoto ; 167 : © Terence Patrick/CBS via Getty Images ; 168 : © Louis Laurent Grandadam (gauche) ; © Topical Press Agency/Getty Images ; 169 : © John Warburton-Lee/hemis.fr ; 170 : © Flpa/hemis.fr ; 171 : © Louis Laurent Grandadam ; 172 : © Louis Laurent Grandadam ; 175 : © lucentius/Getty Images/iStockphoto ; 177 : © Louis Laurent Grandadam ; © Leisa Tyler/Alamy/Hemis ; 179 : © Alina555/Getty Images/iStockphoto ; 181 : © Jean-Daniel Sudres/hemis.fr. ; 183 : © Peyo.

RESTE DE L' EUROPE ◇ 186 : © Jean-Pierre Degas/hemis.fr ; 188 : © Maxim Sergeenkov / Alamy / Hemis 190 : © Jacques Sierpinski/hemis.fr 191 : © Patrice Hauser/hemis.fr ; 192 : © Veronique Hoegger ; 193 : © Hannelore Foerster/Getty Images ; 194 : © Imagno/Getty Images (haut) ; © Jon Arnold Images/hemis.fr (en bas à gauche) ; Camera Press/hemis.fr (en bas à droite) ; 195 : © imageBROKER/hemis.fr ; 196 : © Andre Poling/ullstein bild via Getty Images ; 199 : © Frites Atelier ; 201 : ©SarapulSar38/Getty Images/iStockphoto (haut) ; ©taikrixel/Getty Images/iStockphoto (bas) ; 202 : © Marie Pierre Morel ; 203 : © North Sea Chefs ; 204 : © Ludovic Maisant/hemis.fr ; 205 : © Jean-Claude Amiel (en haut à gauche) ; © Jean-Daniel Sudres/hemis.fr (en haut à droite) ; Image Source/hemis.fr (bas) ; 206 : © Mlenny/Getty Images/iStockphoto (haut) ; © Ludovic Maisant/hemis.fr (bas) ; 207 : © Yadid Levy/Alamy/hemis.fr ; 209 : © badahos/Getty Images/iStockphoto ; 210 : © Per-Anders Jörgensen (gauche); © Mathias Nordgren (droite) ; 211 : © Tuukka Koski ; 212 : © Per Kvalvik.

ÉTATS-UNIS ◇ 218 : © Louis Laurent Grandadam ; 220 : © Carrie Solomon ; 221 : © Jean-François Mallet/hemis.fr ; 224 : © martiapunts/Getty Images/iStockphoto ; 225 : © Patrice Hauser/hemis.fr (haut et milieu) ; © Ludovic Maisant/hemis.fr (bas) ; 226 : © sandoclr/Getty Images/iStockphoto (haut) ; © Louis Laurent Grandadam (bas) ; 227 : ©Anita Sagastegui/Getty Images/iStockphoto (en haut à gauche) ; © Maica/Getty Images/iStockphoto (en haut à droite) ; © Juanmonino/Getty Images/iStockphoto (en bas à gauche) ; Louis Laurent Grandadam (en bas à droite) ; 228 : © Francesco Tonelli ; 229: © Image Source/hemis.fr ; © Blend Images/hemis.fr ; 231: © ©diane39/Getty Images/iStockphoto ; 232 : © OlegAlbinsky/Getty Images/iStockphoto ; 235 : © Louis Laurent Grandadam ; 236: © traveler1116/Getty Images/iStockphoto ; 238 : © Sylvain Cordier hemis.fr (gauche) ; Alaska Stock/hemis.fr (droite) ; 240 : Daniel Zuchnik/Getty Images for NYCWFF/AFP ; 241: © Ron and Patty Thomas/Getty Images/iStockphoto ; 242: © Westend 61 / hemis.fr (gauche) ; © Camera Press/hemis.fr (droite) ; 243 : © andipantz/Getty Images/iStockphoto ; 244 : © Louis Laurent Grandadam (en bas à gauche et en haut au milieu) ; © Stockfood/hemis.fr (droite) ; 245 : © Jean-François Mallet/hemis.fr ; 246 : © Taco Maria (haut et milieu) ; © Jean-Claude Amiel/hemis.fr (bas).

BRÉSIL ◇ 253 : © Ingolf Pompe/hemis.fr (gauche) ; Jean Heintz/hemis.fr (droite) ; 255 : © Andrea Pistolesi/hemis.fr ; 257 : © Camera Press/hemis.fr ; 258 : © Jon Arnold Images/hemis.fr (gauche) ; © TinaFields/Getty Images/iStockphoto (droite) ; 262 : © Bertrand Gardel/hemis.fr (haut) ; © Aconchego Carioca (en bas à gauche) ; © Stevens Frémont (en bas à droite) ; 263 : © Guillaume Czerw ; 264 : © Thomas Bowles/Alamy/Hemis ; 265 : © Mocoto ; 267 : © Christian Heeb/hemis.fr (haut et milieu); © luoman/Getty Images/iStockphoto (en bas à gauche) ; © Arnaud Späni/hemis.fr.

JAPON ◇ 274 : © Jean-François Mallet/hemis.fr ; 275 : © lucentius/Getty Images/iStockphoto ; 277 : © Louis Laurent Grandadam (en haut à gauche, en haut à droite, en bas à gauche) ; © dan_prat/Getty Images/iStockphoto (en bas à droite) ; 278 : © Louis Laurent Grandadam (gauche) ; © Jean-Claude Amiel/hemis.fr (droite) ; 279 : © coward_lion/Getty Images/iStockphoto ; 280 : © Aflo / hemis.fr ; 281 : © Jean-François Mallet/hemis.fr (gauche et milieu) ; © Louis Laurent Grandadam (droite) ; 283 : Jean Heintz/hemis.fr (en haut à gauche) ; © Jean-François Mallet/hemis.fr (en haut à droite) ; Didier ZYLBERYNG/hemis.fr (bas) ; 284 : © Jean-François Mallet/hemis.fr ; 285 : © Aflo / hemis.fr ; 286-287 : © Patrick Aufauvre ; 288 : © Andrea Pistolesi/hemis.fr ; 289 : © aon168/Getty Images/iStockphoto (en haut à gauche) ; © Jean-François Mallet/hemis.fr (en haut à droite) ; © Patrice Hauser/hemis.fr (en bas à gauche) ; © Camille Moirenc/hemis.fr (milieu) ; © lechatnoir/Getty Images/iStockphoto (en bas à droite) ; 291 : © KAMI NO SHIZUKU © 2005 Tadashi Agi and Shu Okimoto/Kodansha Ltd ; 292 : © MATTHIEU ZELLWEGER/AFP/Getty Images (gauche) ; © Jean-François Mallet/hemis.fr (en haut à droite) ; © Louis Laurent Grandadam (bas) ; 293 : © RocksterWho/Getty Images/iStockphoto ; 294 : © Prod DB © Preferred Content - Sundial Pictures (haut) ; © Jon Arnold Images/hemis.fr (bas) ; 296 : © TheCrimsonMonkey/Getty Images/iStockphoto (haut) ; © Jeremy Sutton-Hibbert/Alamy/Hemis (bas) ; 299 : Emilio SUETONE/hemis.fr ; Franck GUIZIOU/hemis.fr ; Blend Images/hemis.fr ; 300 : © kumikomini/Getty Images/iStockphoto (gauche) ; © Tuckraider/Getty Images/iStockphoto (droite).

CHINE-TAIWAN ◇ 306 : © Louis Laurent Grandadam ; 308 : © Qilai Shen/In Pictures Ltd./Corbis via Getty Images ; 309 : © zhuyufang/Getty Images/iStockphoto ; 310 : © May Tse/South China Morning Post via Getty Images ; 311 : © Mateay/Getty Images/iStockphoto (gauche) ; © shunjian123/Getty Images/iStockphoto (droite) ; 312 : © Tao Images/hemis.fr ; 313 : © Tuul et Bruno Morandi/hemis.fr (en haut à gauche) ; ©holgs/Getty Images/iStockphoto (en haut à droite) ; © yanmiao/Getty Images/iStockphoto (bas) ; 314: © redteaGetty Images/iStockphoto ; 317 : © Sophie Brissaud sauf © Jon Arnold Images/hemis.fr (en bas à gauche) ; 320: © ©MediaProduction/Getty Images/iStockphoto ; 323: © Louis Laurent Grandadam (haut) ; © pidjoe/Getty Images/iStockphoto (bas) ; 324: © SAM YEH/AFP/Getty Images (gauche) ; DR (droite) ; 325: © René Mattes/hemis.fr (haut) ; © Ludovic Maisant/hemis.fr (bas) ; 326: © Shaiith/Getty Images/iStockphoto; kjekol/Fotosearch LBRF/age fotostock (bas) ; 327: © Travel and Still life photography/Getty Images/iStockphoto (haut) ; Islemount Images/Alamy/Hemis (bas) ; 328: © Adam Calaitzis/Getty Images/iStockphoto ; 329: © René Mattes/hemis.fr (en haut à gauche) ; © stevegeer/Getty Images/iStockphoto (en haut à droite) ; © NicolasMcComber/Getty Images/iStockphoto (bas) ; 331: Robert Harding/hemis.fr.

SINGAPOUR ◇ 336 : © Jon Hicks/Flirt/Photononstop ; 338 : © PixHound/Getty Images/iStockphoto (haut) ; © yu liang wong/Alamy/Hemis (bas) ; 339 : © Jon Arnold Images/hemis.fr (haut) ; © wanessa-p/Getty Images/iStockphoto (bas) ; 340 : © JensenChua/Getty Images/iStockphoto (haut) ; © ZambeziShark/Getty Images/iStockphoto (bas) ; 341 : © leungchopan/Getty Images/iStockphoto ; 343 : © justhavealook/Getty Images/iStockphoto ; 344: © Cn0ra/Getty Images/iStockphoto ; 345 : © jo yt/Getty Images/iStockphoto ; 346 : © Claes Bech-Poulsen (gauche) ; © DR (droite) ; 347 : © DR.

THAÏLANDE ◇ 350 : © gh19/Getty Images/iStockphoto ; 353 : © aluxum/Getty Images/iStockphoto (haut) ; © Christoph Sator/picture alliance via Getty Images (milieu) ; © Andrea Pistolesi/hemis.fr (en bas à gauche et en bas à droite) ; 354 : © Kad Kokoa ; 355 : © Louis Laurent Grandadam.

CORÉE DU SUD ◇ 362 : © Jean-François Mallet/hemis.fr ; 363 : © Jean-François Mallet/hemis.fr ; 364 : © Kosamtu/Getty Images/iStockphoto (gauche) ; © Ran Kyu Park/Getty Images/iStockphoto (droite) ; 366 : © Paul_Brighton/Getty Images/iStockphoto ; 367 : © Jean-François Mallet/hemis.fr (gauche) ; © ittipon2002/Getty Images/iStockphoto (droite) ; 368 : © Mingles ; 369 : © Mingles ; 370 : © Ibrahim Hazm Amran sauf © Jean-François Mallet/hemis.fr (en haut à droite) ; 371 : © sfe-co2/Getty Images/iStockphoto (en haut à gauche) ; © VDCM image/Getty Images/iStockphoto (en bas à gauche) ; © yanggiri/Getty Images/iStockphoto (droite).

Photogravure: Chromostyle

Achevé d'imprimer en septembre 2019 sur les presses de DZS Grafik d.o.o
Dépôt légal : novembre 2019 - Imprimé en Slovénie